식품 품질평가

김혜영 · 김미리 · 고봉경 공저

머리말

식품 품질평가는 식품의 품질을 구성하고 있는 이화학적, 관능적 및 위생적 요소를 잘 관리하여 소비자의 요구에 맞는 품질의 제품을 경제적으로 만들어 내는 과정을 체계적으로 평가하는 것을 의미한다.

식품 품질의 양적 요소 및 영양 위생적 요소는 관계 당국에 의해 기준이 설정되어 통제되거나 감시되고 있는 품질 요소이므로 식품 회사라면 기본적으로 지키고 있는 요소이겠으나, 관능적 요소는 식품 생산업자가 자기 사업의 존속과 발전을 위하여 스스로 유지·개선시켜야 하는 것이므로 식품 산업의 품질관리 업무에서 매우 중요하다. 식품의 품질 요소를 측정하는 방법은 물리화학적 분석방법(instrumental method), 관능검사법(organoleptic method)과 위생학적 검사(safety examination) 등 크게 세 가지로 구분할 수 있다. 영양 및 위생학적 검사는 식품위생 법규나 식품 미생물의 과목으로 분리되어 있으므로 이 책에서는 다루지 않았다.

책의 1장에서는 식품 품질평가를 위한 품질관리의 개념과 운영체계 등을 설명하였고, 2장과 3장에서는 식품의 기계적 평가와 이화학적 평가 등에 대한 개요를 설명하였다. 4장부터 8장까지는 관능검사를 위한 개요 및 실험실 조건, 패널훈련과 시료제시 및 척도법 등에 대하여 설명하였고, 9장부터 12장까지는 분석적이며 객관적인 관능검사와 주관적인 소비자검사 방법을 예를 들어 소개하였으며, 13장에서는 실험설계와 특히 SAS 팩키지를 이용한 통계분석 방법을 선택적으로 사용할 수 있도록 구성하였다. 마지막으로 14장에서는 관능평가 실험을 수업에 적용할 수 있는 방법들을 제시하였다.

이 책은 대학에서 교재로 사용하기에 적합하도록 구성하고자 하였으며 더 나아가 식품 품질평가에 관심이 있고 이를 수행하여야 하는 실무자들에게 실질적인 도움이 되었으면 한다. 끝으로 이 책이 나오기까지 많은 수고를 해 주신 연구원 및 대학원생 여러분과 도서출판 효일의 여러분께 감사의 말씀을 드린다.

저자 씀

제 1 장 식품의 품질

제 2 장 식품의 관능적 특성

제 3 장 식품의 이화학적 특성

제 13 장 SAS에 의한 실험 설계

제 14 장 관능검사 실험

식품의 품질

1. 품질의 정의

품질(quality)이란 제품이 사용 목적에 적합한가의 여부(fitness to purpose)를 나타내는 말로 제품의 성질, 모양, 성능, 기능, 효능 등을 결정하는 특성이다. 품질의 개념은 소비자에게도 중요하지만 제품을 생산하는 생산업자에게는 최소의 비용으로 최적의 품질을 얻을 수 있어야 최대 이윤을 낼 수 있기 때문에 더욱 중요하다.

2. 품질관리(Quality control, QC)

품질관리란 소비자의 요구에 맞는 품질의 제품을 경제적으로 만들어내기 위한 수단의 체계화이다. 관리란 목표를 설정하여 그대로 실시하고 실시 결과를 평가하여 이상이 있을 경우에 적절한 수정조치를 하는 것으로, 계획(Plan), 실시(Do), 확인(Check), 조치(Action)의 4단계가 있으며 이를 PDCA cycle이라고도 한다.

효과적인 품질관리체제를 운영하는 방법으로는 다음과 같은 5단계가 있다.

(1) 품질 기준의 설정

(2) 제조방법, 원료, 기술자, 검사계획 등을 포함하는 제조계획의 수립

(3) 제조작업의 실시 및 통제

(4) 품질의 조정 및 유지

(5) 품질관리 결과의 기록, 보고, 평가 및 활용을 위한 장기계획 수립

3. 품질 인증제도

1) 한국표준규격(Korean Standard : KS)

공산품에 대한 품질 보증을 위해 한국정부에서 관리하는 제도이다. 중소기업청 산하 한국표준협회에서 수행하고 있다.

2) ISO9000

국제표준화기구(International Organization for Stanardization)에서 제정한 품질경영(Quality management, QM)과 품질보증(Quality assurance, QA)에 대한 국제규격이다. 제조회사는 이 규격을 바탕으로 자사 체질에 맞는 품질시스템을 수립하여 제3차 인증기관으로부터 시스템의 적합성 및 실행여부를 평가받아 소비자에게 믿을 수 있는 제품과 서비스를 제공하는 체제를 갖추어 운영하고 있다는 것을 보증하는 것으로, 품질보증시스템(QAS)인증이라고도 한다.

ISO9000은 시리즈별로 지침과 규격이 다르다. ISO9000-1~9000-4까지는 품질경영과 품질보증 규격의 선택과 사용에 대한 지침, ISO9001~9003까지는 인증용 규격으로, ISO9001은 설계, 개발, 생산, 설비 및 서비스 인증, ISO9002는 생산 및 설치 서비스 인증, ISO9003은 최종검사 및 시험인증규격이며, ISO9004는 품질 경영과 품질시스템 요소에 관한 지침서이다.

4. 식품의 품질

1) 식품의 품질 특성

식품의 원료는 농·축·수산물이며, 이들 원료는 재배지역, 기후조건, 수확시기에 따라 성분조성이 달라지기 때문에 이로부터 만든 가공식품 역시 원료 상태에 따라 품질이 크게 달라질 수 있다. 또한 쉽게 부패되거나 변질될 수 있는 것들이므로 수확하여 가공하는 과정까지의 저장기간과 조건이 최종 제품에 커다란 영향을 미칠 수 있다. 또한 가공된 제품은 유통되는 중에도 계속적으로 변화가 일어날 수 있기 때문에 보존보건뿐 아니라 유통기한도 굉장히 중요한 요소가 된다.

식품은 인체에 필요한 영양분의 공급에 궁극적인 목적이 있으므로 식품의 영양가는 매우 중요하며, 따라서 영양표시가 이루어져야 한다. 식품의 용도는 인간이 섭취하는 것으로, 한번 섭취하면 돌이킬 수 없다는 점이 다른 제품과 다르다. 따라서 인체에 유해하지 않아야 하며 위생적이어야 한다. 식품은 궁극적으로 대부분 관능적 기호에 의하여 선택하게 되므로 관능적 요소가 매우 중요하다. 이상의 여러 가지 요소가 식품의 품질에 포함되므로 각 요소를 파악하여 신뢰성 있는 측정치를 얻을 수 있도록 하여야 한다.

2) 식품의 품질 요소

식품의 품질을 구성하고 있는 요소에는 규격적 요소, 영양 및 위생적 요소, 관능적 요소가 있다. 그런데 이 세 가지 요소는 서로 깊은 상관관계가 있다.

① 규격적 요소 : 식품 위생법규를 포함한 모든 관련 법규에서 규정하는 사항에 맞도록 제조되어야 한다. 또 무게, 부피 등 양적인 요소도 포함된다.

② 영양 및 위생적 요소 : 단백질, 지방, 탄수화물, 비타민, 무기질 등 영양소함량 등의 식품성분과 이물질 및 위해성 여부, 첨가물의 사용, 유해 미생물의 유무 등이다.

③ 관능적 요소 : 기호적인 요소로서 겉모양, 냄새와 맛, 조직감 등 사람의 오감을 통하여 감지되는 품질 요소이다.

(1) 규격적 요소

식품의 품질을 평가하는 가장 일차적인 요소로 무게, 부피, 개수, 고형물의 함량 등 양적으로 측정하거나 계산할 수 있는 품질 요소에 해당한다.

(2) 영양 및 위생적 요소

화학적 조성, 영양소의 질과 효율, 영양저해 요소의 유무, 이물질 및 독소물질의 혼입, 첨가물의 사용, 유해미생물의 유무 등에 관한 것이다.

① 화학적 조성

단백질, 지방, 탄수화물, 비타민 및 무기질의 함량과 열량 등 인체에 필요한 영양소의 공급 능력을 의미하는 것으로, 이유식, 특수영양식품, 다이어트식품, 환자용 식이 및 건강기능성식품들은 그 제품이 표방하고 있는 특수 기능에 합당한 성분함량을 표시하고 지켜야 한다.

② 영양소의 질과 효율

식품 속에 들어 있는 영양소의 질과 효율은 식품의 제조과정에 따라 변할 수 있다. 분말우유의 경우 우유가 같은 조성을 가졌더라도 그 처리공정에서 가열되었거나 장시간 저장된 것은 풍미손상과 단백질 효율이 저하되어 영양소의 질과 효율의 변화가 발생된다.

③ 영양저해 요소의 유무

모든 식품이 자연에서 얻어지는 상태로는 다소의 영양저해 요소를 포함한다. 이들 영양저해 요소들은 물에 우려내거나 끓임, 절임 등의 가공과정에서 대부분 제거되나, 부적당한 제조공정으로 인해 영양저해 요소들이 식품에 잔존될 수 있다. 두류 제품인 경우 제조가공 처리공정에서 부적당한 열처리를 받은 제품을 섭취하면 트립신 저해인자의 처리미비로 소화흡수에 문제를 일으켜 영양저해 현상을 일으킬 수 있다.

④ 이물질 및 독소물질의 혼입

식품 원료에 오염된 잔류농약 및 항생물질은 식품위생 관리의 주요 항목이다. 제조・가공공정 중 혼입될 수 있는 머리카락, 쇳조각, 종이, 곤충

등의 오염원이 품질을 저하시킬 수 있다.

⑤ 첨가물의 사용

식품 가공에 사용되는 모든 원료는 식품 첨가물로 사용이 허가된 것이어야 하며 그 사용허용량을 철저히 지켜야만 한다.

⑥ 유해 미생물의 유무

식품 중에 오염될 수 있는 전염성 세균과 독소 생성균은 철저히 방제되어야 하며 이들의 생육가능성을 제거하는 것은 식품을 제조·공정하는 과정에의 중요한 과제이다.

(3) 관능적 요소

시각, 후각, 미각, 촉각 및 청각 등에 의해 평가되는 품질로 소비자의 제품 선호에 가장 큰 영향을 미치는 중요한 품질 요소이다. 양적 요소 및 영양 위생적 요소는 관계당국에 의해 기준이 설정되어 통제되거나 감시되는 품질 요소이나 관능적 요소는 통제에서 제외된다.

관능적 요소는 식품생산업자가 자기 사업의 존속과 발전을 위하여 스스로 유지·개선시켜야 하는 것이므로 식품공업의 품질관리 업무에서 가장 중요한 의미를 가진다. 명확한 관능적 품질관리를 위해서는 적합한 관능검사 방법을 확립해야 하고 적절한 관능검사 요원을 선정하여야 한다. 그리고 주어진 환경에서 관능검사를 실시한 후 통계적 분석방법으로 그 결과를 해석하여 제품 관리의 자료로 활용해야 한다.

3) 식품의 규격 및 위생관리

각 나라마다 농산물의 표준등급을 정하여 농업생산물의 품질개선, 유통의 원활화, 소비의 합리화와 선택의 편의를 도모하고 있다. 미국은 농업부(USDA)의 AMS(Agricultural Marketing Service) Standard, 일본은 JAS(Japanese Agricultural Standard)가 있고, 우리나라에는 농산물검사법과 수산물검사법이 있다.

유통 판매되는 식품은 건전성(Wholesomeness), 안전성(Safety), 변조성(Adulteration)에 대하여 정부차원의 감시감독을 받고 있다. 각

나라마다 식품법(Food law)이 있으며 이 법의 기본 원칙은 식품이 건강에 피해를 주는 것으로부터 소비자를 보호하고 부정식품의 생산을 방지하는 것이다.

미국의 식품위생관리는 보건부 산하 식품의약품안전청(FDA, Food and Drug Administration)에서 관장하고 있으며, 3,900여 종의 GRAS (Generally Recognized As Safe), 즉 일반적으로 안전하다고 인정되는 식품목록을 마련하고 있다. 또한, FDA 연방법(Code of Federal Regulations)이 있다. 우리나라에는 식품위생법이 있고, 식품의약품안전청에서 관장하고 있다.

(1) 국제식품규격 (CODEX)

국가 간의 식품 교역을 원활히 하기 위하여 유엔 산하의 식량농업기구(FAO)와 세계보건기구(WHO) 공동으로 국제 식품규격위원회(Codex Alimentarius Commission)를 설치, 운영하고 있다. Codex 식품규격은 1962년 FAO/WHO 합동 식품규격계획작업단(Joint FAO /WHO Food Standard Program)의 사업으로 시작되었다.

Codex는 세계 공통으로 사용할 수 있는 식품관련법규(식품별 규격, 기준, 첨가물 사용 기준, 각국 오염물질 허용기준, 식품표시기준 등)를 제정하여 각 나라의 식품법 제정과 교역에 참고하고 적용하도록 하는 권장기준이다. 그러나 1995년부터 출범한 세계무역기구(WTO)의 위생 및 식품위생 규정(SPS)이 Codex 기준을 대폭 수용함으로써 이 법의 중요성이 크게 부각되고 있다.

(2) 위해요소 중점관리기술
(Hazard Analysis Critical Control Point, HACCP)

HACCP는 식품의 안전성, 특히 미생물학적인 안전성을 확보하기 위하여 현재 전 세계적으로 보급되고 있다. 1995년 WHO/FAO 공동회의에서 HACCP 시스템에 대한 광범위한 평가작업을 실시하여 우수성을 인정하였으며 세계 각국에서 공통적으로 사용할 수 있는 지침서를 발표하였다. HACCP는 7가지의 기본활동으로 구성되어 있으며 식품의 가공,

저장, 유통의 전 과정에서 중요한 위해요소를 확인하고 그 오염원을 원천적으로 차단하여 식품의 안전성을 효과적으로 높이는 방법이다. 우리나라에서는 1995년부터 이 기술을 도입, 시험 운용하고 있으며 점차 확대될 전망이다.

HACCP의 7가지 기본 활동은 다음과 같다.

① 위해요소 분석(Hazard Analysis) - 식품의 생산에서부터 소비에 이르기까지 전 과정에서 일어날 수 있는 위해요소를 조사하고 평가하는 작업

② 중요관리점(Critical Control Points, CCP)의 확인

③ 관리기준(Critical limits) 설정 - CCP가 관리될 수 있는 관리기준 설정

④ 모니터링 방법 - 시험관찰계획에 의한 CCP의 계속적인 관리체제 수립

⑤ 개선방법(Corrective action)수립

⑥ 확인방법(Verification prucedure)수립 - HACCP 시스템이 효과적으로 수행되고 있는지를 확인

⑦ 문서화(Documentation) - 작업과 관련한 모든 사항을 기록으로 남김

4) 식품 품질관리의 운영체제

식품의 품질 요소에 대한 기초적인 분류와 정의를 이해하고 이에 대한 측정방법이 가능해지면 일반 공업품질관리이론을 적용하여 각 제품의 품질관리 체제를 계획할 수 있다. 식품공업 품질관리체제를 운영하기 위한 시행단계는 다음과 같다.

제1단계 : 각 제품의 품질요소의 선정

제2단계 : 측정방법의 선택

제3단계 : 품질기준의 설정

제4단계 : 제조방법 및 감사계획 수립

제5단계 : 제조작업의 실시 및 통제(관리도 작성)

제6단계 : 품질의 조정 및 유지

제7단계 : 결과의 기록, 보고, 평가 및 장기계획 수립

품질관리란 만들어진 제품의 질을 검사하는 데 일차적인 목적이 있지만, 더 나아가 품질 향상과 신제품 개발에 결정적인 자료를 제공하는 데에도 그 목적이 있으며, 특히 식품공업에서의 품질관리는 제품 개발과 직결되므로 더욱 중요하다.

품질관리 체제에서 이용되는 통계적 검정이나 추정은 신제품 개발 시 의사결정(decision making)에 중요한 지표를 제시하는 방법이다. 또한 장기간의 품질관리 및 평가기록은 제조기술의 변화와 소비자 기호의 변화방향을 제시하여 주는 중요한 자료가 된다.

5) 식품 품질요소의 측정방법

식품의 품질요소를 측정하는 방법은 크게 세 가지로 구분된다.

① 물리화학적 분석방법(instrumental method)

② 관능검사법(organoleptic method)

③ 위생학적 검사(safety examination)

관능검사법은 사람의 오관을 측정 도구로 사용하는 방법이다. 식품의 품질을 사람의 오관에 의하여 측정하는 것은 궁극적인 평가 방법이며, 측정 기계나 기구를 필요로 하지 않는 방법이다. 그러나 식품에 대한 개개인의 기호도 차이, 식별능력의 차이, 표현방법의 차이, 편견, 기분의 변화 등으로 재현성 있는 검사 결과를 얻기 어렵다. 또한 감각기능에 의한 정도의 표시는 물리적 수치로 나타내기가 어렵고 항상 비교 값만 얻게 된다. 관능검사법은 4장에서 자세히 설명하였다.

물리화학적 분석방법은 기계적 검사법이라고 할 수 있다. 객관적인 측정 방법으로서 재현성 있는 값을 얻을 수 있는 장점이 있다. 또한 사람에게 직접 시험할 수 없는 식품원료 또는 중간 제품의 측정이 가능하다. 그러나 한 가지 요인만 평가하는 경우에는 전체적인 음식의 질과는 다를 수

있다. 또한, 물리화학적인 측정치는 사람의 감각기관에 의해 느껴지는 가장 적합한 수치를 나타내주지 않는다. 예를 들면, 김치는 숙성기간이 경과됨에 따라 총 산도는 증가된다. 그러나 가장 맛있게 익었을 때의 총 산도가 몇 %인지는 알 수 없으므로 관능검사에 의해 결정을 해야 한다. 물리화학적 분석방법은 제3장에서 자세히 다루었다.

식품의 안전성은 물리화학적, 생물학적인 안전성을 측정한다. 위생학적 검사는 식품미생물, 위생학 등에서 다루는 내용이므로 이 책에서는 다루지 않았다.

식품의 관능적 특성

1. 자극의 감지와 식품의 특성과의 관계

자극은 감각기관에 반응을 일으키는 화학적 또는 물리적 인자이며, 자극의 종류에는 기계적(mechanical), 온도(thermal), 시각적(photic), 음향적(acoustic), 화학적(chemical) 자극 및 전기적(electrical) 자극이 있다. 자극에 대하여 반응하는 수용체(receptor)는 사람의 오감에 의하여 감지되는 관능적 감각기관이 있고 전기 화학적으로 감지하도록 고안된 기계적 측정장치가 있다.

식품의 특성과 관계된 감각은 식품의 외형, 맛, 냄새, 질감, 소리 등으로 구분된다. 식품의 외형(appearance) 특성은 눈을 통해 시각(vision)이라는 감각기관으로 인지되며, 냄새(odor) 특성은 코를 통해 후각(olfaction)이라는 감각기관으로 인지된다. 맛(taste) 특성은 입을 통해 미각(gustation)으로 느끼게 되고, 소리(tone, noise)는 귀를 통해 청각(audition)으로 인지되며, 조직감(texture)은 피부를 통해 촉각(touch)으로 인지되는 접촉특성(hot, cold)이다.

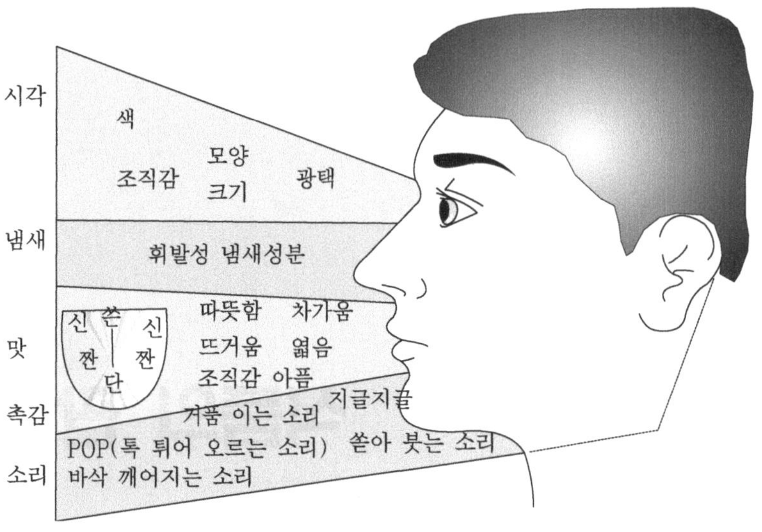

그림 2-1 사람의 감각기관에서 감지하는 식품의 관능적인 요소

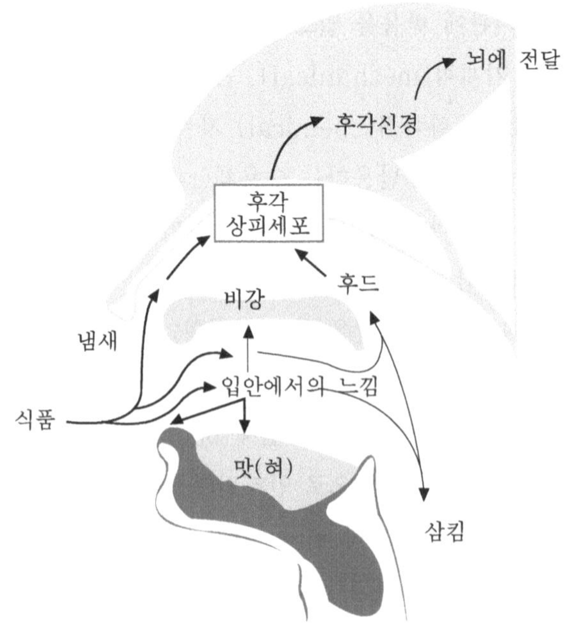

그림 2-2 냄새, 맛, 입안에서 느끼는 감각의 감지 경로

1) 외형적 특성(appearance)

식품의 외형적 특성은 사람의 시각을 통해서 감지되며, 맛, 냄새에 대한 반응보다 시각에 의한 반응이 식품을 평가하고 선택하는 데 결정적인 영향을 준다.

식품의 외형적 특성으로는 식품의 형태와 모양(size, shape), 색과 광택(color, gloss) 및 조밀감(consistency)이 있다.

(1) 눈의 구조

빛의 복사에너지가 눈의 망막을 자극하면 시신경에 의한 신호가 뇌에 전달되어 볼 수 있다. 망막에는 간상세포와 원추세포가 있다. 간상세포는 약 1억 3천만 개 존재하며 밝고 어두운 곳에서도 물체를 감지한다. 원추세포는 6~7백만 개 존재하고, 물체의 인식을 위해 간상세포에 비해 강한 광선이 필요하며 색을 구별하는 능력이 있다.

(2) 식품의 형태와 크기(shape, size)

식품의 형태와 크기는 품질 기준을 설정하는 중요한 요소가 된다. 품질관리에서 일정한 형태와 크기별로 분류하여 등급을 매기게 된다. 기구사용의 가능성을 가지며, 식품을 용기에 담았을 때의 황금분할은 용기 5일 때 식품 3으로, 이 비율은 심리적 안정감을 준다고 한다.

(3) 색(color)과 광택(gloss)

색은 물체로부터 반사된 빛을 감각기관인 눈을 통해 인지할 수 있다. 식품의 색은 외관과 함께 품질을 결정하는 요소가 되며 성숙도, 부패도 등을 결정하는 데 도움이 된다. 예를 들면, 바나나가 익은 정도, 곶감의 말랑말랑한 정도, 커피의 농도, 고기의 익은 정도 등은 개개식품이 지니는 색으로부터 알 수 있다. 따라서 색은 소비자에게 1차적으로 강력한 자극을 주어 제품의 선정에 큰 영향을 주는 요소이다.

2. 색

색은 물질을 구성하는 성분에 따라 조사된 가시광선이 흡수 또는 반사되는 성질에 기인된다. 또한 광원과 파장에 따라 광택(gloss), 탁도(turbidity), 투명도(transparency)의 현상이 나타난다.

물체의 색은 가시광선의 파장범위인 380~770nm(nanometer) 이내에 있는 복사에너지에 접촉되었을 때 일어나는 반사와 흡수정도에 따라 결정되며 빛의 파장에 따른 색은 표 2-1과 같다. 삼원색은 적색(red), 녹색(green), 청색(blue)이며, 삼원색의 혼합 비율에 따라 색이 달라지므로, 모든 색은 3자 극치(tristimulus value)로 표현할 수 있는데 삼원색의 혼합량을 3자 극치라고 부른다.

표 2-1 파장에 따른 색

파장 범위 nm	색 명
467~483	청
498~530	녹
573~578	황
586~597	주황
640~780	주

자연식품의 색은 식품 중에 함유된 색소에 기인되며, 종류와 특징은 다음과 같다.

(1) 엽록소와 카로티노이드(chlorophyll과 carotenoid)

지방에 용해되어 식물 세포의 색소체(plastids)에 존재한다. 멜론이나 아보카도 등 몇몇 과일을 제외하면 엽록소 색소를 지닌 과일은 적다. 살구, 오렌지, 황도, 파인애플, 토마토나 수박 등에는 카로티노이드가 많다.

(2) 플라보노이드(flavonoid)계 색소

수용성으로 식물 세포의 세포액에 존재한다. 안토시아닌, 안토잔틴 및 타닌 등 페놀화합물 등이 이에 속한다.

① 안토시아닌(anthocyanin)계 색소

아름다운 적색 또는 청색을 띤다. 산성에서는 안정하나 알칼리성에서는 불안정하다. 또한 금속과 결합하여 보라색이나 청록색을 띤다(캔 과일 또는 캔 주스 캔 내에 주석이나 철의 염성분과 안토시아닌 색소와 결합하여 보라색이나 청록색을 띠는 수가 있다).

② 안토잔틴(antohxanthin)계 색소

안토시아닌계 색소보다 식물계에 더 널리 분포하며, 백색 또는 담황색을 나타낸다. 플라본(flavons), 플라보놀(flavonols), 플라보논(flavonones)을 포함한 안토잔틴 색소는 과일과 채소에 배당체로 존재한다.

③ 기타 플라보노이드계 색소

과일과 채소 내에 존재하는 페놀화합물의 대표물질인 카테킨(catechin)이 있다. 카테킨의 유도체인 루코안토시아닌(leucoanthocyanin)은 무색 색소이며, 산과 같이 가열하면 안토시아니딘을 형성한다. 이러한 반응으로 인해 가끔 통조림 배의 과육이 약간 부분적으로 분홍색을 띠는 것을 본다. 루코안토시아닌은 타닌물질로 알려져 있기도 하다.

(3) 타닌(tannin)

타닌은 식물의 세포액에 용해되어 있는 페놀화합물이다. 특히 식물의 자방에는 25~75%의 타닌류가 존재한다. 타닌물질의 분포는 식물 조직의 부분, 성숙도에 따라 다르며 이는 색과 향미에 크게 영향을 주고 있다. 타닌은 식품의 절단면을 갈변시킬 뿐만 아니라 음식에 떫은맛과 수렴성맛(astringent flavor)을 낸다. 차, 커피, 코코아 및 과일 등의 음식에 약한 수렴성 맛을 주는 타닌은 바람직한 타닌의 특성이나 미숙한 감, 바나나, 밤의 속껍질 속 타닌의 떫은맛은 바람직하지 못한 특성이다.

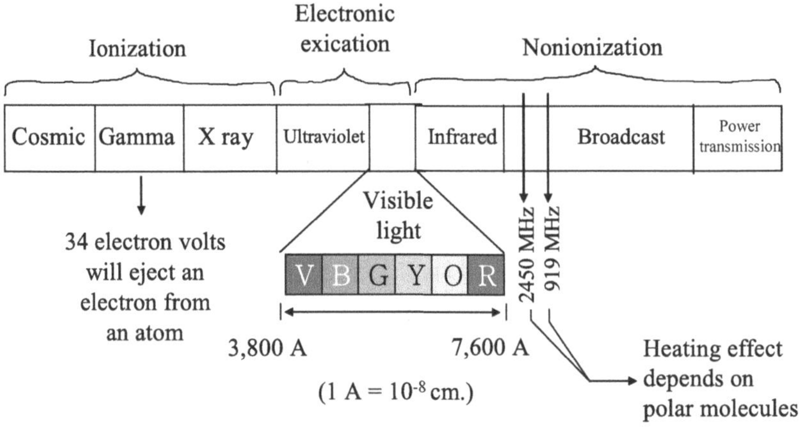

그림 2-3 빛의 파장에 따른 전자기 스펙트럼

1) 색의 3요소

색의 물리적 요소에는 명도, 채도, 색상의 세 가지가 있다.

① 명도 : 파장의 종류에 관계없이 조사되는 빛을 전부 반사할 때에는 백색이며, 전부 흡수할 때에는 흑색 그리고 전 파장에 걸쳐 고루 일부만 반사할 때에는 회색이 된다. 이같이 파장의 종류와는 무관한 반사 정도를 명도(lightness 혹은 value)라고 한다.

② 색상 : 특정 파장의 복사에너지를 선택적으로 반사할 때 특정 색을 띠게 되는데, 이것을 물리적으로는 지배파장(dominant wavelength)이라 하고, 심리적으로는 색상(hue)이라고 한다. 그림 2-3에서 보는 바와 같이 400~500nm 범위의 파장을 가진 복사에너지가 주로 반사되면 청색을 띠게 되고 600~700nm 부근의 복사에너지가 주로 반사되면 적색을 나타내게 된다.

③ 채도 : 전체 반사광 중에서 특정 파장의 빛이 반사되는 양을 물리적으로 순도(purity)라 하며 심리적으로는 강도(intensity 혹은 strength) 또는 채도(chroma 혹은 saturation)라고 한다.

2) 색의 표시법

색은 종류가 많고 복잡하여 말이나 글로 표시하기가 매우 어렵다. 색을 체계적으로 분류하고 표시하여 놓은 것을 색채계(color system) 또는 색입체(color solid)라고 하며, CIE 색채계, 먼셀(Munsell) 색채계, 헌터(Hunter) 색채계 등이 널리 이용되고 있다.

① CIE 색채계(XYZ 표시계)

국제조명위원회(Commission Internationale de I'Eclairage, 약칭; CIE)에 의해 정해진 것으로 색을 표시하기 위하여 원칙적으로 색도좌표 x, y 및 z의 3자 극치(tristimulus value)를 사용한다. XYZ색 표시계(CIE 색도계)의 측정을 위하여서는 분광광도계(spectrophotometer)를 사용하지만, 이 방법은 측정과 계산이 복잡하고 측정기가 필요하므로 일상적인 품질검사 방법으로 적합하지 못하다.

② 먼셀 색채계(Munsell color system)

먼셀 색채계는 색의 3 요소, 즉 색상(hue), 명도(value), 채도(chroma)로 구성되어 있다(그림 2-4). 색상은 외부 원주에, 명도는 종축에, 채도는 중심으로부터 떨어진 거리에 따라 각각 강도의 세기 순으로 번호를 붙여 색을 기호로 나타낸다.

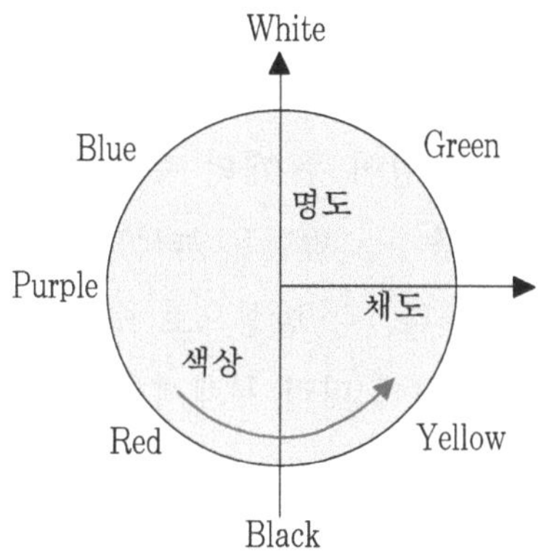

그림 2-4 먼셀 색채계

- 색상 : 색의 종류로 10가지이다.

  5가지 기본색 : 빨강(Red), 노랑(Yellow), 초록(Green)
  파랑(Blue), 보라(Purple)

  5가지 중간색 : YR, GY, BG, PB, RP
- 명도 : 흑은 0, 백은 10이다.
- 채도 : 무색 0, 채색은 10이다.
- 색표시법 : HV/C의 순으로 표시한다.

  예 5R4/7 : H=5R, V=4, C=7

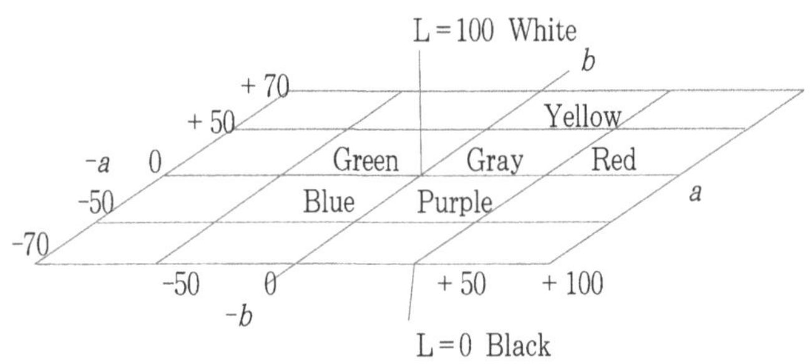

그림 2-5 헌터 색채계

③ 헌터 색채계(Hunter color system)

헌터 색채계는 CIE, Munsel 색채계의 단점을 보완한 색채계로 수치에 의해 색을 표현하는 L, a, b 방법이며, L값은 명도, a값은 색상, b값은 채도이다. 그림 2-5에서와 같이 두 개의 축에 의해 다음과 같이 표현된다. 즉 +a 방향은 적색도를, -a 방향은 녹색도를, +b 방향은 황색도를, -b 방향은 청색도 나타낸다. 각 방향으로 수치가 크게 됨에 따라서 색도가 높게 되고, 중앙으로 됨에 따라 무채색으로 된다. 혼합색은 a, b 값의 비로 나타낼 수 있다.

- 명도 : Rd 또는 L
- 색상 : a 또는 al : + : 적색 0 : 회색 - : 녹색
- 채도 : b 또는 bl : + : 황색 0 : 회색 - : 청색
- a / b : 색상의 지표

· $\sqrt{a+b}$: 원점과 좌표 간의 거리로 색도를 나타낸다.

$\triangle E=\sqrt{\triangle L^2+\triangle a^2+\triangle b^2}$ 색차지수, 즉 △E값이 중요한데, 이는 L, a, b공간에 걸려있는 두 개의 지각색을 대표하는 두 점 간의 직선 거리로 표현된다. △L, △a, △b는 색표준도자기판을 기준으로 한 시료의 L, a, b값이다.

· 색차지수값(△E)
0~0.5 = 색차가 거의 없음
0.5~1.5 = 근소한 차이
1.5~3.0 = 감지할 수 있을 정도의 차이
3.0~6.0 = 현저한 차이
6.0~12.0 = 극히 현저한 차이
12 이상 = 다른 계통의 색으로 결정

3. 향미(Flavor)

맛(taste)과 냄새(odors)로 구분한다. 화학적 물질이 수용체(receptor)를 자극하는 데 대한 반응으로 화학적 감각에 속한다.

1) 맛(taste)

맛은 미각에서 느끼는 화학적 감각이다. 감각기관(taste buds)인 미각은 맛의 수용체로 주로 혀에 존재한다.

혀에는 유두(파필라, papilla)가 존재하며 유두에는 미각세포인 미뢰(receptor)가 있어 맛을 내는 물질이 미뢰에 접촉되면 자극이 뇌에 전달되어 맛을 느낀다.

유두에는 4 종류가 있다.

· 유곽유두 : 혀의 뒤쪽에 위치하며, v자 모양이고, 미뢰가 존재한다.
· 심상유두 : 혀의 앞쪽에 위치하며, 미뢰가 존재한다.
· 엽상유두 : 혀의 옆쪽에 위치하며, 미뢰가 존재한다.

· 모상유두 : 혀의 옆쪽에 있으나 미뢰가 존재하지 않는다.
감촉을 느끼는 유두이다.

미뢰(receptor)의 숫자는 약 9~10만 개로, 나이가 들면 유두의 숫자는 감소하는데, 보통 45세부터 감소되기 시작한다. 미뢰는 구강 전체에 분포되어 있고, 후두와 식도에도 약간 존재한다. 미뢰가 감지하는 맛은 단맛, 짠맛, 신맛, 쓴맛의 4가지이다. 일본에서는 조미료맛(감칠맛, umami)도 포함시켜 5원미라고 한다.

(1) 기본 맛

① 단맛(Sweet taste)

단맛을 내는 물질은 당류, 당알코올류, 아미노산 및 합성물질 등이 있다. 단맛을 내는 물질은 분자 내에 OH기(AH)를 지니고 있으며, 수용체(B)에 수소결합을 통해 결합이 이루어지면 자극에 대한 신호가 뇌에 전달되어 단맛을 느끼게 된다(AH B theory).

· 당류 : 단당류, 이당류 등이 단맛을 낸다. 상대감미도는 과당 〉 설탕 〉 포도당 〉 갈락토오스 〉 유당의 순이다.

· 당알코올류 : 글리세롤, 에리트리톨, 솔비톨, 만니톨, 둘시톨 등이 있으며 상대감미도는 50% 이하이다.

· 아미노산 : 글리신, 알라닌, 프롤린, 로이신 등의 아미노산류도 약하지만 단맛을 나타낸다.

· 합성감미료 : 사카린, 아스팔탐, 납엽 등의 합성감미료가 강한 단맛을 내어 다이어트 음식 등에 이용되고 있다.

② 짠맛(Salt taste)

일반적으로 양이온과 음이온이 결합한 중성염이 짠맛을 내는데, 소금(NaCl)이 가장 순수한 짠맛이다. 양이온인 Na^{+}이 음이온과 결합될 때 짠맛을 내는데, 강도는 SO_4^{-2} 〉 Cl^{-} 〉 Br^{-} 〉 I^{-} 〉 HCO_3^{-} 〉 NO_3^{-}의 순이다. 그러나 NaCl 이외의 염은 짠맛 외에 쓴맛 등의 복합적인 맛을 낸다. 또한, 음이온은 분자가 클수록 짠맛과 쓴맛이 강해진다. 양이온 중 K^{+}도 음이온과 결합 시 짠맛을 내나 쓴맛도 함께 낸다. KCl은 NaCl의 대체염으로 저

염제품에 사용된다.

③ 신맛(Sour taste)

기본 맛에서 가장 순수한 맛은 신맛이라 알려져 있다. 산 용액 내의 수소이온[H^+]과 산의 염에 의해 신맛을 나타낸다. 신맛과 수소이온농도가 반드시 일치하는 것은 아니다. 동일한 몰수라면 강산이 더 시게 느껴진다. 그러나 동일한 수소이온농도에서는 약산이 강산에 비하여 신맛이 더 강하다. 약산은 더 많은 몰수의 산을 녹여야 동일한 수소이온농도에 도달하게 되는데, 이때 해리된 수소이온농도뿐 아니라 해리되지 않고 남아있는 산의 염이 존재하기 때문이다. 따라서 신맛의 강도는 수소이온농도보다는 총 산도에 의한다.

④ 쓴맛(Bitter taste)

담즙산염, 배당체, 알칼로이드 등이 쓴맛을 나타내며, 일반적으로 다른 맛에 비해 낮은 농도에서 감지된다. 쓴맛의 기준물질인 퀴닌은 0.0016%에서도 감지가 가능하다.

- 알칼로이드 : 카페인, 퀴닌, 니코틴
- 무기염류 : K^+, Ca^{++}, Mg^{++}
- 배당체 : 나린진(감귤류에 속하는 자몽에 들어있으며 퀴닌보다 더 쓴맛을 낸다)

(2) 맛의 강도

4원미에 대한 화합물질의 강도는 다음의 표 2-2와 같다.

표 2-2 각종 화합물의 맛 강도

Sour(Index)		Bitter(Index)	
Hydrochloric Acid	1		
Formic Acid	1.1	Quinine	11
Lactic Acid	0.85	Denatonium	1
Malic Acid	0.6	Caffeine	0.4
Acetic Acid	0.55	Morphine	0.02
Citric Acid	0.46		

Sweet(Index)		Salty(Index)	
Sucrose	1		
Sacharrin	675	NaCl	1
Aspartame	150	Sodium fluoride	2
Sucronic Acid	200,000	Calcium chloride	1
Fructose	1~1.7	Sodium iodide	0.35
Glucose	0.5~0.8	Lithium chloride	0.4
Maltose	0.3~0.6	Ammonium chloride	2.5
Lactose	0.2~0.6	Potassium chloride	0.6
Alanine	1.3		

(3) 맛의 감지

4원미 중에서 단맛이 가장 높은 농도에서 감지되며 짠맛 그리고 신맛, 쓴맛의 순서로 감지된다. 쓴맛은 가장 적은 농도에서 감지되어 쓴맛을 갖는 독성분은 인간이 태어날 때부터 감지하도록 하는 원초적 맛이다.

(4) 맛의 감지에 영향을 미치는 요소

① 나이가 들수록 맛감각 세포인 미뢰의 생성이 늦어지므로 감각이 둔화된다.

② 일반적으로 여성이 남성보다 맛감각이 발달되어 있다.

③ 온도에 따라서 맛을 느끼는 정도가 다르다.

④ 침 속에는 사람에 따라서 당분과 효소 등이 다르게 존재하므로 개인이 맛을 느끼는 데 차이가 있다.

⑤ 질병이 있는 사람들은 맛감각 세포의 감소로 인하여 맛감각이 저하된다. 특히 항암치료와 당뇨병, 치과 질환의 경우 정상인과 매우 다르다.

(5) 맛의 상호작용

맛이 혼합되었을 때 맛의 상호작용은 매우 복잡하다. 식품에는 두 가지 이상의 맛 성분이 함께 존재하며 농도, 적용 방법 등에 따라 맛을 감소시키거나 또는 증가시키는데, 그 예를 표 2-3에 나타내었다.

표 2-3 맛의 상호작용

강한맛	+	약한맛	맛의 변화	예
설탕	+	소금	단맛 증가	단팥죽, 팥고물
설탕	+	사카린	단맛 증가	분말주스
설탕	+	구연산	단맛 증가	
소금물	+	산	짠맛 감소	김치
소금물	+	설탕	짠맛 감소	
산	+	설탕	신맛 감소	과즙
산	+	소금물	신맛 감소	
쓴맛	+	설탕	쓴맛 감소	커피
MSG	+	소금	감칠맛 증가	
짠맛	+	구연산	짠맛 증가	
짠맛	+	설탕	짠맛 감소	
설탕	+	구연산	단맛 증가	
(젖산, 사과산, 주석산)				
주석산	+	설탕	신맛 감소	

(6) 온도에 따른 맛의 감지효과

기본 맛의 감지강도는 온도에 따라 다르다. 설탕은 35~50℃에서 가장 잘 느끼며 온도가 상승될수록 단맛은 강하게 느껴진다. 짠맛은 18~35℃에서 잘 느껴지며 온도가 상승되면 짠맛의 강도는 약해진다. 쓴맛을 내는 퀴닌은 10℃에서 잘 느껴지며, 온도가 높아지면 약하게 느껴진다. 그러나 사용한 물질의 종류, 온도, 농도 뿐 아니라 감각기관의 온도도 영향을 미친다.

(7) 매체가 맛에 미치는 영향

맛의 강도는 용매의 종류에 따라 달라진다. 또한 식품의 물리적 상태, 점성, 용해도 등이 맛에 영향을 미친다.

① 물리적 상태 : 맛 성분의 감지는 액상 〉 거품 〉 겔상의 순으로 용이하다.

② 점성 : 용액의 점성이 높으면 수용성 물질이 미각기관으로 확산되는 것을 방해한다. 껌(gum) 물질처럼 점성이 높으면 수용성 물질이 미각기관에 도달하는 것을 방해한다.

③ 기타 : 지방에 대한 용해도가 크면 맛의 강도는 작아진다.

(8) 맛의 둔화현상(Adaptation)

미각은 한 가지 맛에 오래 접촉될 경우 맛의 감도가 약화되는 현상이 있는데, 이를 맛의 둔화현상이라 한다.

기본 4가지 맛의 둔화현상은 다음과 같다.

① 단맛 : 감미료 간에 서로 감도를 줄이기도 하고 줄이지 않기도 한다. 설탕과 사카린은 서로 감도를 떨어뜨리지 않는다.

② 짠맛 : 한 가지 염에 대한 둔화가 다른 염에 대한 감도에 영향을 미치지 않는다.

③ 신맛 : 한 가지 산에 적응 시 다른 산에 대한 감도가 감소한다.

④ 쓴맛 : 쓴맛은 친화력이 크기 때문에 비교적 입안에 오래 남는다.

(9) 맛의 강화현상

한 자극에 대하여 둔화된 상태에서 다른 자극을 받으면 나타나는 현상이다. 소금의 맛에 둔화된 상태에서 신맛을 맛보면 더 강하게 느껴진다.

2) 냄새(Odors)

좋은 냄새를 내는 식품은 먹는 사람에게 큰 즐거움이다. 냄새는 후각으로 감지되는 화학적 감각으로 식품의 휘발성 성분에 의하여 나타난다. 후각은 코 속의 윗부분에 있는 1,000만~2,000만 개의 후각상피세포에서의 신호가 뇌에 전달되어 감지된다. 냄새를 감지하려면 냄새를 갖는 물질은 휘발성이어야 하며 후각의 점막세포에 녹거나 확산에 의해 섬모에 접촉되어야 한다.

후각의 특징은 다음과 같다.

① 아주 낮은 농도에서도 감지할 수 있다. 그러나 최저감응농도의 범위가 10^{-11} mole에서 10^{-3} mole에 걸쳐 넓게 분포한다. 또한 사람마다 최저감응농도는 10^{8}배 이상까지 차이가 날 수 있다.

② 예민하지만 쉽게 피로해진다.

③ 구별할 수 있는 냄새의 종류는 약 16만 종으로 매우 많다. 그러나 표현할 수 있는 용어가 매우 제한적이며 부적합한 실정이다.

④ 한 번 맡은 냄새는 기억할 수 있다.

⑤ 냄새 성분은 맛 성분과 같이 원향(primary odor)의 개념이 확실치 않다.

⑥ 화학구조 형태가 비슷하면 같은 냄새를 낸다. 그러나 전혀 다른 종류의 화합물이 비슷한 냄새를 내거나 비슷한 화합물이 전혀 다른 냄새를 내기도 하므로 냄새의 화학적 종류를 예측하기 어렵다.

(1) 냄새의 분류

크락커와 헨델슨(Crocker and Henderson, 1927)은 냄새의 기본요소를 꽃 향(fragrant), 산 냄새(acid), 썩은 냄새(caprylic), 탄 냄새(burnt)로 분류하였다.

헤닝(Henning, 1924)은 냄새 프리즘(olfactory prism)으로 향신료 향(spicy-cloves, anise), 꽃 향(flowery-jeranium, heliotrope), 썩은 냄새(foul stink), 과일 향(fruity-orange oil), 탄내(burnt, stink), 수지냄새(resinous, balsamic-turpentine, balsam)로 분류하였다.

(2) 냄새의 한계값에 영향을 미치는 인자

① 냄새의 한계값은 화합물의 순도에 크게 영향을 받으므로 순도의 유지가 필수적이다.

② 외적 변수로 흡인된 공기의 흐름이나 속도가 크면 한계값이 낮아진다. 지속적인 소음은 한계값을 높인다. 냄새화합물의 농도가 증가하는 순서로 제시할 때 한계값이 낮아진다.

③ 오전에는 예민도가 증가하나 오후에는 감소한다.

④ 타닌산, 타타르산, 아세트산 등의 산은 식사 후 후각의 예민도가 감소하는 것을 방지한다.

⑤ 개인에 따라 예민도가 달라지나 훈련도 중요 역할을 한다.

(3) 냄새의 둔화 현상

냄새에 대한 적응, 둔화 및 피로는 동일한 의미를 가진다.

① 후각기관이 계속적으로 자극을 받으면 감각이 둔화되어 냄새를 더 이상 감지할 수 없게 된다.

② 자극의 강도가 커질수록 둔화율은 증가하며 회복률은 둔화율보다 더 낮다.

③ 둔화율은 코에서의 증기압에 비례하고, 분자의 농도에 비례한다.

④ 둔화를 일으킨 강한 강도는 결과적으로 한계값을 증가시키게 되고 둔화에서 회복된 후의 한계값은 둔화현상을 일으킨 양과 연관이 있다.

⑤ 여러 가지 냄새에 대한 전체적인 둔화는 냄새가 유사하고 쉽게 혼합되는 경우 잘 일어난다.

4. 입안에서의 느낌(Mouthfeel)

음식이 입에 들어갔을 때 입 전체에 감지되는 느낌으로 통감, 온도, 촉감이 있다.

(1) 통감(trigeminal sensation)

통각에 속하는 감각을 일으키는 물질은 고추, 후추, 겨자, 생강, 멘톨 등으로 아리다(pungent), 입안이 화하다(burn), 맵다(hot), 얼얼하다(heat, cold) 등으로 표현되는 느낌이다. 매운맛은 입과 코에 있는 아픔을 느끼는 삼차신경(trigeminal)을 통한 감각이다. 통각을 일으키는 물질의 화학 구조상의 일반적 특징은 없으나 대부분 점막을 통하지 않고 느끼며, 자극의 강도가 맛이나 냄새보다 더 강하여 한계값이 낮다. 전달되는 속도가 맛과 냄새보다 느리므로(그림 2-6 및 그림 2-7), 관능검사 시 3번 정도 씹거나 맛을 본 후에 평가하는 것이 정확하다(매운 음식을 먹었을 때 매운 맛은 먹은 직후보다 조금 지난 후에 더욱 강하게 느껴진다).

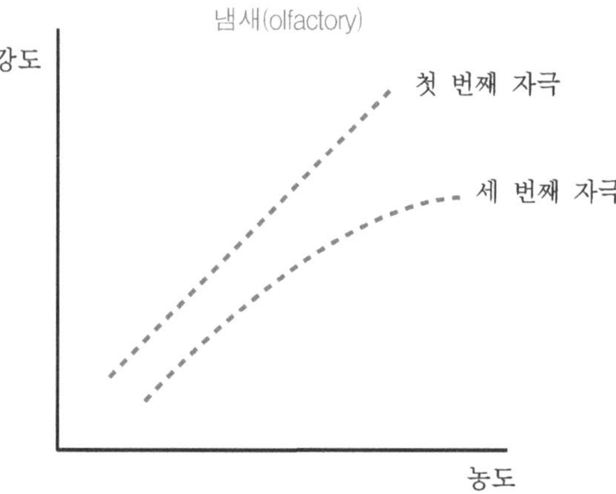

그림 2-6 냄새화합물의 반복자극에 따른 자극의 강도

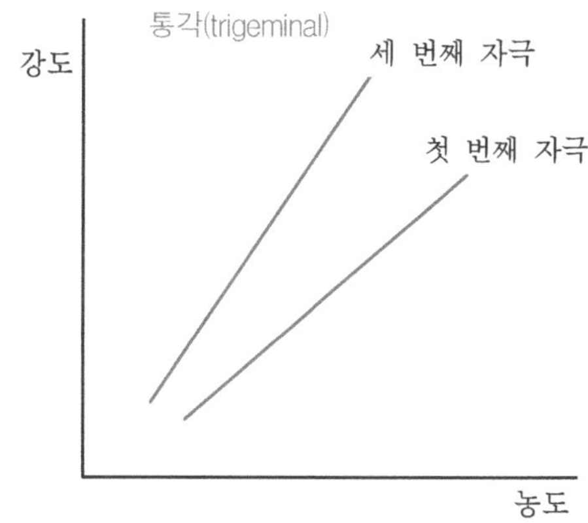

그림 2-7 매운맛의 반복자극에 따른 통각의 강도

(2) 온 도

음식마다 맛을 잘 느끼는 온도가 다르다. 음식의 종합적인 맛은 대개 20~30℃에서 잘 감지한다.

(3) 촉 감

혀와 잇몸을 포함하는 입안 전체에서 느끼는 감각으로 조직감 또는 질감, 수렴성, 조밀감 등이다.

5. 조직감(Texture) 특성

식품의 조직감은 맛이나 색과 같이 단순하지 않고 복잡하다. 조직감에 관련된 감각으로는 식품을 입에 넣었을 때 주로 촉각이 작용하지만 온도감각, 통감도 작용하며, 음식을 씹을 때 치아의 근육운동과 촉각과 함께 청각도 관여한다.

식품의 조직감은 넓은 의미로 유체 및 반유체, 식품의 흐르는 성질, 고체 및 반고체 식품의 변형성을 포함하는 광범위한 관능적 특성이다. 식품을 씹어 먹을 때 생기는 타액과의 혼합 및 상호 작용에 의해 생기는 여러 가지 식품의 변형 특성을 조직감으로써 표현하며 유변학(rheology)의 한 분야로 연구하고 있다.

1) 정 의

① Szczensniak(1963)

"조직감은 식품의 구성요소가 가지는 물리·구조적 특징인 유체변형성(rheological property)을 경험과 생리적 감각이라는 여러 가지 요소가 복잡하게 작용하는 것으로, 이를 심리적 작용에 의하여 감지하는 것을 말한다"라고 정의하였다.

② Kramer(1973)

"조직감이란 전적으로 촉감에 관계되는 식품의 세 가지 기본적 관능 특성의 하나로 질량이나 힘의 기본 단위로 표시할 수 있는 기계적 방법으로 정확하고 객관적으로 측정이 가능하다"라고 하였다.

③ 국제 표준 기구

"조직감이란 기계적 촉각, 경우에 따라서는 시각과 청각의 감각기관에 의하여 감지할 수 있는 식품의 모든 물성학적 및 구조적 특성이다."라고 정의하고 있다.

2) 조직감 특성

조직감의 특성은 다음과 같다

① 식품의 구조로부터 생기는 일련의 물리적 특성이다.

② 식품의 물리적 특성 중 기계적 또는 물성학적인 것이다.

③ 조직감은 단일 성질이 아닌 여러 성질로 구성되어 있다.

④ 주로 입안에서 촉감으로 감지되지만 신체의 다른 부분(흔히 손)으로도 감지될 수 있다.

⑤ 향미와 같은 화학적 감각과는 관련이 없다.

⑥ 객관적 측정은 질량, 거리 및 시간의 함수로 이루어진다. 조직감과 관련된 감각을 표현하는 데 쓰이는 용어는 Kinesthetics, Body, 가루끼(mealiness), 입안에서의 느낌(mouthfeel) 등이다.

3) 조직감의 분류

조직감은 크게 기계적 특성, 기하학적 특성, 촉감적 특성으로 분류한다.

(1) 역학 특성(물리적 성질)

역학특성(기계적 특성)은 기본특성인 1차적 특성과 2차적 특성으로 분류한다.

① 1차적 특성(기본특성)

㉮ 경도(hardness) : 물질을 압축하여 변형시킬 때 필요한 힘.

㉯ 응집성(cohesiveness) : 식품의 형태를 구성하는 내부적 결합에 관여하는 힘(식빵보다는 캐러멜이나 찹쌀떡의 응집성이 크다).

㉰ 점성(viscosity) : 유동체에 외부로부터 힘을 가하였을 때 생기는 층밀림에 대한 내부 저항.

㉱ 탄성(elasticity) : 물체에 외부로부터 힘을 가하였을 때 생긴 변형이 힘을 제거하였을 때 힘이 가해지기 전의 원상태로 회복되는 성질(빵과 밀가루 반죽).

㉲ 부착성(adhesiveness) : 식품의 표면과 타물체의 표면이 부착되어 있는 인력을 분리시키는 데 필요한 힘(캔디 : 크다, 사과: 적다).

표 2-4 식품의 조직감을 구성하는 특성과 용어

유별	1차 특성	2차 특성	일반용어
역학특성 (기계적 특성)	경도		부드러운 → 단단한 → 딱딱한
	응집성	부서짐성 씹음성 껌성	바슬바슬한 → 바삭바삭한 → 부서지기 쉬운 연한 → 질긴 푸석푸석한 → 풀같은 → 껌같은
	점성 탄성 부착성		찰기없는 → 끈끈한 소성이 있는 → 탄력이 있는 진득거린 → 찐득찐득한 → 끈적끈적한
기하특성	입자의 크기와 모양 입자의 모양과 휘발성		모래알모양, 입상, 조입상 섬유상, 세포상, 결정상
기타	수분함량		마른 → 습기있는 → 물기있는 → 젖은
	지방함량	유상 그리스상	oily greasy

② 2차적 특성 : 기본 특성들이 복합적으로 작용하여 생기는 특성

㉮ 파쇄성(brittleness) : 물질을 파쇄하는 데 필요한 힘. 경도, 응집성이 크면 파쇄성은 증가한다.

㉯ 씹힘성(chewiness) : 고체 식품을 삼킬 수 있을 정도로 씹는 데 필요한 힘, 응집성 및 탄력성이 관여한나(섬유질 식품 및 육류).

㉰ 껌성(gumminess) : 반고체 식품을 삼킬 수 있는 상태까지 씹는 데 필요한 에너지. 경도 및 응집성이 관여한다.

(2) 기하학적 특성

촉감에 관련된 특성이다. 밀가루 입자같이 식품구조 입자의 크기와 모양에 따라 나타나는 성질 및 섬유질 같이 식품구조성분의 배열로 나타나는 성질이 있다.

① 입자의 모양 및 크기

㉮ 분말상(powdery) : 입자가 비교적 균일하고 곱다.

㉯ 과립상(grainy) : 입자가 비교적 크다(쌀, 보리).

㉰ 모래모양(gritty) : 석세포와 같이 거칠은 촉감이다.

㉱ 거칠은 모양(coarse) : 큰 입자와 작은 입자가 섞인 상태이다.

㉮ 덩어리 모양(lumpy) : 작은 입자들이 모여 큰 덩어리를 형성한 모양이다.

② 성분의 크기와 배열

㉮ 박편상(flaky) : 피자 크러스트처럼 납작한 모양이다.

㉯ 섬유질상(fibrous) : 섬유질이 일정한 방향으로 배열된 상태이다.

㉰ 펄프상(pulpy) : 과실의 분쇄 시 실같은 상태이다. 복숭아, 연시.

㉱ 기포상(aerated) : 조직 내 미세 기포가 많이 포집된 모양이다.

㉲ 팽화상(puffy) : 조직이 팽화된 상태이다. 팝콘, 유과.

㉳ 결정상(crystalline) : 결정모양이다. 설탕, 소금.

(3) 촉감적 특성

식품의 조직감 중 수분함량이나 기름기의 영향을 받는 특성이다. 대부분 조직감은 입이나 입술로 평가되나 손가락이나 손바닥으로 느낄 수도 있다. 즉 과일의 익은 정도나 다즙성은 엄지와 검지로 눌러 판단하기도 한다. 건조함(driness), 촉촉함(moistness), 걸쭉함(thickness), 묽음(thinness), 기름기(greasiness) 등이다.

Sherman은 표 2-5와 같이 식품을 섭취하는 형태에 따라 분류하여 표현하였다. 조직감은 물리적 성질인 구성 성분, 구조, 점성, 점조성과 관능적 성질인 맛, 향, 색 등이 복합적으로 관여하므로 간단히 표현할 수는 없다.

표 2-5 조직감 표현 용어와 관련 식품의 예

형 태	일반적인 조직감 표현	적용 식품
고형 (solid)	부서지기 쉬운, 분말상, 눅눅함, 건조, 끈적끈적함, 질김, 연함, 고무상, 스펀지상, 매끄러운, 껄끄러움	초콜릿, 쿠키, 아이스크림, 빙수, 콘플레이크, 감자칩, 과일, 육류, 치즈, 빵, 케이크, 마가린, 버터, 젤리, 푸딩 등
반고형 (semi-solid)	풀상, 가루상, 응집성, 눅눅함, 건조, 끈적끈적함, 덩어리상	가공치즈, 요구르트, 케이크, 반죽, 으깬 감자, 고지방 크림, 소시지육 등
액상 (liquid)	묽음, 수용액상, 점성, 크림상, 기름기, 끈적끈적함	녹은 아이스크림과 빙수, 마요네즈, 샐러드 드레싱 소스, 음료, 수프 등

식품의 이화학적 특성

식품의 이화학적 특성은 식품의 품질관리에서 중요한 요소이며 식품 자체가 지니고 있는 양적인 요소, 색, 조직감, 맛성분, 냄새성분 등을 기기를 이용하여 측정할 수 있다. 감각기관에 의해 평가하는 관능적 요소는 다소 주관적이나 기기에 의해 측정하는 이화학적 특성은 객관적이고 재현성이 높다. 그러나 한 가지 요인만 평가하기 때문에 전체적인 식품의 품질과는 다를 수 있으므로 관능검사와 병행하여 실시하여 얻어진 결과로부터 종합적인 판단을 내린다.

1. 양적인 요소

(1) 무 게

무게는 일반적으로 화학저울(chemical balance)을 이용하여 측정하며, 총중량, 평균중량, 단위당 중량(單位當 重量), 허용오차에 따른 중량 등을 측정한 데이터로부터 구할 수 있다. 식품의 크기는 중요한데 대부분 무게로 등급을 매긴다. 예를 들면, 달걀은 무게에 따라 우리나라나 일본의 경우는 특, 대, 중, 소로, 미국에서는 AA, A, B 등으로 매겨진다.

(2) 부 피

부피는 기체, 액체, 반고체, 고체 형태의 식품이 차지하는 공간에 의해 측정할 수 있다. 부피의 측정 방법으로는 차지하는 공간을 포함한 채 측정하는 부피 측정법이 있고, 측정 개체(個體) 간의 공간을 포함하지 않고 개체가 지니는 절대부피만을 측정하는 방법이 있는데, 품질평가 시에는 후자가 사용된다. 부피는 입방체인 경우 계산(가로×세로×높이)에 의해 구할 수 있다. 그러나 모양이 불규칙한 경우, 물에 용해되지 않는 식품은 메스실린더에 물을 넣고 측정하고자 하는 식품을 넣어 전후의 차이로 구하고, 물에 영향을 받는 식품은 종실을 이용하여 부피를 측정한다.

(3) 비중(specific gravity)

비중(比重)은 무게와 부피의 비율이다. 절대비중(absolute specific gravity)은 단위 부피 당 무게로 표시하며, 상대비중(relative specific gravity)은 주어진 온도에서 비교 물질의 비중에 대한 표준 물질의 비중을 나타내는 것으로 나눈다. 해당식품을 용기에 포장할 때 용적률을 결정하는 중요한 요소가 된다.

2. 외 관

1) 색(color)

색은 물질을 구성하는 성분에 따라 조사된 가시광선이 흡수 또는 반사되는 성질에 기인된다. 또한 광원과 파장에 따라 광택(gloss), 탁도(turbidity), 투명도(transparency)의 현상이 나타난다.

(1) 색의 객관적 측정방법

불투명한 액체, 반고체 및 고체의 색은 물체가 가지고 있는 색 그대로 반사광 또는 반사물을 색도계(colorimeter)를 이용하여 측정한다. 대부분 식품의 색 측정은 여기에 속하게 된다. 식품의 색깔은 균일하지 못한 경우가 많으므로 기기로써 일부분을 측정했을 때는 눈으로 전체를 보았을 때

느끼는 것과는 차이가 있을 수 있다. 기기로는 Macbeth-munsell colorimeter, Gardner color difference meter 등이 있다. 액체식품인 경우에는 용매를 이용하여 색소를 추출한 후에 색소에 의해 빛의 흡수가 가장 큰 파장에서 비색계 또는 분광광도계(spectrometer) 등을 이용하여 흡광도를 측정한다. 이때 빛의 양은 추출된 색소의 양에 비례하므로 표준곡선부터 그 색의 농도를 알 수 있다.

① 색도계(Colorimeter)의 기본원리

색의 측정에 사용되는 색도계(colorimeter)는 화학분석용 비색계와는 근본적으로 다르다. 화학분석용 비색계는 색을 비교하는 흡광기(absorptimeter)이며, 색의 측정을 위한 색도계는 눈의 망막구조를 모방한 구조에서 반사 또는 투과광선의 강도를 측정하는 삼자극 색도계(tristimulus colorimeter)이다. 이의 원리는 가시광선(可視光線)에 대하여 표준 눈곡선과 똑같은 반응을 하는 X필터(빨강), Y필터(노랑), Z필터(파랑)를 이용하는데, 조사광선이 식품으로부터 다시 반사되어 X, Y, Z 필터를 투과하는 방사(放射) 에너지의 크기를 전기적인 에너지로 전환시켜 수치로 나타낸다. 여기서 얻어지는 X, Y, Z값으로 모든 색의 특성을 나타낼 수 있다. 색도계의 종류에 따라 색채계 표시방법이 다르나 실제로는 모두 같은 삼좌표 구조를 가진 색채계를 사용하고 있다(자세한 내용은 제 2장을 참고).

② 분광분석법

분광분석기에 의한 색깔 측정은 반사(reflection, 명도), 파장(wavelength, 색상), 순도(purity 강도 또는 채도)에 기초한다. 조사되는 빛이 전부 반사되면 백색을, 전부 흡수하면 흑색을 나타낸다. 순도는 측정 파장의 빛이 반사되는 양을 말하므로 색의 강도를 나타낸다. 투명한 액체의 색을 측정할 때에는 광선의 투과율을 측정하는 것이 보통이며, 투과율은 다음과 같이 정의된다. 즉 I_2/I_1을 투과율이라고 하고 $I_2/I_1 \times 100$을 퍼센트 투과율(T%)이라고 부르며 보통 T%를 많이 사용한다. 투과율은 동일물질 용액에 있어서 그의 농도와 두께에 관계되므로 두께를 일정하게 하고 투과율을 측정하면 용액의 농도를 알 수 있게 된다.

이러한 원리에 의하여 시료의 농도를 분석하는 방법이 광전분광광도계이며, 투과율은 동일 물질에서도 농도의 두께(투과 시)에 관계된다. 투과율 측정에 의하여 시료의 농도를 분석하는 방법은 여러 가지 화합물의 미량분석에 많이 사용되고 있고, 그 예로써 물 속의 철분, 각종 비타민, 각종 색소, 기타 여러 화합물의 분석 등을 들 수 있다.

③ 표준색깔(color standard) : 토마토, 사과, 복숭아, 버터 등의 색깔은 색의 편차를 줄이기 위하여 미국 농무성의 표준색깔과 비교하여 판정하는 경우가 많다.

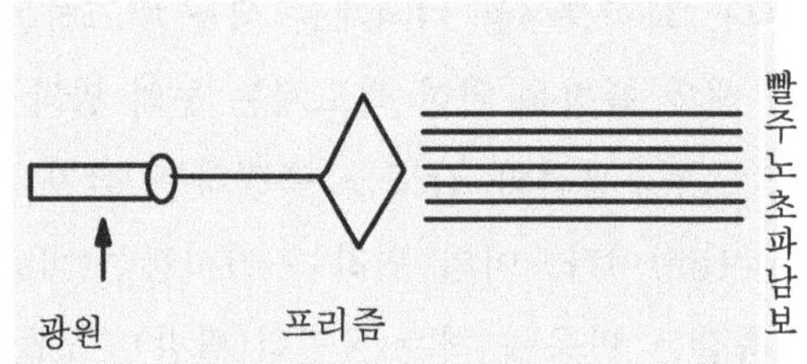

그림 3-1 빛의 입사와 투과

2) 굴절률(Refractive index)

빛이 당용액을 통과함에 따라 굴절되는 원리를 이용하여 만든 굴절계로 측정한다. Hand refractomter, Abbe 굴절계 등이 있다.

3. 조직감(Texture)

조직감(Texture)은 음식물을 입안에서 씹을 때 작용하는 힘과 조직과의 상호관계에서 느끼는 복합적·기계적 감각으로, 힘의 기본단위로 표시할 수 있다. 일반적으로 조직감의 뜻은 식품이 구성하고 있는 각종 성분과 요소의 구조가 외적인 힘에 의하여 변형되거나 유동을 나타내는 등의 표현에서 사용하는 용어이다.

물성(Rheology)이란 물질의 변형과 유동에 관한 연구 분야로서, 고체의 변형과 액체의 유동을 포함하며, 또한 분산계의 분산을 포함시켜 식품의 역학적 성질을 물리적, 객관적으로 접근한다. 보통 유변학, 유동학 또는 점탄성학으로 불려지며, 외부에서 힘이 가해질 때 물질의 반응하는 특성으로 정의할 수도 있다. 물성의 분야를 도식화하여 그림 3-2에 나타내었다.

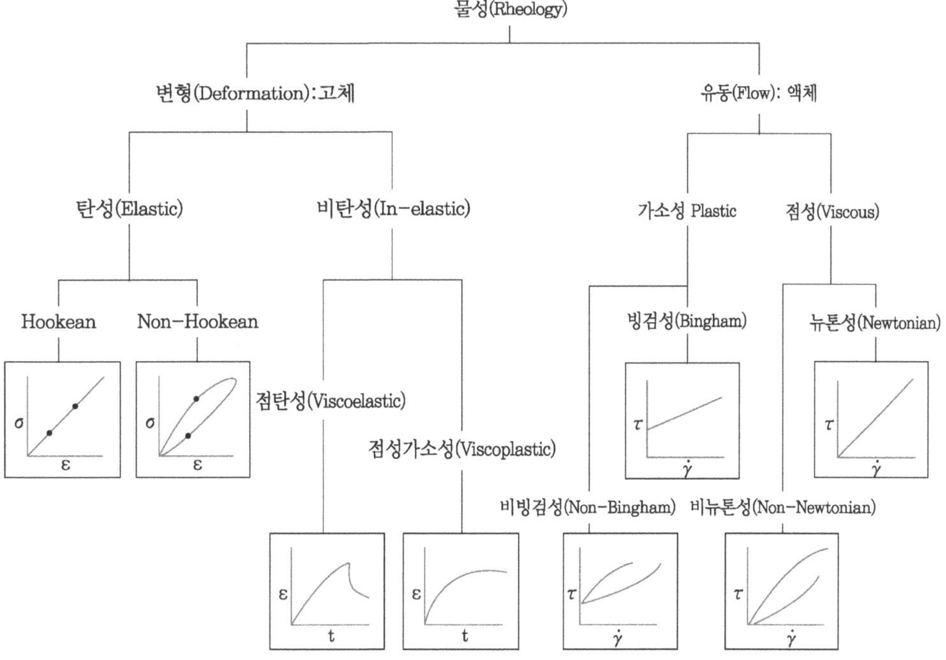

그림 3-2 물성의 체계적 분야

▸ **기계적 용어설명**

① Stress (σ) : 외부에서 압력을 받았을 때 내부에서 대응하는 힘이다.
단위 : 단위면적당 받는 힘 F/A=dyne/㎠=N/㎡

② Strian (ε) : 압력에 의해서 변형이 된 정도. 힘에 의한 크기나 모양의 단위변화를 원래상태와 비교해서 표현한다(%, ratio).

③ Shear Stress (τ) : 층밀림 변형력, dyne/㎠

④ rate of shear ($\dot{\gamma}$) : 층밀림 속도, sec^{-1}

⑤ Viscosity : 힘을 주었을 때 그 힘에 대한 액체 흐름의 정도 변화이다.
단위 : poise (포아즈), 면적이 1㎠인 두 평면을 1㎝ 떨어진 상태로 1㎝/s로 속도를 유지하기 위해 드는 Tangential force이다.
Shear stress (τ) = 점도계수(η)·rate of shear($\dot{\gamma}$)
점도계수 (η) : dyne·sec/㎠, poise

▸ **객관적 조직감 측정의 원리**

1. 힘(force)을 측정하는 기기

힘의 차원 = 질량 × 길이 × 시간

힘의 단위 : N(Newton)

① 압축(compression) : 시료에 힘을 가하여 용적을 줄이는 것으로 시료는 절단되지 않은 채 남아 있다.

② 압축-압출(compression-extrusion) : 식품에 힘을 가하면 1차적으로 압축이 되고, 계속하여 힘을 가하면 test cell의 밑부분에 있는 가늘고 긴 구멍을 통하여 압출되거나 또는 test cell의 밑부분이 막혀있을 경우 plunger와 cell 사이의 간격을 통하여 위쪽으로 압출된다. 식품은 먼저 구조가 파괴될 때까지 압축되고 계속적으로 받는 힘에 의하여 압출이 이루어진다.

③ 전단(shear) : 시료의 외부로부터 힘을 가했을 때 2~3부분으로 분리되어 한 부분이 미끄러져 가는 현상이다. 시료에 칼날 모양의 물체를 통하여 힘을 가하여 양분하는 현상을 절단전단 또는 절단이라고 한다.

④ 인장강도(tensile strength)

식품의 양쪽 끝에서 바깥방향으로 당겨서 자르는데 소요되는 힘이다.

2. 거리 측정기기

1) 직선 거리 측정

① Bostwick 점도계 : 케첩 등이 일정 시간 내에 흐르는 거리를 측정하여 점도의 지표로 사용한다.

② Ridgelimeter : 과일 젤리가 처지는 거리(% sag)를 측정하여 펙틴의 등급을 결정한다.

③ Haugh 계란 품질 측정기 : 계란을 깼을 때 난백의 높이를 측정한다.

④ Penetrometer : 고체 지방에 침투하는 거리를 측정하여 지방 텍스쳐의 지표로 이용한다.

2) 변형

식품에 힘을 가했을 때 생기는 높이 또는 직경의 변화이다. 이때 적용되는 힘은 식품의 조직을 파괴시키지 않을 정도이며, 이렇게 측정하는 특성은 손가락 사이에 식품을 놓고 눌러서 부드러움을 측정하는 방법인 관능법과 유사하다.

3. 시간 측정기기

① Ostwald 점도계 : 일정량의 액체가 조그만 구멍을 통과하는 데 소요되는 시간을 측정한다.

② Gardner Mobilometer : 디스크가 액체를 통과해 일정한 거리를 낙하하는 데 소용되는 시간을 측정한다.

4. 일, 에너지 및 동력 측정기기

에너지는 일과 같은 차원, 즉 질량×길이^{2}×시간$^{-2}$으로 표시되는데 이것은 힘×거리와 동일하다.

1) 액상식품의 물성

상온에서 액상인 식품에는 우유, 시럽, 수프, 주스, 국, 죽, 퓨레, 소스, 꿀, 기름, 식초 등이 있다. 이들 유동성이 있는 식품을 그릇에 담고 숟가락으로 저었을 때 느끼는 감각은 서로 다르다. 또는 숟가락으로 떠서 흘릴 때 떨어지는 속도가 서로 다른 것을 알 수 있다. 국, 식초 등은 쉽게 흘러내리나 기름, 시럽, 소스 등은 서로 정도는 다르지만 잘 흘러내리지 않는다. 국이나 식초에서와 같이 유동체에 가해지는 힘이 증가됨에 따라 흐름의 변화도 비례하여 증가하는 직선관계를 나타내는 유동성 물질을 뉴턴 유체(newtonian fluid)라 하고 유체에 가해지는 힘과 흐름의 변화가 앞에서와 같은 직선관계가 성립되지 않는 것을 비뉴턴 유체(non-newtonian fluid)라 한다. 또한, 유체의 흐름은 그림에서와 같이 시간비의존성 유체(time independent fluid)와 시간의존성 유체(time dependent fluid)로 나누고 있다. 시간비의존성 유체는 뉴턴 유체(newtonian fluid), 의가소성 유체(pseudoplastic fluid), 디라탄트 유체(dilatant fluid), 빙검의가소성 유체(bingham pseudoplastic fluid)로 나뉜다(그림 3-3). 그리고 시간의존성 유체는 의액성 유체(thixotropic fluid), 레오펙틱 유체(rheopectic fluid)로 나뉜다(그림 3-4).

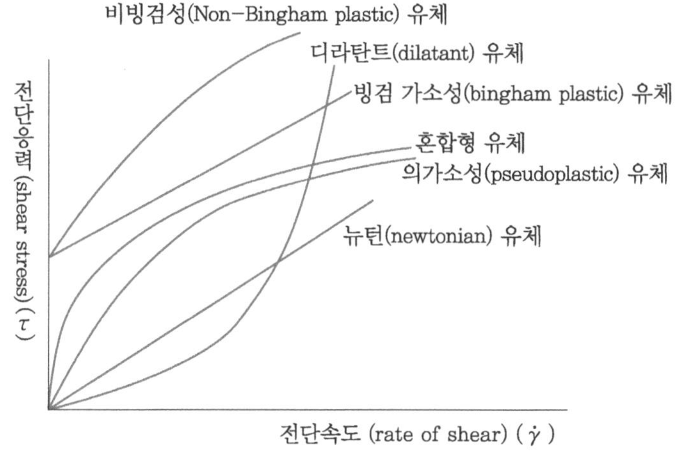

그림 3-3 시간 비의존성 유체의 유동특성

(1) 뉴턴 유체의 점성

전단 속도가 증가함에 따라 전단력이 일정하게 증가하는 유체로서 전단속도가 변해도 항상 일정한 점도를 갖는다. 화학적으로 순수하고 물리적으로 균일한 용액으로 설탕용액, 시럽, 기름, 젤라틴 용액 등이 이에 속한다.

(2) 비뉴턴 유체의 점성

뉴턴 유체와는 달리 전단력이 증가함에 따라 전단속도의 증가는 비례관계가 아니며 곡선관계로 나타난다. 점도라는 용어는 전단력과 전단속도가 직선관계인 뉴턴 유체에 사용하는 용어이며 비뉴턴 유체의 경우에는 겉보기 점도(apparent viscosity) 또는 점조도(consistency)라는 용어를 사용한다. 비뉴턴 유체의 종류는 그림 3-4에서 보는 바와 같이 가소성(plastic), 의가소성(pseudoplastic), 디라탄트(dilatant) 및 의액성(thixotropic) 유체가 있다.

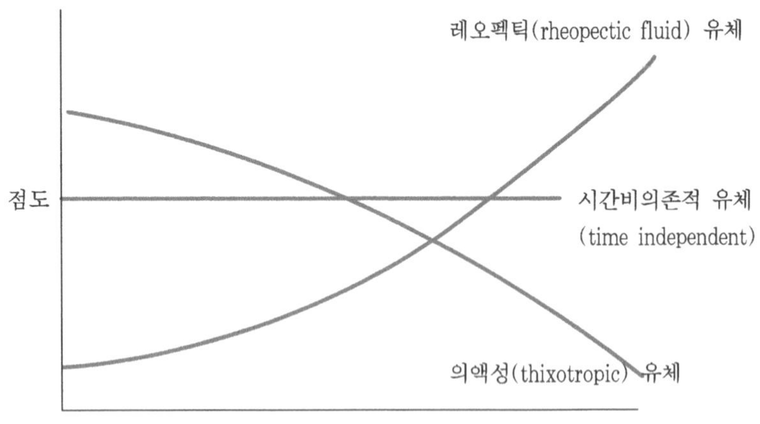

그림 3-4 시간 의존성 유체의 유동특성

● 유체유형기에 따른 관계식

뉴턴 유체

$\tau = \eta \dot{\gamma}$

비뉴턴 유체

$\tau = m \cdot \dot{\gamma}^{n}$

m : consistency coefficient(점조도지수)

n : flow behavior index(유동지수)

n 〉 1 : dilatant

n 〈 1 : pseudo plastic

n= 1 : Newtonian

① 빙검 가소성 유체(Binghum plastic fluid)

가소성의 유동성을 나타내는 유체 또는 반고체는 일정한 크기의 전단력이 작용할 때까지 변형이 일어나지 않으나 그 이상의 전단력이 작용하면 뉴턴 유체와 같은 직선관계를 나타내는 유체이다. 여기에서 변형이 일어날 때까지의 전단력의 크기, 즉 흐름에 필요한 최소한의 힘을 항복치(Fo, yield value)라 한다. 가소성 유동체의 성질을 나타내는 식품으로는 밀가루 반죽과 같은 것이 있다. 예로는 토마토케첩, 마요네즈, 토핑 등이다.

② 의가소성 유체(Pseudoplastic fluid)

항복치를 나타내지 않으며 겉보기 점도는 초기에는 전단력의 함수가 되나 전단력의 크기가 어떤 수치 이상이 되면 뉴턴 유체의 성질을 나타낸다. 전단 속도가 증가함에 따라 전단력은 증가하나 증가비율은 전단 속도에 따라 점차 감소한다. 즉, 전단 속도가 증가함에 따라 점성이 감소하는 shear thinning 유체(그림 3-4)로 유동지수값 n=1에 가깝다. 예로는 대부분의 유화액, 각종 소스, 주스 농축액, 토마토 퓨레 등이다.

③ 디라탄트 유체(Dilatant fluid)

전단력이 증가함에 따라 전단 속도가 급증하는 현상(shear thickening)을 보이며(그림 3-4) 농도가 대단히 높은 전분액의 경우 호화가 진행됨에 따라 처음에는 잘 저을 수가 있으나 나중엔 점점 조밀도가 높아져 고체상태로 되면서 저을 수 없을 정도가 된다. 이와 같은 현상은 큰 구상입자들이 가장 조밀한 상태로 있을 때의 공극률(porosity)은 25.95%이나 외부의 힘을 갑자기 세게 가해주면 가장 성근 상태로 되어 공극률이 47.64%로 증가된다. 이때 물은 공극 사이로 흡수되고 위에 유리되어 있던 물이 없어지며 부피가 크게 증가하고 부푼(dilate) 상태로 되는데, 디라탄트 유체란 용어는 여기에서 유래되어 사용되기 시작하였다. 의가소성 유체와 달리 전단력의 증가 비율이 전단 속도에 따라 점차 증가하며, 전단 속도가 증가함에 따라 점도가 점차 증가하게 된다. 교반을 중단하면 원래의 점도로 돌아가는 성질을 갖고 있으며 유동지수 값은 n〉1이다. 예로는 초콜릿 젓기, 캔디 만들기, 밀크 초콜릿, 고농도의 전분 현탁액 등이다.

④ 의액성 유체(Thixotropic fluid)

겉보기 점도는 전단력의 함수가 될 뿐 아니라 시간의 함수도 되는 유체이다(그림 3-4). 즉, 겉보기 점도가 시간이 경과함에 따라 감소하나 외부에서 힘의 작용이 중지되면 다시 원래의 상태로 되돌아오는 성질을 보이지만 같은 경로를 거치지 않고 히스테리시스 곡선을 나타낸다(그림 3-5). 이와 같은 성질을 가지는 식품으로는 토마토케첩이나 마요네즈를 들 수 있으며 이들은 병 속에 담아 오래 정치해 두면 병을 기울여도 흘러나오지 않으나 흔들어 준 후에 기울이면 쉽게 흘러나온다. 그러나 이것을 다시 정치해 두면 유동하기 힘든 상태로 된다.

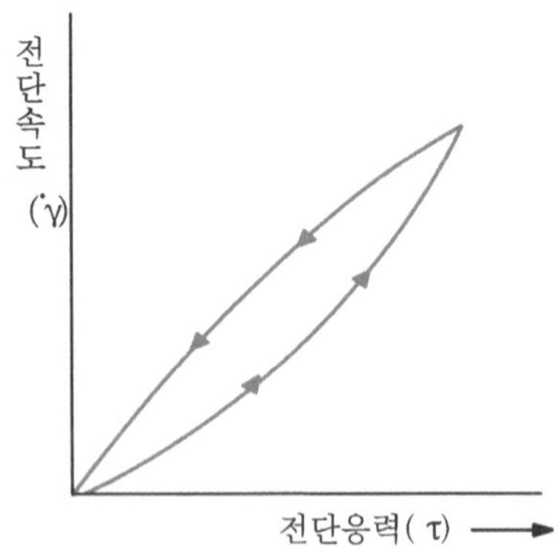

그림 3-5 의액성 유체의 히스테리곡선

⑤ 레오펙틱 유체(Rheopectic fluid)

의액성 유체와 반대로 그림에서와 같이 시간이 경과함에 따라 겉보기 점도가 증가하는 성질을 보이는 것이 있으며 이러한 성질은 난백이나 크림 등을 세게 저을 때에 볼 수 있다.

2) 점성의 기계적 측정법

유체의 유동특성을 기계적으로 측정하는 방법에는 여러 가지가 있으며, 기계장치의 구조에 따라 그 측정값의 물리적 의미에 차이가 생긴다. 절대점도(absolute viscosity) 및 항복력(yield stress) 등은 물리적 수량으로 직접 표현될 수 있으나 일부의 비교 점조도(relative consistency)는 물리적 의미가 있는 값으로 환산하기 어렵다.

① 모세관 점도계

유리로 만든 간단한 모세관 점도계(capillary flow viscometer)가 실험실에서 많이 사용되는데, 일정한 길이의 모세관에서 유체가 중력에 의해 층류로 흘러내리는 시간은 점도에 비례하고 밀도에 반비례한다. 비교점도는 동일한 모세관 점도계에서 이미 점도를 알고 있는 기준 액체의 흐르는 시간과 시료의 흐르는 시간을 비교하여 식 (3-1)과 같은 관계식에 의하여 시료의 점도를 계산한다.

$$\frac{\rho_1 t_1}{\rho_2 t_2} = \frac{\eta_1}{\eta_2} \qquad (3\text{-}1)$$

ρ_1, t_1 및 η_1은 시료의 밀도, 통과시간 및 점도이며 ρ_2, t_2 및 η_2는 기준물질의 밀도, 통과시간 및 점도이다.

점도는 온도에 민감하므로 점도 측정 시 일정 온도에서 실시되어야 한다. 따라서 모세관 점도계는 투명용기로 된 항온조에 담가 측정한다.

일정량의 유체가 모세관을 통하여 흘러가는 시간은 모세관 직경의 크기에 따라 달라진다. 일반적으로 측정하려고 하는 일정량의 시료가 200초 내외에 흘러 나갈 수 있는 모세관 점도계를 선택하여 0.1초 단위까지

읽고 기록한다.

모세관 점도계의 사용 시 주의할 점은 점도계의 청결을 유지하여야 한다. 모세관을 흐르는 유체는 매우 작은 먼지에 의하여도 크게 저항을 받으며, 여러 번 반복 사용할 때마다 세척용액으로 충분히 닦아 지방, 당, 단백질과 같은 때가 모세관 내부에 끼지 않도록 주의하여야 한다.

② 원통회전 점도계

이 점도계는 동일한 축에 두 개의 원통이 겹쳐져 있고, 그 사이에 시료를 넣고 서로 다른 속도로 회전시킬 때 시료와 접촉면의 저항에 의하여 축에 가해지는 비트는 힘의 크기를 측정하는 것이다. 일반적으로 두 개의 원통 중에 하나는 정지 상태에 있으며 나머지 하나만이 회전하게 된다. 원통회전 점도계에는 단일원통회전 점도계와 동일 2중 원통회전 점도계가 있다. 단일 원통회전 점도계는 시료 중에서 원통형의 모터를 일정속도 회전시켜 그때 받는 점성 토크(torque)를 측정해서 점도를 구하는 것이고 동심 2중 원통회전 점도계는 내통과 외통 사이에 시료를 넣고 내통 또는 외통을 일정 속도로 회전시켜 그때 생기는 점성에 의한 토크를 측정해서 점도를 구하는 것이다.

원통형 점도계는 원추형 점도계보다 시료를 다소 많이 요구하지만 비교적 불균질한 현탁액에도 적용할 수 있는 장점이 있으며 원추형보다 가격이 저렴하다. 대표적인 제품으로는 Brookfield Synchrolectric Viscometer, Haake Rotovisko, Stomer Viscometer 등이 있다.

③ 원추형평판 점도계

일정 온도의 물을 순환시켜 평판의 온도를 일정하게 한 후 원추-평판 사이의 작게 열린 각(ϕ) 사이에 유동식품을 넣고, 잠시 후 원추를 가속도 δ의 일정속도(전단속도)로 회전시켜 이때 생기는 점성토크(뒤틀림, 전단응력)를 측정해서 점도를 구한다. 이 점도계는 시료가 1mℓ 이하의 작은 양으로도 측정이 가능하며, 거의 모든 비뉴턴 유체의 점도 측정에 사용 가능하다. 대표적인 제품으로는 Ferranti Shirley, Haake 및 Brookfield Cone and Plate Viscometer 등이 있다.

④ 아밀로그래프

아밀로그래프(Visco/Amylograph)는 회전 토크를 이용하여 전분질의 호화(gelatinization)온도와 호화점도(pasting viscosity)의 변화를 측정하는 데 널리 사용되고 있다. 일정한 시간과 온도(1분에 1.5℃씩 상승)에 따라 시료를 가열 또는 냉각시키면서 점도 변화를 dynamomter로 자동 기록하여 해석한다. 즉, 밀가루-물의 현탁액(농도 약 10%)을 용기에 넣고 가열범위 20~97℃, 회전속도 25~150rpm(표준 75rpm)으로 조절하고 cartridge는 350~700cmg가 있으며 보통 700cmg를 많이 이용한다.

얻어진 아밀로그램으로 다음과 같은 정보를 얻을 수 있다.

㉮ 개시 온도(ST : starting temperature) : 처음 시작하는 온도 25℃

㉯ 호화개시 온도(GT : gelatinization temperature) : 그래프가 일직선을 유지하다가 curve가 시작되는 지점의 온도

㉰ 최고점 온도(MT : maximum viscosity temperature) : 그래프의 높이가 최고일 때의 온도

㉱ 최고점도(MV : maximum viscosity) : 그래프의 높이가 최고일 때의 수치를 말하며, 단위는 A.U. 혹은 B.U.이다.

⑤ 점조도 측정기(Consistometer)

사과 소스, 토마토케첩, 페이스트, 기타 가소성 식품의 흐르는 성질이나 퍼지는 성질(spreadability)을 측정하는 방법으로 일정시간 동안 시료가 흐르는 거리를 측정하거나 퍼지는 면적을 측정함으로써 그 물질의 비교점도를 측정하는 방법이다. 대표적인 기계로는 Bostwick Consistometer와 Adams Consistometer를 들 수 있다.

Bostwick Consistometer는 수평으로 놓인 직사각형의 용기에 한쪽을 격자로 막고 시료를 일정량 담고 격자를 순간적으로 들어올렸을 때부터 일정시간 동안 진행된 시료의 거리를 측정하는 방법이다. 시료의 흐름은 시료의 높이와 무게에 의하여 생기는 유체 정력학적 압력에 기인하며, 그 진행 거리는 점조도의 크기에 반비례한다. 이 방법은 미국 농업부가 채택한 토마토케첩에 대한 공인 품질평가 방법이다. 원형 평판은 20개의

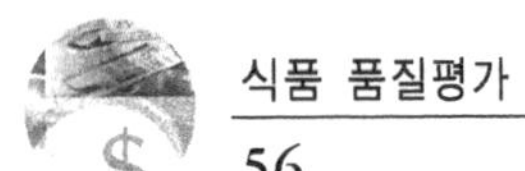

간격으로 선이 그어져 있으며 컵을 올린 시간으로부터 3초 내에 사방으로 퍼진 넓이를 피복된 간격선의 숫자로 표시한다. 유사한 기계로 Cream corn Meter가 있으며, 이들은 토마토케첩, 크림, 마요네즈 등 페이스트 상태 식품의 비교 점조도를 측정하는 데 편리한 방법들이다.

3) 점도의 표시

학술적으로 사용되는 점도단위는 SI 단위를 사용하며, 점도의 단위는 포아즈(poise)이다. 1 포아즈는 1g/cm·sec이고 1센티포아즈(1cP)는 1/100포아즈이다. 20.5℃에서 순수한 물의 점도가 1.00cP이다.

① 상대점도(Relative viscosity)

순수용매의 점도(η_0)에 대한 용액의 점도(η)를 나타낸 것으로 점도의 증가를 나타낼 때 사용한다.

$$\eta_{rel}\ \frac{\eta}{\eta_0} = 1 + a\phi + b\phi_2 + c\phi_3 + \cdots\cdots$$

ϕ : 분산질의 체적분률

a : 분산입자의 형태인자(완전 구일 때 2.5)

b, c : 분산입자 상호 간의 작용상수(일반적으로 무시)

② 동점도(운동성점도, Kinematic viscosity)

점도(η)를 밀도(ρ)로 나눈 값으로 단위는 stocks(St)를 사용한다. 주로 모세관 점도계로 측정된다.

$$v = \frac{\eta}{\rho}$$

③ 유동도(흐름성, fluidity)

점도의 역수를 유동도라 하고 흐르기 쉬운 정도를 나타낸다. 단위로 rhe이다.

rhe = 0.1㎩ · s = 1P

④ 비점도(Specific viscosity)

비점도는 기준물질에 대한 특정 액체의 점도의 비를 의미하고, 일반적

으로 η_{sp}로 표시한다. 예를 들면, 20℃에서 물의 점도(1cP)를 기준으로 diethylether와 glycerol의 비점도는 각각 0.23과 1,759가 된다. 단위가 없고 상대점도에서 1을 뺀 값과 같다.

⑤ 겉보기 점도(apparent viscosity)

비뉴턴 유체를 뉴턴 유체처럼 생각하고 점도를 계산한 것으로 η_{app}로 표시하는데, 전단속도와 전단응력의 비율이 일정하지 않다.

4) 반고체 식품의 점탄성 측정

고체 및 반고체 식품의 물성(rheology)으로 점탄성이 있다. 식품은 각종 성분으로 구성되어 있으며, 그 형태도 액체상, 에멀젼상, 겔상, 거품상, 분체상, 고체상 등 다양하다. 이들 중에서 겔상, 반죽상 등 많은 식품이 점탄성체로서 액체와 고체상의 중간적인 성질, 즉 탄성과 점성을 동시에 가지고 있는 것이 많이 있다. 일반적으로 탄성체라고 생각되는 어묵이나 젤리 등도 점성을 가지고 있는 것이 많이 있다. 점성체라고 볼 수 있는 소스, 수프류에도 탄성적 성질이 있다. 따라서 식품에는 이와 같이 점탄성체가 많이 있다. 점탄성은 Hooke의 고체요소와 뉴턴액체 요소를 동시에 가지고 있을 때 나타난다. 즉 응력-변형관계를 직선미분방정식(linear differential equation)으로 나타낼 수 있으면 직선 점탄성체라 한다. 보통조건 하에서 비뉴턴 성질을 갖는 모든 물질은 교질성 혹은 거대분자이다. 전단 속도의 증가에 따라 점성이 저하하는 shear thinning은 매우 일반적인 현상이다. 그러나 반대현상인 shear thickening 혹은 dilatancy는 흔한 현상은 아니다. 점탄성의 성질을 측정할 수 있는 기기로는 Instron, Creep 측정장치, 응력 완화장치 및 점탄성 측정장치 등이 있다.

① 탄성(Elasticity)

고무나 스프링에 힘을 가하면 변형되나 힘을 제거하면 완전히 원상태로 회복된다. 이와 같은 성질을 탄성이라 하며 식품 중에는 어묵이나 곤약 등에서 볼 수 있는 성질이다. 그러나 이러한 변형은 어떤 한계를 지나면 원상태로 회복되지 못하고 변형을 남기게 되는데 그때의 한계를 탄성한계(elastic limit)라 한다.

이 한계 내에서 완전히 원상태로 복귀되는 것을 완전 탄성체라 하며, 응력과 변형의 관계곡선은 그림 3-6에서 보는 바와 같이 S곡선을 나타낸다. 고체식품의 경우 외부에서 가해지는 응력(stress, σ)과 단위크기에 대한 변형, 즉 스트레인(strain, ε)이 그림 3-6과 같이 비례관계를 나타낼 때 훅탄성(Hookean elasticity)이라 하여 다음과 같은 식으로 나타낸다.

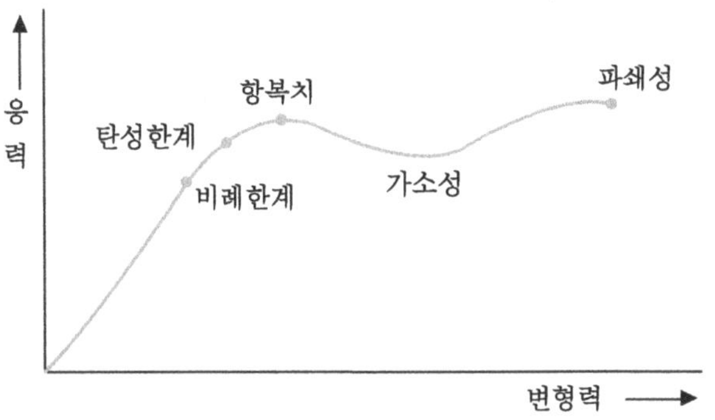

그림 3-6 물질의 변형과 응력의 관계

$$\sigma = E \times \varepsilon$$

이때 E는 영률 또는 영의 탄성률(Young's modules)이라 하며 이러한 성질을 나타내는 탄성체가 완전탄성체이다.

그러나 응력이 제거된 후 훅탄성의 스트레스-스트레인의 직선관계와는 달리 그림 3-8과 같이 응력이 가해졌을 때와 제거될 때에 곡선이 불일치하는 히스테리시스(hysteresis) 현상을 나타내는 경우가 있는데, 이러한 성질을 나타내는 고체를 비훅탄성체(non-Hookean elasticity)라 한다.

② 가소성(Plasticity)

외부의 응력이 어느 크기를 넘을 때에 응력을 제거하여도 원상태로 회복되지 않는 성질을 가소성이라 하는데, 탄성한계점과 파쇄점 사이에 있으며 항복치를 가지고 있다. 이러한 성질을 나타내는 식품으로는 감자 으깬 것, 버터, 마가린, 쇼트닝 등이 있으며 이들의 가소성은 최종 식품의

형태를 유지하는 역할을 한다.

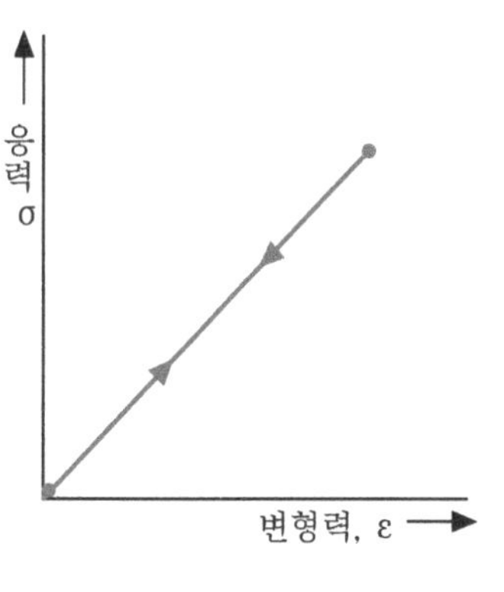

그림 3-7 혹탄성의 변형곡선

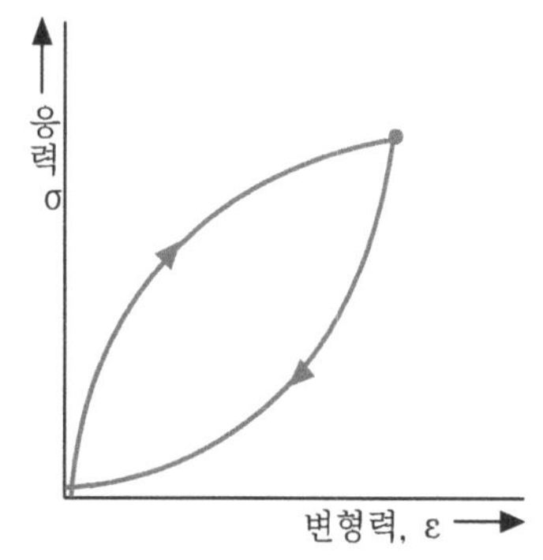

그림 3-8 비혹탄성의 변형곡선

③ 점탄성(Viscoelasticity)

한천젤리나 팩틴젤, 밀가루 반죽 등은 고체의 탄성과 유체의 점성을 동시에 갖고 있는데 이러한 성질을 점탄성이라 한다. 점탄성은 일정한 스트레인 하에서 시간의 경과에 따른 응력의 완화현상(relaxation)과 또 일정한 응력 하에서의 스트레스의 변화, 즉 크리이프(creep) 현상으로 설명되며 그림 3-9로 나타내어진다.

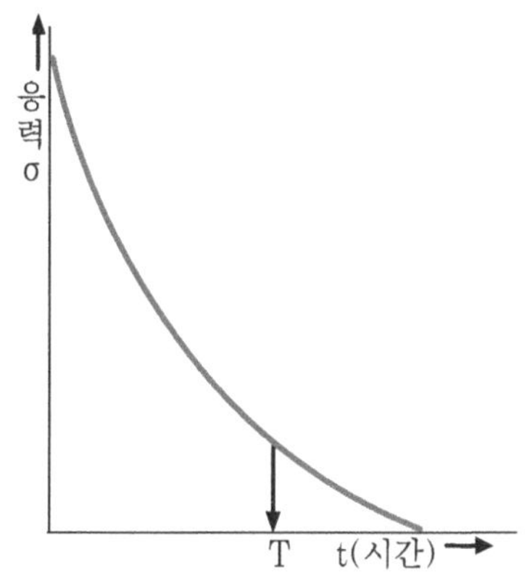

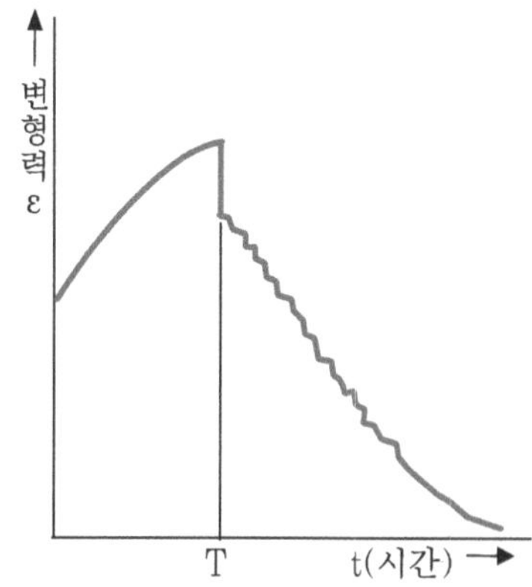

그림 3-9 일정한 스트레인 하에서 응력완화곡선(좌, relaxation curve)과 일정한 스트레스 하에서의 스트레인 변화 곡선(우, creep curve)

점탄성을 측정하는 기기로는 Brabender Extensograph와 Farinograph 등이 있으며 Extensograph는 밀가루 반죽의 점탄성을 측정하는 기기로서 그림 3-10과 같은 Extensogram을 얻는다. 여기에서 E는 신장성을, F는 끈기를 나타내며, A가 클수록 탄력성이 좋은 것이다.

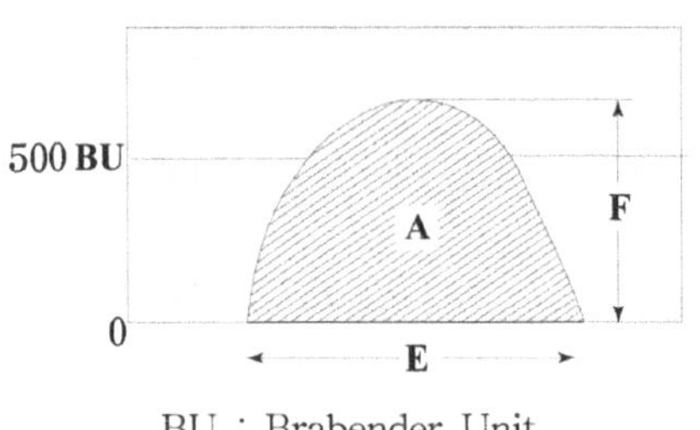

BU : Brabender Unit

A : 클수록 탄력이 있다.
E : 길수록 늘어나기 쉽다.
F : 클수록 강인하므로 힘을 요한다.

그림 3-10 밀가루 반죽의 Extensogram

각종 밀가루 반죽의 Extensogram을 보면 그림 3-11과 같다. 아주 연한 반죽의 경우를 보면 A가 적으므로 탄력성이 적고, E는 크므로 잘 늘어나며, F는 적어서 강한 끈기가 없다는 것을 알 수 있다.

강력분	박력분	아주 연한 반죽	아주 단단한 반죽
A : 대 E : 대 F : 대	A : 소 E : 소 F : 소	A : 소 E : 대 F : 소	A : 중 E : 소 F : 대

그림 3-11 각종 밀가루의 Extensogram

또한 Farinograph는 밀가루 반죽기의 일종으로 반죽 시 교반장치를 회전시키는 데 필요한 힘을 기록하는 기기이다. 밀가루에 물을 가하여 일정한 경도 500 B.U(Brabender unit)에 도달시킨 다음 물의 첨가를

중지하고 반죽을 계속하면 그림 3-12와 같은 Farinogram을 얻을 수 있다. 이때 A는 반죽의 경도, B는 반죽시간, C는 반죽의 안정도를 나타내며, D는 탄성, E는 반죽의 약화도를 나타낸다. 또한 각종 밀가루의 Farinogram과 용도를 보면 그림 3-12와 같다. 여기에서 강력분의 경우를 보면 A가 크고 B, C가 길며 E가 적어 반죽이 강인하고 안정도가 크다는 것을 알 수 있다.

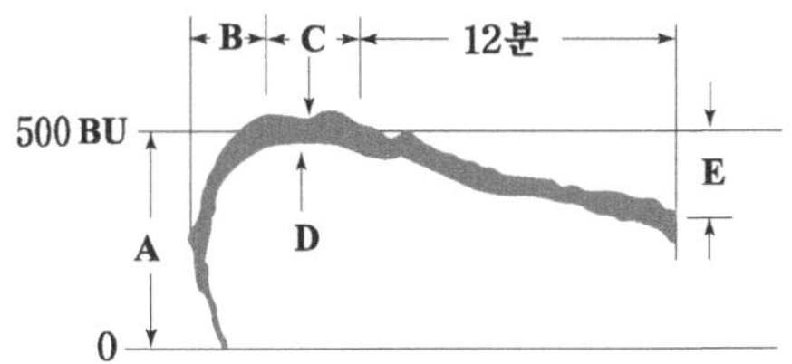

A : 반죽의 경도
B : 반죽 시간
C : 반죽의 안정도
D : 탄성
E : 반죽의 약화도

림 3-12 밀가루 반죽의 Farinogram

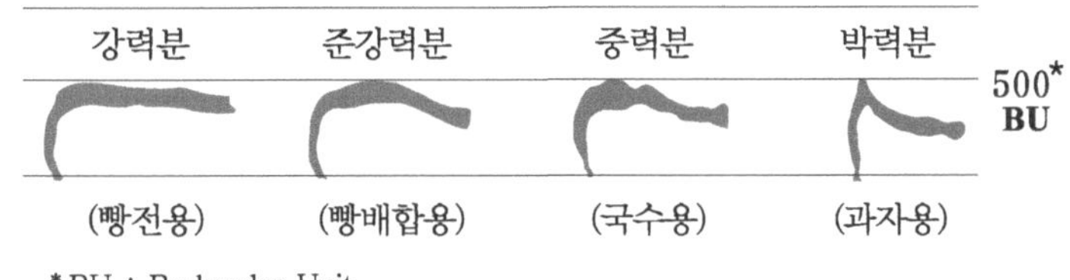

* BU : Brabender Unit

그림 3-13 각종 밀가루의 Farinogram

5) 고체식품의 조직감(Texture) 측정

고체식품은 일정한 크기와 모양을 가지고 있으며, 변형하려는 힘에 대하여 저항력을 갖는 물체이다. 고체식품을 측정하는 기본적인 특성은 힘으로 표시되는 압축(compression), 층밀림(shearing), 절단(cutting), 인장강도(tensile strength) 등에 대해 측정하는 것으로, 기본단위는 뉴턴(N)이며, 그림 3-14에 도식화하여 나타내었다. 본래 식품의 texture는 인간의 감각으로 평가되는 것이다. 그러나 주관적인 측정은 개인의 판단으로 보편성이 없고, 패널을 구성해서 행하는 관능검사는 노력이나 시간을 필요로 한다. 따라서 Szczesniak이 제안한 texture profile은 texture를 객관적 측정이 가능한 요소로 분류했다는 점에 큰 의의가 있다고 하겠다.

Texture의 측정은 감각적인 측정과 상관이 높은 실용적, 경험적인 측정기기를 사용하는 것이 바람직하다.

① 침투실험(puncture test)

채소, 과일, 겔상식품, 버터, 치즈, 햄, 소시지, 육류 등의 조직은 탐침(punch or probe)이 들어가는 데 필요한 힘으로써 측정되며, 경도(hardness)나 단단한(firmness) 정도로 나타낸다. 침투시험 방법의 일종인 관통시험(penetration test)은 측정하려는 고체식품에 일정한 힘을 가할 때 침이 뚫고 들어가는 깊이를 측정한다. 침투실험에 사용되는 탐침은 들어가는 깊이 등이 고정되어 있으며, 탐침이 측정하려는 고체식품에 들어갈 때 생기는 마찰에 의한 측정오차는 고려하지 않는다.

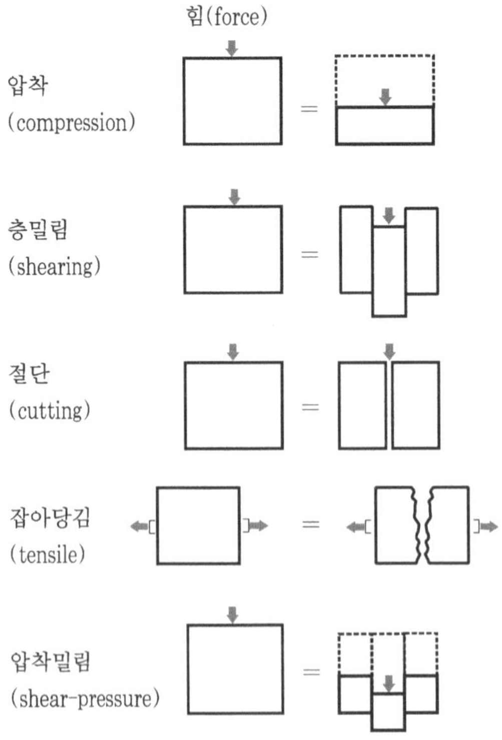

그림 3-14 고체식품의 변형 측정 모형

② 압축시험(compression test)

고체식품을 한 방향에서 압축하는 단축압축(uniaxial compression)과 모든 방향에서 압축하는 집단압축(bulk compression)으로 측정할 수 있다.

③ 압출시험(extrusion test)

고체식품이 부서져서 압출시험기의 출구를 통해 사출될 때까지의 힘을 표시하며, 압출시험 결과인 힘에 따른 거리는 식품의 탄성, 점탄성, 점성, 식품의 양, 온도, 압출시험기의 용기 · 모형 등에 따라 달라진다.

④ 절단시험(Cutting test)

예리한 칼날이나 철사줄로 된 탐침을 이용하여 시료를 자르는 데 필요한 힘을 측정하며, 육류, 치즈, 섬유를 함유하는 식물 조직의 절단 강도를 측정하는 데 이용되고 있다.

⑤ 조직감 측정시험

씹는 동작을 그대로 모방한 조직감 측정기는 1938년 Volodkevich에 의하여 처음 고안된 이래 많이 수정 · 보완되어 왔다. 1960년대 개발된 General Foods Texturometer에 의하여 조직감 측정 방법은 비약적으로 발전하게 되었다. 1993년 Szczesniak가 제안한 텍스쳐 메타는 사람이 씹는 동작을 단순화시켜 1차 특성과 2차 특성에 관한 수치로 객관화시켜 측정할 수 있고, 이 값은 주관적인 측정방법인 관능검사치와 높은 상관관계를 이루고 있음이 밝혀졌다.

가. Texturometer

Texturometer는 구강 내의 씹는 동작을 단순화해서 감각적으로 판단되는 식품의 조직감(texture)을 가능한 객관적으로 이해하기 위해 고안된 측정장치이다. 텍스쳐 메타는 미국의 General Food사에서 제작한 측정기계가 널리 이용되고 있으나, 최근에는 영국의 Stable Micro System사가 Bourne의 이론을 응용하여 제작한 기계도 많이 이용된다. 텍스쳐 메타를 이용하여 조직감을 측정할 경우 측정 시료의 크기와 균일함이 1차적으로 중요하며 시료의 종류, 형태 및 크기 등에 따라 probe의 선택이 절대적으로 중요하다. 압축실험일 경우 일반적으로 probe는 시료의 표면적보다 큰 것을 경험에 의해 선택하여 측정하는 것이 정확한 값을 얻을 수 있다.

Texture profile analysis(TPA)는 1963년에 Dr. Szczesniak에 의하여 처음으로 관능평가의 객관적 분석방법으로 정립되었다. 이후 Dr. Malcolm Bourne이 1978년 미국 Instron사의 Universal Testing Machine을 정해진 크기의 식품 샘플의 압축시험에 적용하여 사용하였다. TPA에 사용되는 parameter는 모두 8가지로서 아래와 같다(그림 3-15).

① 일차적요소(Primary parameter) : 경도(Hardness), 응집성(Cohesiveness), 탄력성(Springiness, Elasticity), 부착성(Adhesiveness)

② 이차적요소(Secondary parameter) : 파쇄성(Fractuability, Brittleness), 씹힘성(Chewiness), 검성(Gumminess)

③ 3차적 요소(Third parameter) : Resilience

위에서 여섯 개의 parameter(경도, 응집성, 탄력성, 부착성, 파쇄성, Resilience)는 기기로 측정하여 얻은 결과 또는 그것을 분석하여 나타난 데이터이고 나머지 두 개의 parameter(Chewiness, Gumminess)는 이 데이터들을 이용하여 계산된 parameter이다.

TPA(씹힘성 : 일명 Two Bite Test)

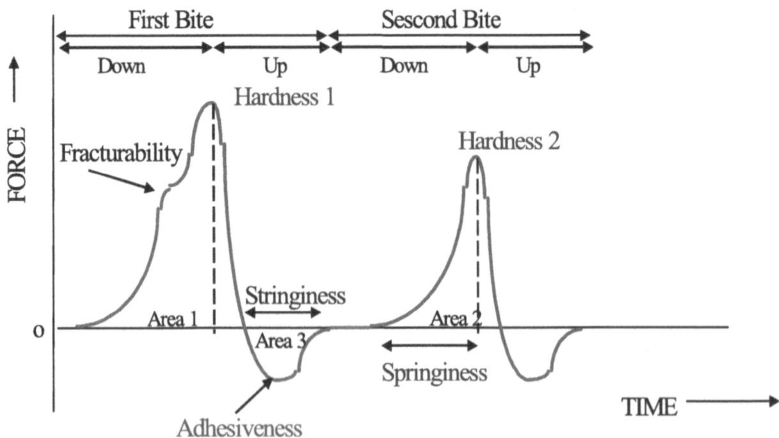

그림 3-15 TPA 결과 (자료제공 : MHK 상사)

Cohesiveness = Area 2/Area 1

Gumminess = Hardness · Cohesiveness

Chewiness = Gumminess · Springiness

Hardness : 원하는 변형에 도달하는 데 필요한 힘. 첫 번째 압축과정에서 나타나는 Maximum Peak를 뜻한다(단위는 Kg, g, N).

Cohesiveness : 물체가 있는 그대로의 형태를 유지하려는 힘. Adhesiveness보다 클 경우 probe에 샘플이 묻어나지 않는다.

Area 2 / Area 1(단위는 없음)

Springiness : Elasticity라고도 부른다. 변형된 샘플이 힘이 제거된 후에 원래의 상태로 돌아가려는 성질(단위는 없음).

$$\frac{\text{두번째 그래프의 절편에서 peak까지의 시간}}{\text{첫번째 그래프의 원점에서 peak까지의 시간}}$$

Adhesiveness : 첫 번째 bite에서 negative force area로 나타나며 샘플과 probe가 떨어지는 데 필요한 힘을 의미한다. 샘플의 이 성질이 cohesiveness보다 클 경우 probe에 샘플의 일부가 묻어있게 된다(단위는 Kg.s, g.s, N.s).

Fractuabilty : Brittleness라고도 하며 TPA 그래프에서 첫 번째로 나타나는 중간 peak를 의미한다. 샘플에 따라 이 성질이 없을 수도 있다. 만일, 중간에 peak가 보이는데도 데이터가 나타나지 않을 경우는 Force threshold를 낮추어 본다(단위는 Kg, g, N).

Chewiness : 고체 상태의 샘플을 삼킬 수 있는 상태로 만드는 성질. Gumminess × Springiness와 같다(단위는 없음).

Gumminess : 반고체 상태의 샘플을 삼킬 수 있는 상태로 만드는 성질. Hardness × Cohesiveness와 같다(단위는 없음).

Resilience : 가해진 속도, 힘과 관련하여 변형된 샘플이 회복하는 성질.

$$\frac{\text{원점에서 첫번째 peak까지의 area}}{\text{첫번째 peak에서 절편까지의 area}} \text{(단위는 없음)}$$

Initial Modulus : Initial Stress ÷ Initial Strain
(단위는 N/mm^2), 즉

$$\frac{\text{Force(N)/Area}(mm^2)}{\text{길이변화(mm)/처음길이(mm)}}$$

Stringiness : 압축 직후 probe가 샘플에서 떨어질 때까지의 거리(단위는 mm)

⇨ TPA test 할 때 주의할 점

㉮ 시험 결과의 비교 : 같은 크기의 샘플로 시험한 결과들을 비교해야 한다.

㉯ 시험 속도

- 샘플의 성격에 따라 정해야 한다(Gel Relaxation이 연구 과제일 때는 시험속도를 낮게 한다).
- Attachment가 크고 무거울 때는 시험 전 속도를 낮게 해야 한다.
- 같은 샘플들을 시험할 경우 시험속도를 변경시키면 안 된다.
- Post test speed는 test speed와 같게 하는 것이 좋다(특히 cohesiveness를 얻고자 할 때).

㉰ Probe 크기와 샘플 크기 : 최근에 와서는 일반적으로 probe의 크기를 샘플 크기보다 크게 한다(한 방향의 압축력을 가하면서 샘플 전체가 변형되는 실험을 선호).

㉱ 변형의 정도 : 처음에 이 방법이 개발되었을 때는 입안에서의 조건을 고려하였기 때문에 샘플을 파괴하여야만 하였다. 샘플의 종류에 따라 파괴에 필요한 변형도가 다르므로 시험자가 선택하여야 한다. 최근에는

샘플을 파괴하지 않는 정도(약 20~30%)의 변형만으로도 여러 가지 원하는 parameter들을 얻을 수 있으므로 적은 변형도도 많이 사용된다.

㉮ Two Bites 사이의 간격 : 원하는 대로 입력시킬 수 있다. 이 간격의 변화에 따라 점성이 높은 샘플의 parameter(springiness, cohesiveness, gumminess, chewiness)가 달라지므로 적당한 간격을 입력해야 한다.

㉯ Note : 모든 샘플이 언제나 전체 parameter를 나타내지는 않는다. 예를 들어, 빵은 cohesiveness가 나타나지 않고 초콜릿에는 springiness가 없다. TPA의 모든 parameter를 얻을 생각보다는 샘플의 어떤 parameter가 중요한 것인가를 먼저 생각하고 시험방법을 정해야 한다.

몇 가지 식품의 TPA 그림을 다음에 제시하였다(그림 3-16).

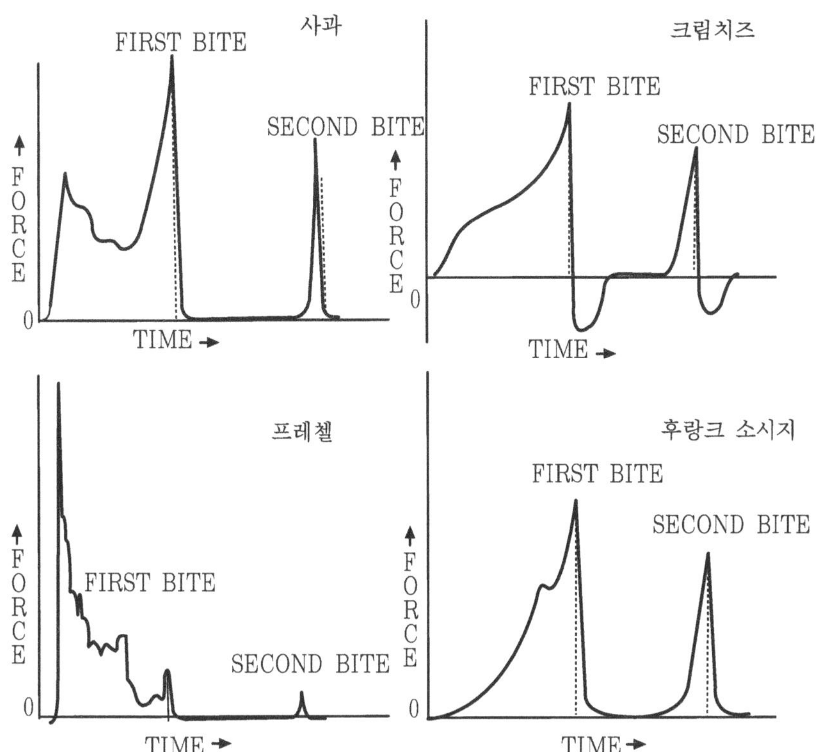

그림 3-16 다양한 식품들의 texture profile

나. Texturometer에 의한 측정값과 관능평가와의 관계

저작, 구강, 혀의 촉각에 의한 것 등이 동원되는 것이고, 기기측정에 의한 것보다 민감하게, 섬세한 texture 특성을 평가할 수 있는 경우가 많다. 그러나 주관적 측정이기 때문에 관능검사 방법에 따라 적정한 조건을 찾아서 보다 객관적인 정보를 얻을 수 있도록 해야 한다.

Szczesniak 등이 개발한 texturometer에 의한 측정치와 관능평가값과의 상관관계를 그림에 나타내었다. 경도와 파쇄성은 곡선관계가 저작성(씹힘성)과 부착성에서는 직선적인 관계에 있고, 검성과 점성에서는 대수의 비례적인 관계가 성립됨을 알 수 있다.

6) 화학분석

조직감에 기여하는 성분으로는 여러 가지가 있다. 식물성 식품에는 수분함량, 펙틴, 헤미셀룰로즈 섬유소, 전분 등의 함량과 구조가 기여한다. 동물성 식품에는 수분, 콜라겐, 근단백질, 근섬유, 지방의 함량 등이 관여하므로 이같은 성분을 화학적으로 분석한다.

4. 맛 성분의 측정

맛을 일으키는 화학물질의 농도를 분석하여 맛에 대한 객관적인 평가를 한다.

1) 감미도(Sweetness)

비교적 순수한 당 용액 또는 당 추출물 등의 감미도는 굴절계(Refractometer)를 이용하여 Brix로 표시한다. 또는 당 정량법 즉, DNS법이나 Somogi법 등에 의해 비색 정량하거나 HPLC를 이용하여 정량한다.

2) 염 도

소금, 즉 NaCl에 의해 짠 정도를 나타내는데, 비교적 순수 식염 용액의 농도는 비중계나 염도계를 사용하여 측정한다. 염분의 화학적 정량법으로는 Mohr법에 의한 염소이온을 정량하는 방법이 있고, Na이온의 농도를 불꽃 분광광도계(flame photometer)로 측정하는 방법도 있다.

3) 신 맛

신맛의 정도를 나타내는 객관적인 방법으로 산도(acidity)를 많이 사용하는데 이것은 중화적정의 방법으로 알칼리 용액의 소비된 양을 젖산(lactic acid), 주석산(tartaric acid), 구연산(citric acid) 등의 값으로 환산하여 표시한다. 유기산의 분석에는 HPLC가 사용되기도 한다.

4) 쓴맛(bitterness)

쓴맛을 내는 성분은 무기염(inorganic salts), 일부 아미노산, 펩타이드, 알칼로이드(alkaloids) 등으로 매우 다양하기 때문에, 이들의 정량적인 분석은 화합물의 종류에 따라 다양하여 용이하지 않다. 쓴맛의 표준용액으로는 퀴닌(quinine)이 쓰인다.

5) HPLC에 의한 분석

(1) 크로마토그래피의 기본개념

크로마토그래피(Chromatography)는 혼합물이 2가지 상(즉, 이동상 및 고정상)의 분배에 의해 분리되는 물리적인 분리법이다. 이동상의 예로는 가스(가스크로마토그래피) 또는 액체(액체크로마토그래피)가 있다. 그림 3-17은 크로마토그래피를 방법적으로 분리해 놓은 것이다.

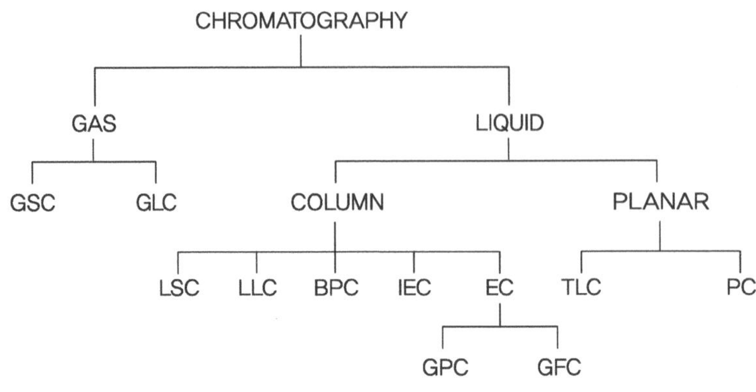

그림 3-17 크로마토그래피 방법의 분류

크로마토그래피에 의한 분석방법은 고정상의 성질에 따라 한층 더 분류될 수 있다. 이처럼 가스 크로마토그래피의 종류는 GLC(gas liquid chromatography) 및 GSC(gas solid chromatography)이며, 액체 크로마토그래피는 크게 2가지로 나뉘는데, 하나는 컬럼 크로마토그래피이며 다른 하나는 평면 크로마토그래피법으로, 평면 크로마토그래피법은 박층 크로마토그래피(thin layer chromatography, TLC) 및 종이 크로마토그래피(paper chromatography, PC)로 세분된다. 컬럼 크로마토그래피는 HPLC를 구성하는 5가지의 주요 컬럼 형태로 세분된다. 이것은 LSC (liquid solid chromatography 또는 adsorption chromato graphy), LLC(liquid liquid 혹은 partition chromatography), BPC(bonded phase chromatography), IEC (ion exclusion chromatography) 및 EC(exclusion chromatography)로 나뉘는데, EC는 GPC(gel permeation chromatography) 및 GFC(gel filtration)를 포함한다.

(2) HPLC의 기기 구성

① 용매 전달 장치(Pump)

용매 저장 용기에서 용매를 흡입하여 시료 주입기에서 검출기에 이르는 전 기기 부분에 밀어 주는 역할을 한다.

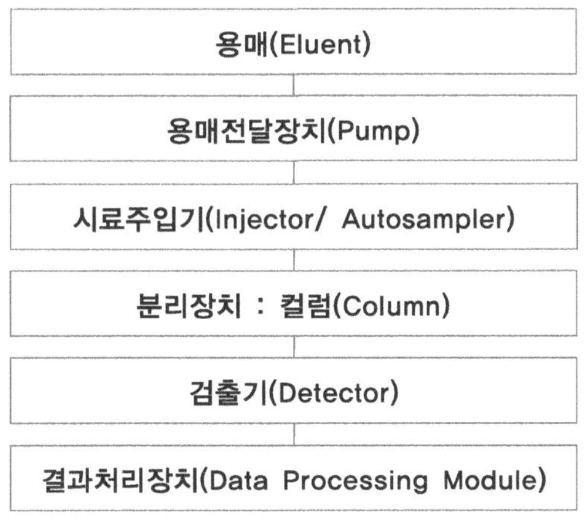

그림 3-18 HPLC의 기기구성

② 시료 주입기(Injector)

분석하고자 하는 물질을 시스템 중의 용매의 흐름에 연결시키는 역할을 한다.

분석 조건과 분석 대상 시료에 따라 다양한 종류를 선택할 수 있다.

③ 분리 장치(Column)

관 모양의 용기에 충진제가 채워진 형태로 되어 있고, 이 충진제의 물리적, 화학적 특성에 따라 다양한 종류의 컬럼이 있으며, 분석 대상 물질에 따라 선택 할 수 있다. 충진물, 시료, 용매의 상호 작용에 의해 혼합물 속의 분석 대상 물질을 분리하는 역할을 한다.

④ 검출기(Detector)

컬럼을 통과한 용매와 시료는 지속적으로 전 시스템을 통해 흐르게 되고 컬럼에서 분리된 성분은 시간의 흐름에 따라 시간 간격을 두고 나오게 된다. 이때 검출기는 분석 대상 물질을 시간 간격에 따라 기기적으로 인지하여 전기적 신호로 바꾸어 준다. 결국 검출기를 지나가는 시료의 양에 따라 전기적 신호의 크기가 달라지게 되며, 이 신호의 크기가 시료를 정량하는 척도가 되는 것이다.

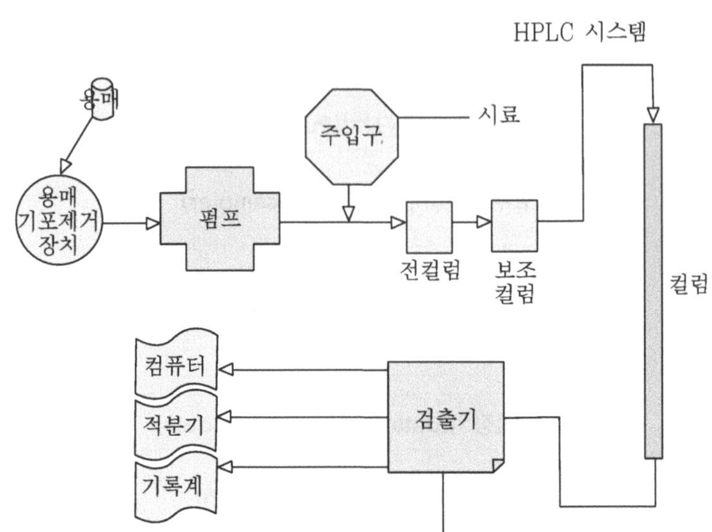

그림 3-19 HPLC 시스템 (자료제공 : 영인과학)

⑤ 결과 처리 장치(Data System)

검출기에서 나오는 전기적 신호를 시간에 대한 신호의 크기로 받아 크로마토그램을 그려낸다. 결국, 컬럼을 빠져나온 분석 대상 물질 각각에 대한 시간(머무름 시간, Retention Time)으로 분석 대상 물질을 포함하는 혼합물 속 물질들의 성분을 분석하며, 크로마토그램 상에서 피크의 면적이나 높이로 정량을 한다.

과거에 주로 쓰였던 레코더는 단지 크로마토그램을 그려내는 것이었으나 현재에는 인테그레이터에 의한 자동 적분에 의해 크로마토그램상의 모든 정보를 얻는다. 또한 컴퓨터의 도입으로 데이터 처리 및 기기 운영 등의 많은 부분에서 변화가 나타나게 되었다. HPLC 시스템을 그림 3-19에 나타내었다.

5. 향기 분석

식품의 향기성분 분석은 시료의 조제(sample preparation), 혼합물의 분리(separation), 분리물의 동정(identification), 관능검사(sensory evaluation) 등 4단계로 나누어 실시한다. 또한 IR(infrared spectroscopy), NMR(nuclear magnetic resonace) 및 MS(mass spectrometer)에 MS를 연결하여 냄새의 분리와 성분의 동정까지 과학적으로 규명할 수 있다. 예를 들면, GLC를 이용하여 커피의 휘발성 물질을 400여 종 이상의 성분으로 분석할 수 있다.

그러나 향기의 본질을 관능검사나 기기분석에 의해 규명은 할 수 있지만 만족스러운 결과는 얻지 못하고 있다.

1) 냄새의 객관적 측정법

최근 분석 기계의 발달, 특히 가스 크로마토그래피(Gas chromatography)에 의하여 휘발성 미량성분의 분석이 가능해져 향미 연구는 크게 진전되었으며 합성 향료의 개발이 크게 발달하게 되었다. 식품의 향미를 객관적으로 분석하는 방법은 크게 아래의 세 단계를 거친다.

① 향기 성분의 추출 및 농축

② 가스 크로마토그래피를 이용한 혼합물의 분리(separation)

③ GC-MS를 이용한 분리물의 동정(indentification)

(1) 향기 성분의 추출 및 농축

① Head-space 휘발물질 분석

소량의 식품을 밀폐된 용기에 넣고 휘발성 물질이 내부공간(head-space)에 충분히 휘발되어 평형상태가 된 후 내부 공기를 뽑아 분석시료로 사용하는 방법이다. 이 방법은 인위적 조작(artifacts)을 최소한 줄이고 실제 냄새 성분의 조성을 가진 분석 시료를 얻을 수 있으나, 농도가 매우 낮으므로 감도가 높은 분석기구를 사용하여야 하며, 극히 낮은 농도로 존재하는 물질들을 검출하지 못하는 경우가 많다. 내부 공간에서 취한 혼합 공기를 낮은 온도의 응축기(condenser) 코일을 통하여 응축시킴으로써 상부 내부공간의 농도보다 50~100배 농축시킬 수 있다.

② 총 휘발성 물질 분석

식품을 증류하거나 추출에 의하여 냄새성분의 농축액을 얻어 분석하는 방법이다. 식품의 향기 추출분리 및 농축에 사용되고 있는 방법은 증류법, 추출법, 흡착법이 있다. 얻어진 분석 시료의 향기 성분들을 가스 크로마토그래피(GC. Gas chromatography)로 분리하며, 분리된 향기 성분은 기본 물질과 상대체류시간(relative retention time)을 비교하거나 코밧체류지표(Kovats retention index)에 의하여 동정(同定)할 수 있다.

① 증류법
- 직접 가열에 의한 증류 – 상압증류, 감압증류
- 수증기 증류 – 상압증류, 감압증류

② 추출법
- 용매추출 – 용매추출, 동기 증류추출
- CO_2 추출 – CO_2 추출, 초임계 CO_2 추출

③ 흡착법
- 흡착제 이용 – Tenax-GC, Porapak series, 활성탄, Purge & Trap 장치

(2) 가스 크로마토그래피(Gas chromatography)

두 가지 이상의 성분으로 된 혼합물(시료, Sample, A+B+C)을 단일 성분(A, B, C)으로 각각 분리하는 기계이며, 각 성분은 두 종류의 상(phase), 즉 정지상(stationary phase)과 이동상(mobile phase)에 다르게 분포하여 이 분포의 차이에 따라 분리가 이루어진다.

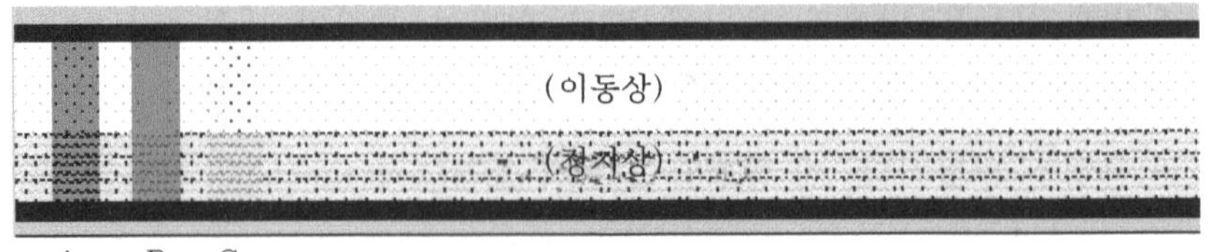

그림 3-20 혼합물의 정지상과 이동상에서의 분포차이에 따른 분리

그림 3-21은 가스 크로마토그래피의 기본구조이다.

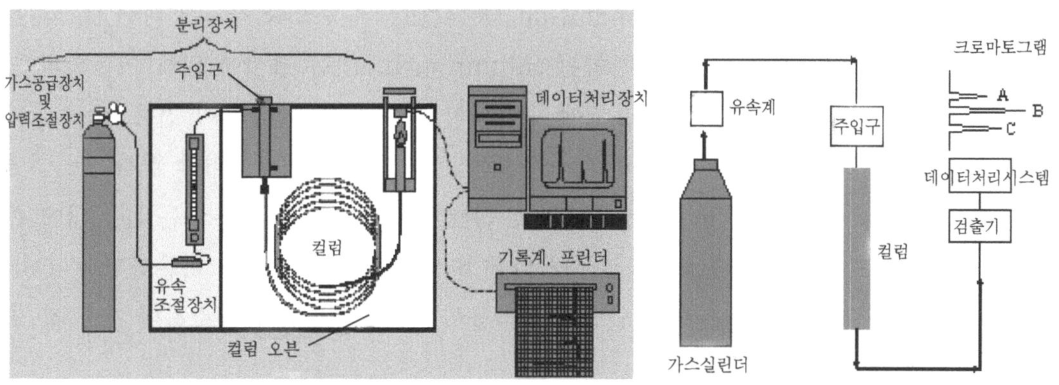

그림 3-21 가스 크로마토그래피의 기본구조 (자료제공 : 영인과학)

① 운반기체

주입구에서 기화된 시료를 컬럼으로 이동시켜주는 기체이다. 운반기체의 조건은 비활성, 순수 건조된 상태이어야 하며 수소, 질소, 헬륨, 아르곤 등을 사용할 수 있다.

② 주입구

액체 또는 기체시료를 기화시켜 GC column에 시료를 정확하고 재현성있게 전달시켜 준다.

③ 컬럼

혼합성분이 단일 성분으로 분리되어지는 곳이다. 내경에 따라 Packed column과 Capillary column으로 분류하고 고정상의 종류에 따라 GLC와 GSC로 나뉜다.

④ 검출기

가스 크로마토그래피의 검출기(detector) 종류와 일반적인 특징은 다음과 같다.

· TCD(Thermal Conductivity Detector) : 이동상 기체의 열전도도와 다른 열전도도를 갖는 화합물을 감지한다. 극히 큰 열전도도와 비활

성을 갖는 헬륨이 이동상 기체로 사용된다. 비파괴성 검출기이므로 collection이 가능하다.

· FID(Flame Ionization Detector) : 수소와 공기에 의한 flame을 이용한다. 수소와 혼합된 column effluent는 불꽃에 의해 이온화되며, 그 이온들은 collector에 수집되어 전류를 발생한다. 이 전류 값을 감지하여 기록한다. Detector온도는 항상 100℃ 이상이어야 한다.

· ECD(Electron Capture Detector) : Carrier gas는 cell 내에 존재하는 방사선 물질로부터 나온 beta particle에 의해 이온화된다. Cell 내에 sample이 도달하면 전자들이 sample에 의해 감소하며 전류 값 또한 감소한다.

· MSD(Mass Selective Detector) : 시료는 진공상태에서 전자와 충돌하여 이온화되고, 이때 생성된 이온들은 그들의 질량/전하(m/z)의 비율에 따라 분리되며, 주로 미지성분의 정성확인 및 정량 분석 시에 사용된다.

식품의 향기성분은 가스 크로마토그래피로 분석하여 분리된 각각의 피크를 표준물질과 비교하거나 가스-리퀴드 크로마토그래피(GLC. Gas chromatography), 적외선 분광기(TR, Infrared Spectroscopy), 핵자기 공명 분광기(NMR, Nuclear Magnetic Resonance) 및 질량 분석기(MS, Mass Spectrometer)에 의하여 분자구조를 확인할 수 있다. 최근에는 GC에 MS를 연결하여 분리와 동시에 성분 동정까지 자동적으로 이루어지는 분석장치를 많이 사용하고 있다.

(3) 전자코(Electronic nose)

인간의 후각 메커니즘을 모방하여 향기 성분이 후각 수용체(Olfactory Receptor)를 자극하는 화학적 신호를 고성능 복합 다중센서를 사용하여 전기적신호로 나타내 주는 장치이다. 인공지능 전자코 시스템의 기본 검출장치는 6개의 반도체 향검출 센서로 구성되어 있으며, 사용할 수 있는 센서 종류로는 Metal Oxide Sensor(M.O.S), Conducting Polymer, SAW(Surface Acoustic Wave) 등이 있다. 향기의 분류 및 패턴인식의 특징인출은 일반적으로 Principal Component Analysis (PCA) 또는 Linear Discrimination Analysis(LDA)와 같은 선형변형방법을 이용하여 행해진다. 분류(패턴인식)에서는 같은 종류의 화학종을 분류하며 특정시료를 확인・분류하는 데 이 자료가 비교데이터로 쓰일 수 있다. 시료의 전처리는 GC에서의 Headspace법을 이용한다.

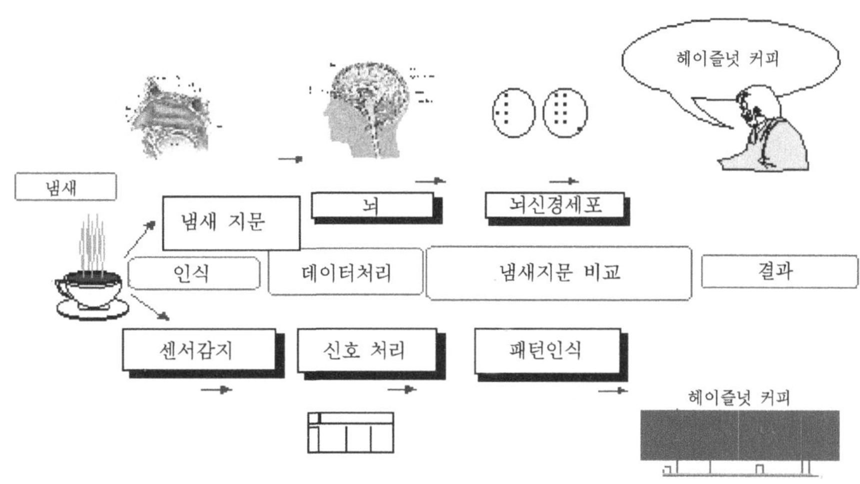

그림 3-22 전자코 시스템 (자료제공 : 인성크로마텍(주))

식품 관능검사 개요

1. 정의와 중요성

식품의 관능검사(sensory evaluation)는 인간의 감성체계를 이용하는 감성과학(sensory science)의 일종으로 식품의 품질특성 가운데 관능적 특성인 외관, 향미 및 조직감 등을 과학적으로 평가하는 것이다. 관능검사는 IFT(Institute of Food Technologists)의 관능검사 분과위원회의 정의에 따르면, 사람이 측정기구가 되어 식품이나 물질의 특성을 평가하는 방법으로서 식품과 물질의 특성이 시각, 후각, 미각, 촉각 및 청각으로 감지되는 반응을 측정, 분석 및 해석하는 과학의 한 분야이다. 인간의 감성체계는 식품의 관능적 특성을 분석하는 데 가장 좋은 측정 기기 중의 하나이며, 또한 제품에 대한 소비자인지도 및 기호도를 측정할 때에도 효과적으로 이용될 수 있는 방법이기도 하다. 따라서 관능적 특성을 검사하여 얻은 결과는 기계 및 화학적 검사를 하여 얻은 결과와 상호 비교하여 상관관계를 분석하여 이용하기도 한다. 관능검사는 비교적 최근에 학문으로서 주목받았으나 그 발전 속도가 매우 빠르며, 이러한 학문적 지식과 기술을 갖춘 전문인력에 대한 학계나 식품업체에서의 수요가 급증하고 있다.

관능검사가 중요한 이유는 첫째, 인간이 측정기구가 되어 제품의 개발과 완성단계에서 식품의 특성을 측정하고 분석할 수 있기 때문이다. 둘째는 제품의 저장성 및 소비자 기호도에 미치는 영향을 조사하여 소비자가 원하는 제품을 소비자 입장에서 개발할 수 있기 때문이고, 셋째는 효율적으로 제품을 개발하고 판매하는 데 필수적이기 때문이다. 즉, 식품에 대한 연구 및 개발단계에서의 비용은 완제품 화하여 시장에 내어놓을 동안에 드는 총비용에 비하여 훨씬 적다. 따라서 다량생산 전에 소비자의 관능검사를 통해 판매를 결정함으로써 제품 생산에서 발생할 수 있는 경제적 손실을 최소화할 수 있다.

2. 응용분야

사람이 측정기구가 되는 식품 관능검사의 응용분야는 다음과 같다.

① 제품의 원료 및 제품을 분류하고 등급을 정하며, 가격을 설정하기 위한 품질 평가의 기준을 정한다.

② 제품 개발 시 그 제품이 갖추어야 할 품질 특성을 결정하고, 이것을 제품 개발에 활용하며, 개발된 제품이 어떠한 관능적 특성을 가졌는지 조사한다.

③ 기존제품의 품질을 개선하기 위하여 개선방향과 개선방법을 설정하며, 개선된 제품과 기존제품의 품질을 비교하여 신제품의 품질이 향상되었는지를 평가한다.

④ 제품의 원가 절감 목적으로 재료의 일부를 값이 싼 원료로 대치하거나, 공정을 개선하여 생산성을 증가시킬 때 이용한다.

⑤ 품질 관리에 필요한 규격을 결정하며, 유통과정에서 일정한 품질수준이 유지되도록 관리하는 데 이용한다.

⑥ 많은 경우 물리화학적인 방법과 병행하며, 때에 따라 품질관리를 위한 유일한 방법이 되기도 한다.

⑦ 제품의 저장 및 취급 시의 변화를 측정하며, 제품이 개발된 후 소비자들이 수용할 수 있는 최저 품질 수준을 나타내게 되는 유효기간을 설정한다.

⑧ 소비자검사에 의해서 개발된 신제품이 시장에서 차지하는 위치를 조사한다.

⑨ 마케팅 부서에서 제품에 대한 개념 설정 및 광고 계획에도 도움을 줄 수 있다.

⑩ 경쟁회사 제품과 자회사 제품을 비교하거나 타 회사 제품에 대한 정보를 수집하고, 제품의 판매상황을 예측 혹은 향상시키기 위하여 사용된다.

3. 관능검사를 위한 일반적인 조건

관능검사는 인간 개개인의 주관적인 감성을 검사하므로 검사 방법과 조건이 객관적으로 엄격히 통제되지 않으면 과학적인 결과를 얻을 수 없다. 따라서 관능검사 의뢰인이나 실험 진행자의 의지와 편견은 줄이고 예민도는 높일 수 있는 다양한 종류의 검사와 특별한 조건이 요구된다.

1) 일반적 고려 사항

(1) 실험 목적에 맞는 관능검사 방법을 선택한다.

실험의 목적을 분명히 하고, 목적을 이루기 위한 제반 조건의 통제는 보다 엄격하고 까다롭게 한다. 관능검사의 용어는 일반적으로 편하고 이해가 쉬우며 검사의 목적을 충분히 표현할 수 있어야 한다. 용어는 훈련기간 중 개발되고, 정의되며, 확립된다.

(2) 신뢰할 수 있는 패널을 선택한다.

검사 방법에 따라 적합한 수와 적합한 검사원, 즉 무경험 패널, 유경험 패널, 고도로 훈련된 패널을 결정한다. 예를 들어, 제품의 차이에 대한 특성 강도 실험을 하는 경우라면, 10여 명의 훈련된 패널요원만으로는 제품의 기호도를 평가하지 않는다.

(3) 검사를 위한 물리적 표준 환경을 마련하여 검사에서 발생하는 오류를 방지한다.

관능검사를 진행하는 동안 환경 조절이나 적절하지 않은 냄새의 제거 및 빛의 자극, 심리적인 혼란을 일으키는 요인들을 사전 점검하고 제거하여 작업환경을 편안하게 한다.

(4) 적합한 실험설계와 데이터에 대한 올바른 통계분석을 사용한다.

실험설계의 처리군에 대한 적합한 랜덤화를 적용하여 어떠한 처리군이 특정대우를 받는 경우가 발생하지 않도록 한다. 데이터 분석 시에는 실험설계에 맞추어 처리의 효과가 명확하게 나타날 수 있는 통계방법으로 결과에 대한 바른 해석을 한다. 주어진 상황에서 연구자는 가능한 한 최상의 조건에 밀접한 상황을 만들도록 노력한다.

2) 실험실의 배치와 설계

실험실 설계의 목적은 실험실의 위치와 동선을 고려하여 실험 중에 접근하기 쉽도록 하며, 항상 정돈되고 혼잡하지 않은 환경으로 실험 구역을 배열해야 한다. 따라서 실험실은 실험하는 결과를 편리하게 이용할 수 있는 위치이어야 한다. 불편한 실험실의 위치 때문에 패널요원의 예민도나 반응 성적이 실제로 감소할 수 있기 때문이다. 자발적으로 검사의 참여를 원하는 개인 검사자는 거의 없으므로 실험실은 응답자의 동기를 유발할 수 있고, 실험을 수행하는 데 영향을 주지 않을 수 있도록 해야 한다.

보통 실험실의 가장 좋은 위치는 교통량이 많지 않고 냄새나 혼란과 소음으로부터 보호되는 조용한 곳으로, 실험에 방해가 되는 로비나 식당 근처는 피한다. 또한 동선이 단축될 수 있는 실험을 하기 쉬운 장소이어야 하며, 온도와 습도 조절이 잘 되어야 한다. 책상과 의자가 편해야 하며 패널들을 위한 대기 장소도 마련하여 옷장, 휴게실, 사무를 위한 장소 등이 쾌적하게 준비되어야 한다. 실험실은 시료준비실과 검사실 그리고 자료

처리실로 분리된다. 준비실의 냄새, 소음, 시각 물질과 결과의 유추 등이 검사하는 데 영향을 주는 것은 배제하여야 하기 때문이다. 검사실은 실험 목적에 따라서 개별 분리 실험대(booth area)와 토론이 가능한 둥근 테이블(round table area)영역으로 나뉘어지는데, 개별 부스는 실험자가 실험 이외의 다른 조건으로부터 영향받는 것을 막으며, 혼돈하거나 패널 간의 상호작용이 엄격히 통제된다.

그림 4-1 Booth에서의 관능검사

그림 4-2 테이블에서의 관능검사

3) 냄새 관리

실험실의 시료를 준비하는 곳은 다른 지역으로부터 공기의 흐름이 적은 곳으로 택하고 활성탄 필터를 이용하여 공기 중의 냄새를 제거하며, 시료를 준비하는 곳의 공기 흐름을 통제하여 실험실로는 필터에 의해 냄새가 통과하지 않도록 하여야 한다. 실험실 내부 모든 자재나 장비는 냄새가 없어야 하는데 실험실의 냄새는 시료로부터도 오염이 되므로, 냄새가 강한 실험의 진행순서는 신중하게 고려되어야 하고, 냄새나는 시료는 최단 시간만 노출시키도록 하며, 다른 시료를 측정하기 전에는 완전히 환기되어야 한다.

4) 조 명

객관적으로 가장 좋은 조명은 일반적으로 사용하는 편안한 빛이다. 따라서 실험실은 채광이 좋은 곳이어야 하고, 특별한 조명 효과는 색이나 외관의 다른 점을 강조하거나 숨길 때에 사용한다. 대개 발광은 매우 낮은 수준으로 40~60W 백색형광등 1~2개를 비추어 탁상광도가 30~50이 되는 단순한 조명을 이용한다. 나트륨등과 같은 특별한 빛이나 컬러 전구를 이용하여 색을 조정하거나 기본 색 위에 컬러 필터를 부착하여 사용한다. 이러한 조명 색의 변화를 주어서 식품 외관의 색에 의한 품질평가의 편견을 줄일 수 있다.

4. 관능검사 방법의 개요

식품 관능검사는 식품의 특성을 정확히 이해하여, 적합한 실험계획에 따른 방법 및 통계적 분석 방법을 적용하여야 한다. 그러나 학교나 회사에서 관능검사를 수행할 때, 실험목적에 따라 실험의 특성과 강도에 알맞은 훈련된 소수의 검사원을 통하여 객관적인 측정을 해야 함에도 불구하고 결과해석을 할 때에는 다수의 무경험패널을 이용하여 얻을 수 있는 주

관적인 기호도나 선호도를 검사하는 경우가 많이 있다. 훈련된 소수의 인원으로 관능검사를 하는 것이 소비자 검사 시에 필요한 시간이나 준비비용보다 적게 들기 때문일 것이다. 그러나 훈련된 패널로 특성강도 실험을 한 경우에는 객관적인 특성의 강도가 강하고 약함을 표현하여야 하며, 더불어 강도가 강하거나 약하므로 '좋다'는 식의 기호도 해석을 하면 절대 안 된다. 실험 방법과 통계분석 해석의 혼돈을 가져올 경우 관능검사를 수행할 의미가 없기 때문이다.

관능검사 방법은 크게 분석적 검사와 소비자검사로 나눌 수 있다. 다음은 각각의 방법별 개요를 표로 요약하였다.

표 4-1 관능검사 방법 개요

<table>
<tr><td rowspan="11">관능검사
(Sensory evaluation)</td><td rowspan="7">분석적 검사
(Analytical test)
반복실험,
객관적 특성
소수의 훈련된 패널 이용</td><td rowspan="2">차이식별검사
(Discriminative test)</td><td>종합적 차이식별검사
(Overall difference test)</td><td>삼점검사, 일이점검사,
단순차이검사, A-부A검사
다표준시료 검사</td></tr>
<tr><td>특성차이검사
(Attribute difference test)</td><td>3-AFC, 2-AFC, 순위법,
이점비교검사, 척도법</td></tr>
<tr><td rowspan="5">묘사분석
(Descriptive test)</td><td rowspan="2">정성적 검사
(Qualitative test)
평균</td><td>향미프로필
(Favor profile)</td></tr>
<tr><td>텍스쳐프로필
(Texture profile)</td></tr>
<tr><td rowspan="3">정량적 검사
Quantitative test
(반복, 통계처리)</td><td>정량적 묘사분석
(Quantitative descriptive analysis)</td></tr>
<tr><td>스펙트럼 묘사분석
(Spectrum analysis)</td></tr>
<tr><td>시간강도 묘사분석
(Time internsity)</td></tr>
<tr><td rowspan="4">소비자검사
(Consumer test)
반복 안 됨,
주관적 특성
소비자 이용하며,
훈련된 패널 이용은 안 됨</td><td rowspan="2">정량적 검사
(Quantitative test)
최소 30인 이상, 보통 100인 이상</td><td>기호도 조사
(Acceptnace test)</td><td rowspan="2">가정사용검사(HUT)
중심지역검사(CLT)
실험실검사(LT)</td></tr>
<tr><td>선호도 조사
(Preferrence test)</td></tr>
<tr><td rowspan="2">정성적 검사
(Qualitative test)
12~15인</td><td>포커스그룹 조사
(Focus group interview)</td><td></td></tr>
<tr><td>일대일 면접
(One to one interview)</td><td></td></tr>
</table>

패널의 선정 및 훈련

1. 관능검사요원(패널)의 종류

1) 경험과 훈련

(1) 소비자 패널

제품의 사용자나 잠재적 사용자가 패널이 된다. 소비자는 선호도검사 및 기호도검사에 사용되는, 관능검사에 대한 훈련이나 경험이 필요없는 패널이다.

(2) 무경험 패널

실험실에서 실시하는 기호도검사에 사용되며, 이 경우 실험에 대해 전혀 정보가 없는 잠재적 소비자를 대상으로 조절된 환경에서 실시한다.

(3) 유경험 패널

분석적 관능검사에서 비교적 간단한 차이검사에 사용된다.

(4) 훈련된 패널

분석적 관능검사에서 비교적 복잡한 차이검사를 실시하게 될 때 훈련의 정도가 많은 패널을 말한다. 묘사분석검사(descriptive analysis)와 스펙트럼 묘사분석(spectrum analysis)을 하는 데 사용된다.

(5) 전문 패널

이미 포도주 전문가나 향수 전문가처럼 오랜 경험으로 기억된 기준에 의해 각각의 특성을 측정하는 패널이다.

2) 검사목적

(1) 분석적인 검사 패널

객관적인 검사로서 차이식별 패널과 묘사·분석 패널을 말한다. 원료 및 제품의 품질검사, 저장, 공정개선 시험에 사용된다. 차이식별 패널은 10~20명이 필요하며 묘사·분석 패널은 차이식별 패널보다 더 강화된 훈련을 요하는 패널로서 6~12명이 필요하다.

(2) 기호조사 패널

소비자의 주관적인 기호도 조사에 사용된다. 대형에서는 200~200,000명, 중형에서는 30~200명이 필요하다.

2. 패널 요원

1) 분석적인 검사 (차이식별검사와 묘사분석)

(1) 패널의 임무

특정 과제에 따라 관능검사 요원은 검사물 간의 차이를 구별하고, 검사물의 특징을 묘사하며 정량화 할 수 있는 능력을 보여줘야 한다. 관능검사 요원들이 복잡한 검사물에 대한 자극을 분석적으로 실험하여야 한다.

(2) 패널 선정의 원칙

여러 종류의 다양한 자극에 대해 극도로 예민도가 높은 후보를 찾는 것이 아니라, 검사물에 대해서 알려지가 없고, 검사를 할 수 있는 시간적 여유가 있는지 등의 간단한 요건을 충족시키는가를 본다. 또한 관능검사를

수행할 수 있는 능력이 있는지, 검사물 간의 특성을 구분할 수 있고, 몇몇 검사에 있어서 검사물이 지닌 차이에 대해서 묘사하고 정량화할 수 있는 분석적인 기술과 충분한 어휘를 지니고 있는지의 요소가 관능검사 요원을 선발하는 데 있다.

(3) 선발검사(panel screening)

패널의 적격여부 검사를 통해 패널을 선정한다. 분석적인 검사에서 관능검사 요원은 테스트 능력을 알아보는 데 도움을 줄 수 있는 일련의 검사들을 수행하여 검사를 수행할 수 있는 자질을 갖추었는지 평가하고 이에 따라서 선정한다.

(4) 선발검사 방법

① 패널 선정 시에는 관능검사 과제 수행능력에 영향을 줄 수 있는 여러 요소를 고려해야 하며, 이것은 그 검사를 대표할 수 있는 검사방법이나 그 검사의 대표적인 시료를 이용할 때 이루어질 수 있다.

② 선발과정은 많은 그룹의 사람들로부터 시작하며 숙련의 정도에 따라 지원자를 서열화한다. 초기 선발 그룹의 크기는 최종적으로 능력 있는 최종 패널의 선발에 영향을 준다.

③ 지원자의 수가 많으면 많을수록 우수한 능력을 지닌 관능검사 요원을 선발할 수 있는 가능성이 높다.

④ 특별한 선행 경험이 있다거나 특별한 위치에 있는 패널요원 후보에 대해 자동적으로 자격을 갖추었다는 근거로 선발시험에서 면제되어서는 안 된다.

⑤ 패널 요원의 평가 능력에 대한 재훈련은 정기적으로 하며 가능하면 지속적으로 이루어져야 한다.

⑥ 본 실험이나 부가적인 선발시험에 있어 각 패널 요원의 성적은 보충훈련이나 교육을 필요로 하는지 또는 특정 패널에서 궁극적으로 제외시켜야 하는지를 결정한다.

(5) 차이식별 능력(discriminative ability)에 의한 선발의 일반사항 및 방법

① 검사 방법

관능검사 요원이 시료 간의 차이를 구별할 수 있는지 없는지를 확인할 수 있는 가장 기본적인 실험방법은 삼점검사(triangle test)이다. 그밖에 짝짓기검사(matching test), 순위검사(ranking test) 등이 있다. 패널 선발검사에서 제시된 차이점들은 패널들이 실제로 하는 본 실험에서의 차이점과 유사해야 한다. 예를 들면, 만일 패널이 특정한 검사물만으로 본 실험 검사를 수행할 계획이면 그 검사물은 선발검사를 계획하는데 이용되어야 한다.

② 척도

패널 선발검사에 사용되어진 평점 척도는 패널이 본 검사에서 사용될 평점 척도와 유사해야 한다.

③ 선발검사 범위

검사 시에는 가능한 한 실험에 관련된 넓은 범위의 차이를 포함해야 한다. 예를 들면, 원료의 변동, 가공, 저장 및 날씨조건 또는 검사물의 제조시간 등이 여기에 포함된다.

④ 선발 기준

각 검사는 전체 패널이 시료 간의 유의차를 나타낼 수 있도록 높은 정답률을 보여야 한다. 그러나 거의 모든 사람에게 차이가 명확하여 정답을 맞힌 관능검사 요원의 정답률이 80% 이상이 되어야 한다는 식의 너무 높은 수준을 기대하지는 않는다. 검사는 사람들이 차이를 충분히 인지할 수 있도록 쉬워야 하지만 모든 사람들이 차이를 찾아내지 못할 정도로는 어려워야 한다. 지원자들은 맞힌 정답수의 퍼센트를 기준으로 서열화된다. 일반적으로 쉬운 검사의 경우 정답률이 60% 이하인 사람은 제외되며 그 이상의 정답률이 높은 사람들이 선발된다. 각 지원자들은 모두 또는 거의 모든 검사에 다 참가함이 바람직하다. 그렇지 않으면 검사의 난이도가 다양하기 때문에 정답률 비교에 있어 치우칠 수가 있기 때문이다.

⑤ 검사물의 수

만약 검사물의 특징에 있어 적응의 문제가 없다면 각 개인은 같은 검사 기간 동안에 여러 번 검사를 수행할 수 있으며, 적어도 20~24회 정도의 검사를 수행한 관능검사 요원을 기초로 선발하는 것이 바람직하다.

한 검사에 사용 가능한 시료의 수는 4~6개 정도로, 만일 패널이 본 실험에서 하나 이상의 제품을 검사한다면 선발검사의 시료는 본 검사에서 가장 주가 되는 시료를 택하는 것이 좋으며, 선발검사는 둘 또는 세 가지 제품으로 반복실험을 한다. 각 지원자는 이미 선택되어진 여러 제품의 특징들과 비교해서 일련의 시료들에 점수를 부여한다. 선택된 특징이나 속성들은 훈련되지 않은 관능검사요원들도 이해할 수 있어야 한다.

⑥ 반복 및 결과 해석

평점(scoring)은 보다 정확한 분석을 위해서 최소한 3~4번 반복실험을 하는 것이 좋다. 각 지원자의 데이터는 개별적으로 분산분석이 행해진다. 시료의 유의수준은 패널의 숙련 정도로 이용된다.

(6) 묘사에 의한 패널 선발의 일반사항

차이식별 패널 선발을 위한 두 번째 방법은 지원자가 어떤 특이적인 묘사특성의 범위를 나타내는 시료의 특성을 묘사하거나 점수를 부여하게 하는 방법이며, 검사물의 특징을 묘사할 수 있는 능력으로써 선별될 수도 있다. 예를 들면, 식품이나 향 산업에 있어서 어떤 것은 일반적인 것이고 어떤 것은 일반적이지 못한 냄새를 담고 있는 일련의 병으로 만든 시료들이 이 선발검사에 이용된다. 예비 관능검사 요원들은 각 병의 냄새를 맡고 이름을 쓰거나 묘사하고 또는 관련된 냄새를 쓰도록 요구된다. 지원자들은 방향물질을 특징화할 수 있는 능력에 따라, 즉 한 가지 냄새를 다른 제품이나 냄새와 연관시키기보다는 독립적으로 냄새의 이름과 특징을 묘사할 수 있는 자를 우선적으로 서열화하여 선발한다. 외관, 소리, 촉감이 평가되는 산업에서도 이와 유사한 경우가 이용될 수 있다.

어떠한 경우에도 모든 감각을 묘사하거나 연관지을 수 없는 관능검사 요원은 선발되어서는 안 된다. 그러한 사람들은 물리적으로나 정신적으로 묘사적인 검사를 잘 수행하지 못할 것이다.

(7) 패널의 수

실험에 참여할 패널 크기를 결정함에 있어 연구자들은 서로 다른 기준을 이용한다. 결론부터 말하자면 어떤 실험을 위한 패널요원이 아주 적당한 꼭 필요한 수(magic number)일 필요는 없다. 실험에 참가한 패널의 수는 실험실마다 상당히 다르며, 각각의 상황이 그 자신만의 독특한 필요를 요구한다. 또한 패널 크기는 이용 가능한 패널 자격을 갖춘 사람의 수에 의존하되 이미 정해 놓은 패널 크기를 얻기 위하여 자질이 부족한 사람들을 패널에 포함시켜서는 안 된다.

기본적으로 패널의 수는 제품의 다양성, 판단의 재현성에 의존하거나 참고문헌에 의해 패널의 수를 우선적으로 결정한다. 그러나 현실적으로 패널의 크기는 이용 가능한 자격을 갖춘 패널의 수에 의해서 결정된다. 패널크기는 많은 요소들이 함께 고려되어야 하기 때문에 적절한 수를 제시하지 않는 것이 좋다.

전형적으로 묘사분석에서는 4명 또는 그 이상, 때때로 8~10명 또는 그 이상이 요구되며, 차이식별검사에서는 검사물의 차이를 소수의 관능검사요원만이 인지하지 않는다면 가끔 20~25명 이하를 이용한다. 가능하면 업무의 양과 이용가능한 사람의 수에 의존하여 패널자격을 갖춘 사람의 집단이 유지된다.

2) 기호도검사(Affective Test)

(1) 패널의 선정

선호도검사나 기호도검사는 차이식별검사나 묘사분석과 다른 선택기준이 필요하다. 패널의 선택기준은 첫째로 검사물의 예상 소비자집단에 대해서 패널이 대표성을 띠고 있는지의 여부이다. 기호도검사의 목적은 선택의 방향을 결정하거나 상품이 어떤 집단에 더 잘 수용되는지 정도를 알아보는 데 이용되므로 패널은 잠재적인 상품이용 고객이 좋다. 선택기준 둘째는 검사물에 대해서 알레르기나 병적인 증상을 나타내는 사람들을

제외시키는데 있고, 셋째는 상황에 따라 이용할 수 있는 사람의 종류와 수를 조절한다. 이때 제안된 한 가지 접근 방법은 실험에 이용할 수 있는 그룹이나 사람들의 명부를 이용하는 것이다. 많은 경우에 있어서 그룹의 명부는 그룹에 대하여 다소 일반적인 인구 통계학으로 얻어지는 것으로, 어떤 경우의 실험에 있어서는 무작위 방법으로 이 명부로부터 그룹이나 관능검사 요원을 선발할 수도 있고, 어떤 경우는 실험의 변수나 시료에 대해서 특별한 지식을 가지고 있는 사람이나 검사물에 대해서 포괄적인 지식을 가지고 있는 사람은 제외시킬 수도 있다. 자사의 사람을 관능검사의 기호도검사에 이용하는 것은 여러 문제가 있다. 자사의 사람들은 무료나 인하된 가격으로 회사상품을 공급받고, 실험에 자주 참가함으로써 검사물의 특성을 잘 알게 되며, 검사물의 특징을 근거로 하지 않고 다른 기준으로 검사물을 알거나 선택할지도 모르기 때문이다.

(2) 패널의 수

패널의 수는 결과에 요구되어지는 정확성, 잘못된 결정을 범할 수 있는 위험 그리고 검사에 참가한 사람들의 대표성에 의해 결정되며, 마지막 요소인 대표성에 가장 중점을 둔다. 차이를 인지할 수 있는 시료 간 차이의 크기 관점에서 정확도는 종종 임의적 선택의 문제이나 대표성은 다소 의미 있는 집단과 유사할 것이라는 가능성과 관계되어 있다. 보다 많은 응답자들을 포함할수록 시료선택에 대한 편견의 가능성은 줄어들 것이다.

검사자의 수를 결정함에 있어 사용되는 일반적인 기준은 다음과 같다.

① 작은 수의 실험실 패널로부터 얻어진 결과를 기초로 한 결론은 극단적인 주의를 요하며 더 많은 확인작업을 거쳐야 한다. 보다 큰 집단의 대표성에 비하여 작은 실험실 패널은 때때로 일반적인 소비자집단보다 더욱 더 자주 접할 수 있고 그들이 이용하는 제품에 대해서는 편견을 가지고 있을 수 있기 때문이다. 검사시료에 대한 지식과 관련된 편견이나 실험실 요원과의 개인적인 상호작용은 이와 같은 형식의 검사에 있어서 방해물이 된다.

비록 일반적인 검사가 적어도 30명을 요구하지만, 때론 최소 16~20

명의 패널이 실험에 참가하기도 한다. 이 숫자는 최소단위로 단지 초기 선별작업을 할 때 요하는 숫자이다. 검사자의 수가 적으면 오차는 커지고 중요한 경향이 인지될 수 없게 된다. 더욱이 사람들의 대표성은 일반적으로 불확실하다. 그러나 때때로 이 시험은 관능검사 수행자 단독 또는 관리자 집단이 시료에 대해서 독단적으로 결정을 하는 것보다는 낫다.

② 보통 100명의 사람은 일반적으로 작은 소비자검사에서 대부분의 문제를 해결할 수 있는 적절한 인원이라고 고려된다. 그러나 정확한 인원은 실험 디자인에 의존한다. 적절히 선택되어졌다면 응답자들은 적절한 집단의 대표성을 나타낼 수 있다.

③ 많은 수의 응답자를 이용하는 것은 차이점을 찾는 통계 능력을 향상시킬 수는 있어도 집단의 치우침의 가능성에 대해서는 아무런 효과가 없다. 예를 들면, 회사 고용인을 이용한 큰 집단은 적은 수의 패널과 마찬가지로 회사 제품 쪽으로 치우칠 수 있다. 실험의 목적이 중요하거나 중요한 결정을 내려야 할 때는 큰 규모의 검사가 필요하며 주의 깊게 선택된 응답자들로부터 결과를 모으는 것이 바람직하다.

④ 소집단의 응답자로부터 반복적인 판단에 의해 얻어진 데이터들은 실제 응답자의 수를 증가시킨 것과 같은 효과를 나타내지 못한다. 그러한 검사는 실험오차는 다소 줄일 수 있어도 제한된 범위의 시료선택(sampling)을 고치지는 못한다.

시료의 준비와 제시

시료선택의 일반 원칙은 대표적인 상품 또는 연구 중인 상품을 선택하는 것이다. 실험을 진행하는 도중 결과가 실험 계획의 기대치와 다를 때 패널요원이 부적절한에 기인되기도 하지만, 시료 준비 시 부주의에 기인되기도 한다. 시료를 준비 할 때 예비실험을 통해 먼저 일 회분의 시료 양을 정하고 전체 검사에 사용될 양을 계산하며, 가능한 한 필요량의 두 배 이상 시료를 준비하여 만일의 경우 실험이 잘못되어 다시 하게 될 경우를 고려하는 것이 좋다.

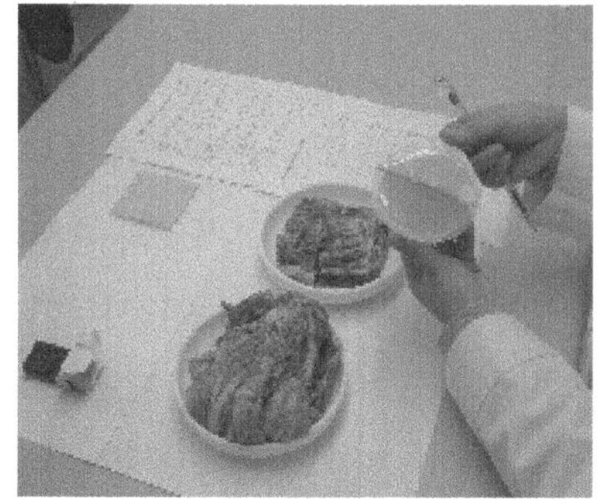

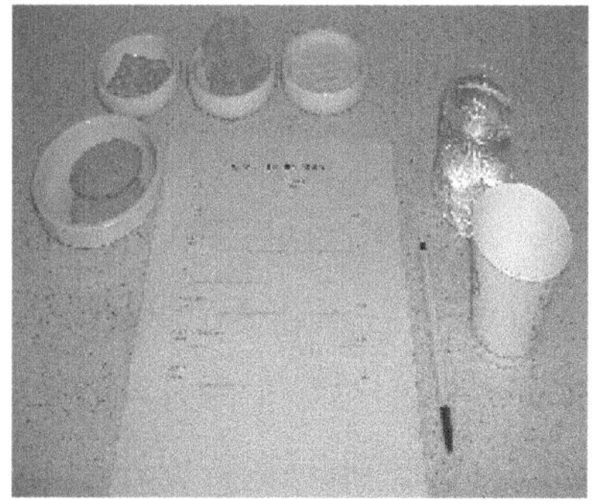

그림 6-1 검사시료

1. 시료의 준비

시료는 시험목적과 상관없는 다른 속성에 영향을 받지 않도록 준비한다. 모든 시료는 제어되어야 하는 인자들을 고려하여 일관성 있게 준비하며, 시료의 준비 과정에서 제어되어지는 일반적 조건들은 다음과 같다.

1) 시 설

시료준비실은 시료와 필요한 장비의 종류, 시료준비절차에 따라 필요한 공간크기가 다르다. 시료를 저장할 수 있는 충분한 공간과 시설이 필요하지만 공간이 좁을 경우 시료 제시용 선반을 적절히 이용하도록 한다.

저울과 같은 측량기구가 필요하며 관능검사를 위한 초자 기구들은 화학약품용과 분리해서 보관하고 사용한다. 조리 및 세척 기구, 냉장 및 냉동고가 필요하며, 냄새제거를 위한 환기시설이 필요하다.

시료 제시 전에 시료를 미리 검사해야 하므로 검사실과 같은 조명이 필요하다.

2) 시료를 준비하는 표준적인 방법의 확립

① 예비검사를 하여 실험목적에 따른 차이점이 가장 잘 감지될 수 있는 방법을 선택하고 실험과정에서 발생될 수 있는 다양한 문제점을 미리 해결한다.

② 제시되는 시료의 양과 용기를 일정하게 한다.

③ 준비하는 데 요하는 시간을 미리 계산한다. 냉동식품의 경우 해동시간을 고려해야 하며, 조리가 필요한 경우 조리시간을 그리고 재료의 혼합 및 시료 배분 시간 등 준비에 소요되는 시간을 정확히 계산하여 시료가 가장 적합한 시간에 검사되도록 해야 한다.

④ 시료를 대표할 수 있는 대표성이 있어야 하며 시료의 저장에 특별히 주의한다. 시료의 안전성은 실험에서 가장 중요한 문제이다.

⑤ 용기 혹은 기구로부터의 냄새 혹은 맛의 오염에 주의한다.

⑥ 준비방법에 의해 오차가 도입되지 않도록 한다. 장시간 끓이거나 전자오븐을 사용하는 경우 물성의 변화를 가져올 수 있으므로 주의한다.

3) 검사방법에 따른 적합한 검사물 준비방법의 사용

차이검사의 경우 차이를 감지할 수 있는 준비방법을 사용한다. 예를 들어, 포테이토칩의 튀김 용매에 따른 차이를 조사할 경우 다른 재료에서 오는 오차를 막기 위해 조미료를 사용하지 않는다. 조미료의 강한 맛과 향이 용매의 차이를 둔화시키기 때문에 시료에 조미료를 첨가하지 않고 시료를 제조한다.

소비자 기호도 검사에서는 그 식품이 보통 판매되거나 이용되고 있는 그대로 시료를 사용한다.

시료들의 조직감이 다를 경우나 검사하려는 특성이 맛이나 냄새인 경우에 시료의 차이를 없애기 위해 마쇄하거나 한 번에 한 시료씩 제시한다.

시료의 색이 다른 경우는 어두운 불빛이나 색 등을 사용하기도 하며, 음료의 경우에는 색을 가려 줄 수 있는 붉은 색 또는 검은 색 컵을 사용한다.

향미가 강한 식품은 다른 식품과 혼합하거나 물에 희석하여 제공하며 동반식품을 함께 제공한다.

▸ **알고가기**

- 희석(dilution) : 매운맛이나 강한 양념을 검사하기 전에 물이나 용액과 섞어 낮은 농도로 만드는 것.
- 동반식품(carriers) : 어떤 식품을 검사하고자 할 때 그 식품과 함께 제시되는 식품.
  동반식품은 사용에 따른 오차가 생길 수 있으므로 고려한다. 특성차이검사에는 보통 동반식품을 사용하지 않으나 사용 시에는 검사물의 특성을 가리지 않는 식품을 사용한다. 소비자검사에서는 평상시에 같이 사용되는 식품을 동반식품으로 이용한다.

동반식품 예

검사시료	동반시료
마요네즈	오이, 당근
잼	과자
핫도그	케첩
고추장	오이, 당근
버터스프레드	빵
김치	밥

2. 시료의 제시

1) 용 기

① 한 실험에서는 모든 검사물에 동일한 용기를 사용한다.

흰색의 동일한 모양과 크기의 용기로 통일하여 사용한다.

② 검사에 필요한 양을 담을 수 있는 용기를 사용한다.

③ 맛과 냄새를 오염시키지 않는 용기를 사용하되, 영구적으로 사용하는 용기는 플라스틱 재질보다 유리나 사기 등이 맛과 냄새가 흡수되지 않으므로 좋다. 일회용 컵을 이용하기도 한다.

④ 선택된 용기에 의해 조직감의 변화가 없어야 한다. 쉽게 건조되거나 향이 중요한 요소인 시료는 덮거나 밀봉한 상태로 제시한다.

2) 시료의 양과 크기

① 시료를 대표할 수 있고, 반복해서 맛을 볼 수 있는 충분한 양을 제시한다.

② 동일한 크기의 시료를 제시한다.

③ 검사 방법에 따라 검사물의 양을 조절한다.

차이식별검사의 경우 음료는 보통 50ml, 고형식품은 30g 정도를 제시하며 소비자 기호도검사에서는 차이검사 두 배 분량의 시료를 제공한다.

3) 시료의 수

① 한 번에 평가할 수 있는 검사물의 수는 감각의 둔화나 정신적인 피로를 일으키지 않는 범위에서 정한다.

② 시료의 종류에 따라 검사물의 수를 고려한다. 생강음료, 고추장 등 향미가 강한 시료는 검사물의 수를 줄인다. 향기의 강도, 유지와 마취성 그리고 다른 물리적 효과 모두가 고려되어져야 한다. 시료의 수는 응답자

들이 얼마나 빨리 피곤해지거나 적응되어지는지에 따라서 결정되므로, 만일 시료의 수가 적정지점을 넘어선다면 검사결과는 뛰어난 분별력을 보일 수 없게 된다.

③ 검사자의 경험에 따라 검사물의 수를 고려한다. 일반적으로 훈련된 응답자가 그렇지 않은 경우보다 더 긴 동안의 검사를 감당할 수 있다. 훈련된 패널의 경우 단일시험에 1~3시간이 적당하다. 적당한 '쉼'의 부여는 응답자들이 더 잘 할 수 있게 한다. 그러나 패널은 그들이 예상한 특정한 시간을 초과하면 '시계를 보거나', '낮잠을 자거나' 다음 행동을 계획하게 되어 좋은 데이터를 손상할 수 있다.

④ 검사자의 관심, 흥미, 격려, 동기에 따라 달라질 수 있다.

동기부여도 물리적인 것만큼 중요한 요소로서, 많은 검사에서 응답자들이 분별하려는 욕구를 잃으면 물리적 능력도 마찬가지로 떨어지게 된다.

⑤ 검사방법에 따라 제시되는 시료의 수를 결정한다.

가. 한 가지 형태 또는 한 부류의 생산품의 기호도를 평가할 때는 3~4개의 시료가 가장 적당하다. 만약 패널들이 실험시간이 길어질 것을 예상하고 또 시료 간에 적절한 시간이 주어진다면 좀 더 많이 실험되어질 수도 있다.

나. 아점비교 선호도검사 시에는 3쌍의 시료가 많이 쓰인다.

다. 순위시험은 일반적으로 4~6개의 시료가 제시된다. 너무 많으면 시각적 차이를 제외하곤 경계와 비교하기에 혼란스럽기 때문이다.

라. 훈련된 패널의 한 타입이나 부류의 평가는 제비뽑기로 시간당 2~6개의 시료가 적당하다.

4) 온도와 습도

가능하다면 시료는 보통 소비되는 온도와 습도에서 제시되며 시료는 제품이 일반적으로 섭취되는 온도에서 검사한다.

① 기호도 또는 선호도검사의 경우 일상적으로 섭취되는 온도에서 행한다.

예 뜨거운 음식 : 60~66℃,　　빙과류 : -1~-2℃
　　　식용유 : 45~50℃,　　기타 :　4~10℃

② 검사가 진행되는 동안 모든 시료는 동일한 온도와 습도에서 제공되어야 하며, 식품의 조직감은 습도에 영향을 많이 받고 향기상품은 온도와 습도 모두에 영향을 받으므로 실험 내내 검사실의 온도와 습도는 동일하도록 항온 항습실이 필요하다.

③ 스티로폼, 항온수조, 중탕기 등을 이용하여 시료의 온도를 유지하거나 조절한다.

④ 일정한 온도에서 평가되는 시료의 경우 검사원들은 시간을 엄수하여야 동일한 온도의 시료를 검사할 수 있다.

5) 시료 표시(coding)

① 편견을 유도하지 않는 표시를 사용한다.

예 A, B, C 혹은 1, 2, 3 등은 피한다.

② 보통 난수표를 이용하여 무작위로 세 자리 숫자를 사용한다.

검사 결과를 컴퓨터에 직접 입력하는 경우에는 한 시료에 대해 각 검사요원에게 다른 coding을 사용하기도 한다.

6) 제시 순서

① 한 개 이상의 시료를 검사 할 때 시료의 제시 순서는 검사결과에 매우 큰 영향을 미친다. 응답자는 시료의 특성에 의해서 뿐 아니라 시료의 순서에 따라서 다르게 답하기 때문이다. 시료의 제시 순서에 따라서 시간오류, 대조오류 그리고 위치오류 등이 나타난다. 이러한 오류는 패널의 경험에 따라서 상당히 감소될 수 있으며 이러한 문제의 제어를 위해 시료들을 균형 있게 배치(balanced order)하거나 임의배치(random order)로 제공해야 한다. 균형 있게 제시하는 경우 응답자의 수를 그 모든 조합의 수로 하여 동일한 횟수를 만든다. 또한, 모든 검사동안 같은 숫자로 각각 다른 시료들을 응답자들에게 제공하여 순서의 균형을 맞추며, 이런 특정한 균형

의 맞춤이 불가능하면 무작위로 시료들을 배열한다.

② 대조오류(contrast effect)는 양질의 시료를 먼저 제시하고 저질의 시료를 제시하는 경우 두 번째 시료가 더 낮은(저질의 시료만 제시되는 경우에 비해) 점수를 받게 되며, 저질의 시료를 먼저 받고 양질의 시료를 제시하는 경우에는 두 번째 양질의 시료가 더 높은(양질의 시료만 제시되는 경우에 비해) 점수를 받게 되는 것을 말한다.

위치오류(positional bias)는 삼점검사의 경우 감지하기 어려운 만큼의 작은 차이가 있을 때 세 시료 중 가운데 위치한 시료를 다르다고 하는 경향이다. 따라서 이러한 문제가 발생하는 것을 막기 위해서는 검사물들을 균형 있게 배치하거나 임의의 순서로 배치하여 제시해야 하며, 대조오차로 인하여 두 번째 시료를 선호하거나 더 강하게 느끼는 문제를 해결하기 위해 맛보기 시료(warm-up sample)를 제시함으로써 오류를 감소시키는 방법이 제안되고 있다.

③ 시료제시의 예

- 이점검사에서의 균형된 배치의 예

2개의 검사물 A, B가 있을 때

균형기준 (A와 B 모두)

R(A') - A - B R(A') - B - A

R(B') - A - B R(B') - B - A

동일기준(A)

R(A') - A - B R(A') - B - A

- 삼점검사에서의 균형된 배치의 예

2개의 검사물 A, B가 있을 때 균형이질 시료(A와 B 모두)

A - B - A'　A - A' - B　B - A - A'

B - A - B'　B - B' - A　A - B - B'

동일이질시료(B)

A - B - A'　A - A' - B　B - A - A'

● 순위검사에서의 균형된 배치의 예

3개의 검사물 A, B, C가 있는 경우, 다음과 같은 6개의 조합이 가능.

ABC - ACB - BCA - BAC - CBA - CAB

이 경우, 검사원의 수를 6의 배수로 하여 모든 조합이 동일한 횟수로 제시되도록 한다.

7) 외관과 다른 요소의 배제

외관적 요소는 시료 일관성의 문제이다. 시료의 외관이 평가에 영향을 줄 수 있는 경우에는 불빛을 줄이거나, 색 전구를 쓰거나, 색이 있는 시료 용기를 쓰거나, 색을 첨가하거나, 응답자의 눈을 가리고 평가 할 수 있고, 비슷한 모양으로 시료의 모양을 바꿀 수도 있다. 예를 들어, 형태, 조직감, 구성의 차이는 모든 시료를 섞어서 해결할 수 있다. 그러나 이것은 오직 질문에서 속성에 영향을 미치지 않을 때에 한한다. 혼합, 파쇄기 그리고 다른 파괴적 방법은 조직감이 문제일 때에는 피해야만 하고, 신선한 과일이나 채소 등은 잘려졌을 때 효소들이 나와 풍미가 변할 수 있고 비누 같은 것들도 모양이 바뀌면 마찬가지 문제가 발생하므로 피해야 한다.

8) 검사물 이외의 준비물

① 입가심용 물 : 무색, 무미, 무취의 이온이 제거된 증류수

② 기름기가 많은 음식 혹은 뒷맛이 남는 음식을 평가할 때는 따뜻한 물, 사과, 크래커, 식빵, 레몬워터 등을 시료와 함께 제시하여 시료평가 사이사이에 사용하도록 한다.

9) 일반적인 주의사항들

① 시료에 대한 최소한의 정보제공에 대해 신중히 고려한다. 예를 들면, 양질의 재료로 검사물을 만들었다고 알려주었을 때가 저질의 재료로 만들었다고 알려주었을 때보다 더 높은 점수를 받게 되는 기대오차(expectation error)가 발생될 수 있기 때문이다.

② 검사에 직접 관련된 사람은 검사요원으로서 참가하지 않는다.

③ 검사 전에 향기가 없는 비누를 준비하여 손을 씻도록 한다.

④ 향이 강한 화장품 혹은 입안 세척제의 사용을 금지한다.

⑤ 검사 30분 전에 껌이나 음식물의 섭취를 제한한다.

⑥ 평가 시 평가방법 및 평가속도에 대해 명확히 이해시키고 동일한 방법으로 시료를 맛보도록 설명한다.

⑦ 검사 전 식기 및 용기에 비누냄새가 남아 있지 않는지 확인한다.

⑧ 모든 시료를 동일한 조건으로 제시한다.

예 1) 두 시료의 단맛에 차이가 있는지를 질문했을 때 패널요원은 가능한 모든 면을 고려하여 답을 구하려는 자극오차가 발생할 수 있다. 따라서 시료의 크기, 텍스처와 색 등을 확인하여 차이가 있는지 알고자 하는 특성 이외에는 모든 조건이 동일하게 제시되도록 한다.

예 2) 스낵 제품 중에서 좀 더 노란 색을 가질 경우, 패널 요원은 지방산화와 연관하여 논리적으로 다른 냄새를 찾게 되는 논리적 오차를 얻게 된다. 따라서 원하지 않는 차이는 가리도록 한다.

예 3) 가공제품인 경우에는 차이식별, 묘사분석, 선호도 및 기호도검사 등의 관능검사 방법에 따라서 검사용 시료를 따로 마련해야 한다. 하나의 실험처리 당 시료 간의 차이가 큰 경우 묘사분석을 해야 한다면, 그 시료의 대표적이며 동질적인 시료를 사용하는 것이 바람직하다. 예를 들면, 김치 혹은 마른 오징어 같은 시료는 일정부위를 일정한 크기로 썰어 시료로 사용하는 것이 바람직하다.

관능적 측정에 영향을 주는 요소

관능검사는 개개인의 주관적 감성에 의존하여 식품의 품질을 평가하므로 실험 방법과 검사 환경의 제어, 패널의 선택 등에서 발생하는 많은 문제점을 세심하게 조절하고 통제하지 않는다면 분석 결과의 신뢰성이 없으며 객관적인 검사 결과를 얻을 수 없다. 따라서 목적에 맞추어 객관적이고 과학적인 분석결과를 얻으려면 검사과정에 발생되어 품질 평가에 영향을 미치는 다음의 다양한 요인에 대한 자세한 이해가 필요하다.

1. 자세(Attitudinal factors)

식품의 품질을 평가하는 데 있어 다음과 같은 패널의 자세가 평가에 영향을 준다.

1) 분석적 대 합성적

분석적 관찰자는 세부적인 것에 집중하여 전체적인 것을 간과하며,

합성적 관찰자는 반대로 종합적으로 전체를 보지만 세부적인 사항은 간과하는 경향이 있다. 기호도검사가 합성적이라면 차이식별검사는 분석적이라고 할 수 있다.

2) 객관적 대 주관적

객관적 검사자는 세부사항을 면밀히 검사하지만 주관적 검사자는 세밀한 검사보다는 자신의 주관을 개입하여 넓게 관찰하고 주관적으로 해석하려 한다.

3) 능동적 대 수동적

능동적인 사람은 합리적인 데 비하여 수동적인 검사자는 시행착오적이며 즉흥적이다.

4) 자신감 대 조심성

자신감이 있는 패널은 전체를 빨리 보고 판단하며 실제로 본 것보다 더 자세히 보고하려 하여 차이가 없음에도 있다고 판단하는 오류(1종 오류)를 범할 가능성이 있다. 그러나 소심한 성격의 패널은 본 것에 대하여도 보고하기를 꺼리므로 실제 있는 차이를 간과하는 오류(2종 오류)를 범하기 쉽다.

5) 색깔 반응자 대 형태 반응자

어떤 사람은 형태에 앞서 색깔에 먼저 반응을 나타낸다. 색깔 반응자는 쿠키의 퍼짐 정도를 비교할 때 쿠키의 크기를 비교하기 전에 색으로 퍼짐의 정도를 판단하여 색이 연하면 더 많이 퍼졌다고 판단한다.

6) 시각 대 촉각

시각에 더 민감한 사람은 관능평가에서 촉각보다는 시각을 통해 먼저 제품을 평가하고, 반대로 촉각 반응자는 조직감에 주로 반응을 보인다.

2. 동기(Motivation)

관능검사에 임하는 동기는 관능적 감지에 영향을 미친다. 검사에 대한 동기가 높을수록 자극에 대한 민감도가 높아지기 때문에, 검사를 위한 훈련기간이 단축되고 검사물에 대해 민감하게 반응하므로 검사의 효율성이 높아진다. 따라서 성공적인 관능검사를 위하여 패널요원들이 관심을 갖고 참여할 수 있도록 노력해야 한다. 일반적으로 인체의 욕구를 만족시킬 수 있는 자극에 대해서는 보다 민감하므로 패널요원에게 특별한 보상을 함으로써 동기를 높일 수 있다.

3. 판단시의 심리적 오차 (Psychological errors in judgement)

1) 기대 오차 (expectation error)

시료를 평가 할 때 처음부터 차이가 있을 것이라고 판단하여 나타나는 오차.

예 어떤 시료가 양질의 시료를 사용하여 만들어 졌다고 알려지면 검사원들은 그 시료에 대해 그렇지 않은 경우에 비해 바람직한 특성들에 더 높은 점수를 주게 되는 오차이다.

예 유효기간이 지난 시료를 패널요원들에게 알리고 실험하면 변질되지 않은 식품이라도 그 시료에서 이취가 난다고 답하는 경우이다.

2) 습관 오차 (error of habituation)

자극이 계속 증가 또는 감소함에도 불구하고 동일자극으로 인지하는 오차.

예 계속 똑같은 시료를 주다가 새로운 시료를 제공했을 때 다른 요인을 인지하지 못하고 똑같은 점수를 주는 경우이다.

3) 자극 오차 (stimulus error)

시료 자체에는 차이가 없으나 용기, 절차, 기타 조건이 시료 간에 다르면 차이가 있다고 잘못 판단하는 오차.

예 Screw-capped 병에 든 포도주가 코르크 병에 든 포도주보다 등급이 떨어진다고 판단하는 경우이다.

4) 논리 오차 (logical error)

검사원들이 시료 간의 차이를 잘 인식하지 못하는 경우 두 가지 품질특성이 논리적으로 관련이 있다고 생각하여 평가특성과는 관련이 없는 특성만으로 시료를 평가하는 오차.

예 색깔이 진한 맥주일수록 향미가 더 좋을 거라고 평가하는 경우 또는 색깔이 진한 마요네즈일수록 더 향미가 안정적일 거라고 평가하는 경우이다.

5) 성상 효과 (halo effect)

시료에 대해서 낮은(높은) 견해를 가진 패널은 낮은(높은) 점수를 주려는 경향.

예 한국산 포도주와 프랑스산 포도주의 향미 비교검사를 알리고 관능검 사 시 한국산은 낮은 점수를 주려고 하고 프랑스산은 높은 점수를 주려고 하는 경우이다.

6) 순위, 시간, 위치, 오차 (odor errors / time error / positional bias)

시료의 제시 순서나 제시 위치에 따라 발생하는 오차.

검사물들 간의 차이가 적은 경우 삼점검사에서 3개의 검사물 중 1개의 이질적인 검사물을 채택하는 것이 아니라 가운데 검사물을 채택하려는 오차.

예 단시간의 테스트에서 배고픈 사람 또는 목마른 사람들에게는 첫 번째로 제시되는 시료가 가장 좋다고 평가하는 경우이다.

7) 대조 효과(contrast effect)

강도가 큰 시료 다음에 검사하는 시료는 그렇지 않은 경우에 비해 더 적은 값을 얻게 되는 효과.

예 C→A→B 샘플 농도 순으로 관능검사 시 C의 농도가 너무 커서 상대적으로 A의 농도가 B의 농도보다 약한 것처럼 느껴지는 현상이다.

8) 그룹 효과(group effect)

시료가 하나 제시될 때보다는 그룹으로 제시될 때 대조특성이 더 뚜렷하게 평가되는 효과.

예 많은 향미 성분이 혼합된 제품이 더 향미가 좋다고 평가하는 경우이다.

9) 경향 효과(pattern effect)

시료가 제시되는 순서나 방법이 반복될 경우 패널요원들이 그것을 빨리 인지할 때 발생할 수 있는 효과.

예 향미가 좋은 샘플이 매번 뒤에 제시될 때 일반적으로 나중에 제시되는 시료의 향미가 더 좋다고 평가하는 경우이다.

10) 중앙경향 오차(error of central tendency)

제품을 평가하는 사람이 가장 낮은 점수와 높은 점수는 피하고 척도의 중간 부분의 점수를 채택하는 경향.

예 다음에 제시될 감자칩은 더 산패된 것일 거라고 예상하기 때문에 극도로 산패된 감자칩의 점수를 적절하다고 체크하는 경우이다.

11) 상호제안 오차 (mutual suggestion)

다른 패널의 반응에 의해 영향을 받는 오차.

예 패널요원들이 다른 사람의 반응에 의해 머리가 혼란스러워져서 테스트를 더 길게 또는 짧게 마치는 경우이다.

12) 동기결여 오차 (lack of motivation)

패널들이 평상시보다 주의를 덜 기울이거나 또는 다른 패널들에게 주의를 덜 기울이므로 발생하는 오차.

예 자기가 원해서 실험에 참여한 것이 아니라 당위적으로 실험에 참여한 경우 적당한 차이와 적정 용어를 발견하지 못하고, 똑같은 점수만 되풀이하는 경우이다.

13) 성격 오차 (적극성과 소심함, capriciousness versus timidity)

패널의 성격에 따라 매겨지는 점수의 범위가 달라지는 오차.

예 점수가 극단에만 몰리는 패널이 있는가 하면 점수가 아주 적은 폭으로 한곳에만 몰려 있는 경우이다.

14) 근사 오차 (proximity errors)

근사한 품질 특성이 그렇지 않은 특성에 비해 유사하게 평가되는 오차.

15) 연상 오차 (association errors)

과거의 인상을 반복하는 경향에서 발생하는 오차로 자극에 대한 반응이 과거 연상 때문에 감소하거나 증가하는 현상이다.

16) 제1종 오차 (errors of the first kind)와 제2종 오차(errors of the second kind)

실제로 존재하지 않는 자극을 존재하는 것처럼 느끼는 오차를 1종 오차라 하고 존재하는 자극을 감지하지 못하는 오차를 2종 오차라 한다.

표 7-1 관능검사에 영향을 주는 요인들

Factors	정 의	예
1. 둔화(Adaptation)	계속된 자극에 노출됨으로써 주어진 자극에 대한 민감도가 변하거나 떨어지는 현상.	청량음료를 맛 본 패널에게 그보다 덜 단 음료수가 제공되면 그 단맛에 적절한 점수를 주지 못하는 것.
2. 교차적응 (Cross-adaptation)	이전에 노출된 자극이 다른 물질에 영향을 주는 현상.	다른 단맛 물질에 노출된 후 설탕의 단맛에 둔감해 지는 것.
3. 교차강화 (Cross-potentiation)	다른 향미 물질에 노출된 것이 다른 물질의 관능검사 시 도움이 되는 현상.	신맛 사탕을 먹은 다음 단맛 사탕을 먹었을 때 그 단맛을 더욱 강하게 느끼는 것.
4. 강화(Enhancement)	현존하는 다른 물질이 한 특정 물질의 강도를 높여 주는 현상.	Amyl alcohols는 phenylethanol의 rose flavor의 인지를 강화시켜 줌.
5. 상승(Synergy)	화합물에서 두 가지 이상의 물질의 강도가 동시에 증가하는 현상.	핵산과 MSG의 혼합물에서 감칠맛이 강화되는 것.
6. 침강(Suppression)	현존하는 다른 물질이 한 특정 물질의 강도를 줄여 주는 현상.	단맛은 쓴맛 또는 신맛을 낮추거나 가려 주는 역할.

척도 (Scaling)

평가의 척도는 반응에 대한 강도를 나타내는 값을 정할 수 있는 방법들을 말한다. 따라서 제품의 특징이나 속성에 따라서 실험목적에 부합하고 사용하기 편리하여야 하며, 평가 시 편견을 주지 않는 척도를 선택해야 한다. 또한 차이의 식별에 민감하며 다양한 통계적 분석이 가능한 척도를 고르도록 한다. 척도가 반드시 숫자로 표시될 필요는 없고, 응답자들이 자신의 관점을 분명히 하기 위해 표시선 또는 강도나 순서를 측정하는 다른 방법들을 사용할 수 있다. 숫자로 표시되지 않는 척도들도 보통 통계적 분석 결과의 처리와 분석단계에서 수치로 변형된다.

1. 척도의 종류

일반적으로 척도는 크게 분류나 명목을 위한 명목(nominal)척도, 순서나 순위를 측정하기 위한 서수(ordinal)척도, 척도 간의 간격이 일정하다고 가정하여 특성의 차이나 기호를 측정하는 간격(interval)척도, 두 특정 점 간의 비율의 동일성이나 크기추정을 위한 비율(ratio)척도의 4가지로 구분한다.

1) 명목척도 (nominal scale)

명목척도는 자료나 지각의 종류를 카테고리로 설명하며 카테고리 간의 크기 관계는 나타내지 않는다. 명목척도는 응답자들의 카테고리(예를 들어, 성별, 연령 또는 소속 등)를 알기 위해 사용되는 것으로 이 카테고리들은 우열이 주어지지 않는다. 그러나 명목척도를 이용하면 제품에 특정 속성이 있는지 알아볼 수도 있다. 비록 척도로 분류되어 있지만 어떤 사람들은 명목자료들을 척도측정으로 분류하지 않기도 한다. "이 제품의 어떤 점을 좋아하십니까?"라고 물어 좋은 점을 얻는 것도 명목척도이며 분석은 백분율과 빈도 등으로 할 수 있다.

이름 : 날짜 :

집에서 자주 먹는 반찬은 무엇입니까? 해당하는 것을 모두 표시하여 주십시오.

장조림 ( )	멸치조림 ( )	김치 ( )
깻잎 ( )	김구이 ( )	콩나물 ( )
김치찌개( )	된장찌개 ( )	달걀찜 ( )
두부구이( )	젓갈 ( )	콩나물국( )
기타( )		

의견 :

수고하셨습니다.

그림 8-1 명목척도 예 1

2) 서수척도(ordinal scale)

서수척도는 수나 단어를 '최고'에서 '최저' 혹은 '가장 많은'에서 '가장 적은'의 기준으로 나타내는 척도로서 순위법에서 가장 많이 이용된다. 순위법은 시료 특성의 순위는 알 수 있으나 특성이 얼마나 다른지는 알 수 없는 제한점이 있으므로 특성들의 차이가 얼마나 큰지 작은지 등을 순위와 함께 평가할 때에는 순위법과 평점법(rating scale)을 병행할 수 있다.

〈순위법〉

이름 : **날짜 :**

다음 세트에서 가장 매운맛 시료에 1순위, 가장 매운 정도가 낮은 시료에 5순위가 되도록 순위를 정하여 주시오.

	758	841	295	284	318
가장 매운 순서	___	___	___	___	___

수고하셨습니다.

그림 8-2 서수척도의 예 1

〈순위법과 평점법의 병행 1〉

이름 : **날짜 :**

다음 시료의 특성을 잘 설명하는 곳에 표시해 주십시오.

맛의 강도		시료	
		486	823
		맛	맛
없음(none)	10		
약함(slight)	9		
	8		
보통(moderate)	7		
	6		
강한(strong)	5		
	4		
	3		
극히 심한(extreme)	2		
	1		

그림 8-3 서수척도의 예 2

〈순위법과 평점법의 병행 2〉

이름 : **날짜 :**

다음 486과 823 시료의 특성에 해당하는 네모에 √표하여 주십시오.

특성 A : □ □ □ □ □ □ □ □ □
밝은 ← → 어두운

특성 B : □ □ □ □ □ □ □ □ □
약한 ← → 강한

그림 8-4 서수척도의 예 3

3) 간격척도(interval scale)

간격척도는 제품 특성의 강도를 나타내는 연속적인 균일한 간격으로 구성된다. 임의적으로 간격척도는 흔히 0 또는 1로 시작하여 특성의 강도나 정도가 커지면 숫자가 커지도록 한다. 간격척도는 척도 내에 반응의 크기를 표시 할 수 있도록 고점, 저점, 때로는 중간점에 표시 할 수 있어 서수척도처럼 반응에 대한 특성의 순위뿐 아니라 특성들의 차이의 정도가 어느 정도인지도 측정이 가능하다. 간격척도는 묘사분석에서 특성의 강도측정과 기호도 조사 등에서 광범위하게 이용된다. 평점법은 구간척도(structured scale)라고도 하는 항목척도(category scale)와 선척도(line scale) 등을 포함한다. 항목척도에는 3, 5, 7, 9 및 11점 만점의 채점법(scoring)이 많이 쓰이며 대부분 차이식별을 취해 7점 이상을 사용한다.

성격상 간격척도 혹은 비율척도인 모든 평점척도(rating scale) 측정방법은 응답자에게 분석할 수 있는 필요 충분한 정보를 제공하고 크기의 정도와 순서를 나타낸다. 자극이 주어지면 응답자는 각 제품이 지니고 있는 특정한 속성의 양 또는 강도를 반영하는 척도가치를 지정하며, 명목척도나 순위척도와는 달리 제품이 지닌 특성의 강도를 나타낸다.

평점법은 결과 해석 시 척도의 눈금간격이 동일하고 정상분포를 하고 있다면 모수적 방법으로 통계처리 가능하며 평균, t-검정, 분산분석 등을 실시할 수 있다. 선척도(line scale)는 비구간척도(unstructured scale)로, 선으로 도식화한 척도(graphic scale)이며, 대개 15cm 또는 6inch의 직선 상에서 인지하는 강도만큼을 표시하게 하는 방법이다. 표시된 지점까지 자로 재서 점수(15점, 150점 또는 10점, 100점)로 환산하여 분석에 사용한다. 분석은 모수적 통계가정에 크게 어긋나지 않기 때문에 무리 없이 평가점수에 대하여 분산분석을 하여 유의성을 검정하고 시료들 간의 다중비교 분석을 한다.

이름 : 날짜 :

구획	단어구획척도(1)	단어구획척도(2)	단어구획척도(3)
1	대단히 약한(extremely weak)	없다(none)	없다(none)
2	매우 약한(very weak)	겨우 인지(just detectable)	겨우 인지(threshold)
3	보통 약한(moderately weak)	아주 약함(very mild)	아주 약함(very slight)
4	약간 약한(slightly weak)	약함(mild)	약함(slight)
5	약하지도 강하지도 않은 (neither weak nor strong)	약함-분명함(mild distinct)	약함-보통(slight-moderate)
6	약간 강한(slightly strong)	분명함(distinct)	보통(moderate)
7	보통 강한(moderately strong)	분명함-강함(distinct-strong)	보통 강함(moderate-strong)
8	매우 강한(very strong)	강함(strong)	강함 강함(strong)
9	대단히 강한(extremely strong)	매우 강함(very strong)	매우 강함(very strong)

그림 8-5 단어구획척도

이름 : **날짜 :**

제시된 시료를 왼쪽부터 맛보고 시료의 강도에 대해 평가하시오.

시료의 번호 :	758	841	295	284
1 감지 불가능하다.	____	____	____	____
2	____	____	____	____
3 약하게 감지할 수 있다.	____	____	____	____
4	____	____	____	____
5 보통 감지할 수 있다.	____	____	____	____
6	____	____	____	____
7 강하게 감지할 수 있다.	____	____	____	____
8	____	____	____	____
9 극도로 강하게 감지할 수 있다.	____	____	____	____

그림 8-6 평점법

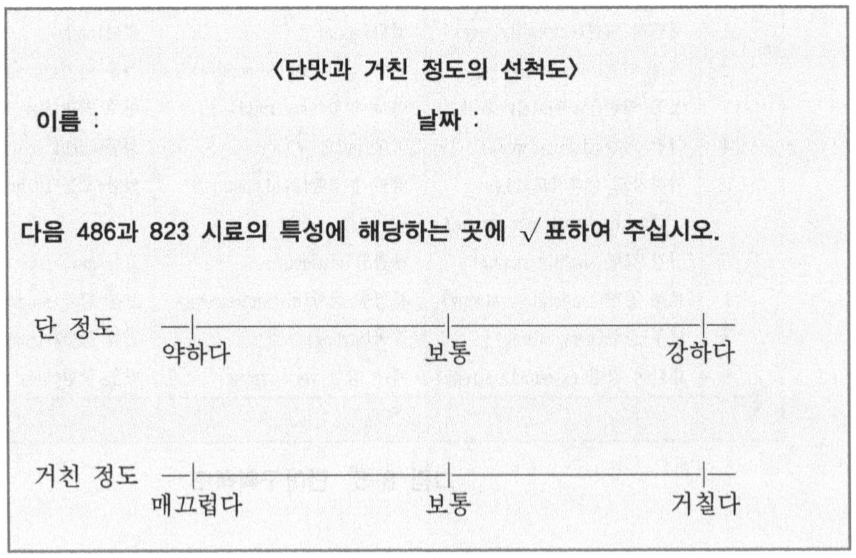
〈단맛과 거친 정도의 선척도〉

이름 : **날짜 :**

다음 486과 823 시료의 특성에 해당하는 곳에 √표하여 주십시오.

단 정도 —|————————|————————|—
약하다 보통 강하다

거친 정도 —|————————|————————|—
매끄럽다 보통 거칠다

그림 8-7 선척도의 예

4) 비율척도(ratio scale)

비율 자료(크기 혹은 정도를 추정하는 것이 가장 보편적임)들은 반응의 정도를 나타내며 두 개 이상의 반응에 대한 상대적 비율관계를 구체적으로 보여주는데, 제품 간의 비율적 차이를 반영하는 숫자(또는 다른 치수)가 지정된다. 비율척도 중에 가장 많이 쓰는 척도는 크기추정척도(magnitude estimation)이다. 크기추정척도는 다음에 자세히 설명하였다.

2. 특정 목적을 위한 척도

모든 척도는 위의 4가지 분류 영역에 다 속하나 어떤 척도들은 특정한 목적에 대해 고유의 척도이름으로 더 많이 사용된다. 이같은 경우는 척도 사용이 쉽거나 인지도 혹은 습관적으로 사용되는 경우이다.

1) 9점 기호척도(hedonic scale)

정량적 기호도검사에서는 9점 기호척도가 가장 많이 이용되며 영어로 헤도닉 스케일(hedonic scale)이라고 더 많이 부른다. 기호도검사는 최소한 30인 이상 반복하지 않고 소비자를 대상으로 실시한다. 분석은 분산분석을 이용하여 시료 간의 유의성 검정을 한다.

이름 : **날짜 :**

시료에 대한 느낌을 가장 잘 표현하는 곳에 √ 표하여 주십시오.

	758	841	295	284
대단히 싫다(dislike extremely)	____	____	____	____
매우 싫다(dislike very much)	____	____	____	____
보통 싫다(dislike moderately)	____	____	____	____
약간 싫다(dislike slightly)	____	____	____	____
좋지도 싫지도 않다(neither like nor dislike)	____	____	____	____
약간 좋다(like slightly)	____	____	____	____
보통 좋다(like moderately)	____	____	____	____
매우 좋다(like very much)	____	____	____	____
대단히 좋다(like extremely)	____	____	____	____

그림 8-8 9점 기호척도의 예

2) 얼굴척도(face scale)

얼굴척도는 도식화한 척도(graphic scale)이며 이 척도는 주로 어린이들이나 이해도에 제한이 있는 패널을 대상으로 기호도검사를 할 때 사용한다. 얼굴척도(face scales)는 그 얼굴이 표현하는 묘사 용어와 같이 이용하기도 한다.

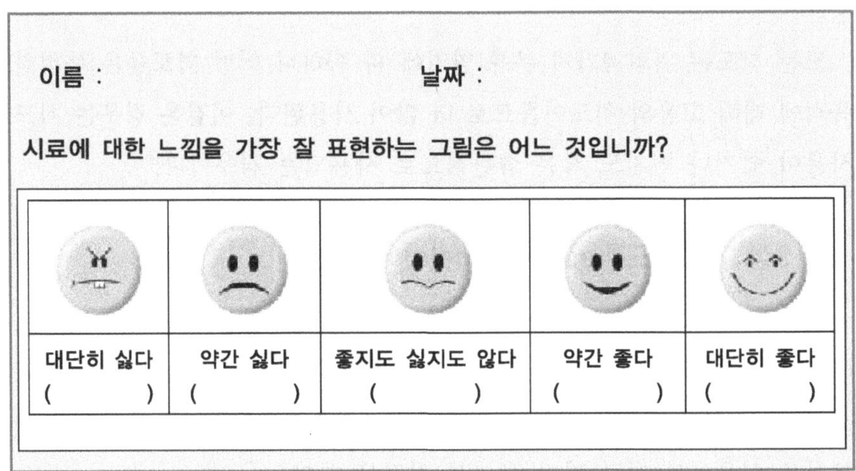

이름 :　　　　　　　　날짜 :

시료에 대한 느낌을 가장 잘 표현하는 그림은 어느 것입니까?

대단히 싫다	약간 싫다	좋지도 싫지도 않다	약간 좋다	대단히 좋다
(　　)	(　　)	(　　)	(　　)	(　　)

그림 8-9 얼굴척도

3) 크기추정척도(magnitude estimation)

크기추정척도는 평점척도(rating scale)의 특수한 형태로, 비교되는 시료의 특성강도가 대조 시료군 시료의 특성강도보다 몇 배인지를 측정하는 척도이다.

크기추정척도에서, 응답자들은 특정 감각 속성의 정도에 비율 원리를 사용해 숫자를 지정하도록 한다. 예를 들어, 냄새의 강도를 추정하기 위해 패널요원은 그들이 맡고 있는 냄새가 전의 냄새보다 강도가 두 배 크다면 두 배 크기의 숫자를, 시료의 냄새 강도가 기준시료의 절반 정도이면 절반 크기의 숫자를 적도록 지시를 받게 되는데, 이 방법을 교육하기 위해 기하학적인 도형의 면적과 단어 리스트의 상대적 크기 정도를 추정하는 연습을 한다.

기준시료의 비율은 평가표에 주어질 수도, 주어지지 않을 수도 있으므로, 이는 시험되는 제품의 특성을 기초로 해서 조사자가 정해야 한다.

크기추정척도는 패널요원들이 첫 번째 시료에 어떤 적당한 값(예를 들어, 30에서 50 사이)을 부여하도록 지시를 받는다. 그 다음에 기준시료와 비교해서 각각의 비교시료들의 강도의 크기를 비례 배율로써 평가한다.

일반적으로 크기추정척도 자료들은 로그형식으로 표준화하여 분석한다. 따라서 로그가 0 또는 음수를 가질 수 없기 때문에 패널요원들은 0이나 음수를 이용하지 않도록 훈련한다. 자료 분석은 결과를 재 척도화(re-scaling)하여 분산 분석할 수 있다.

이름 : **날짜 :**

기준시료를 맛보고 단맛에 100점을 주십시오. 다음 시료를 맛보고 단맛의 비율을 괄호에 적어 주십시오. 단, 0이나 음수를 사용할 수 없습니다.

기준시료(486) : 100
비교시료(365) : ( )
비교시료(792) : ( )

의견 :

감사합니다.

그림 8-10 크기추정척도 1

이름 : **날짜 :**

기준시료를 맛보고 단맛에 점수를 주십시오. 다음 시료를 맛보고 단맛의 비율을 적어 주십시오. 단, 0이나 음수를 사용할 수 없습니다.

기준시료 (486) :
비교시료 (365) : ( )
비교시료 (792) : ( )

의견 :

감사합니다.

그림 8-11 크기추정척도 2

크기추정척도에 대한 데이터는 과정을 "정상화(normalization)" 한다는 표현을 쓴다. 그러나 정상화라는 용어는 통계에서 사용이 되며, 국제적으로는 "표준화(standardization)"이다. 비슷한 말로 사용이 되므로 이러한 문제를 피하기 위해 "재척도화(re-scaling)"라는 용어를 활용할 것을 권장한다.

크기추정척도는 대부분의 다른 평점법 방법들보다 척도의 양끝점수 효과(end effects)나 범위-빈도 효과(range-frequency effects) 등에 덜 민감하다. 양끝점수 효과는 두 가지 현상을 의미하는데, 첫째는 응답자들이 극단적인 항목들을 피하는 것이며, 둘째는 응답(반응)이 척도의 한끝으로 비스듬해지는 것이다. 범위-빈도 효과는 응답자들이 모든 가능한 항목에 고르게 대답을 하려는 경향을 말한다.

4) 적당한 정도 척도 (Just-About-Right Scaling : JAR Scale)

적당한 정도(JAR) 척도는 제품 속성의 개선점을 찾아내기 위해 대규모 소비자검사를 위한 마케팅 조사에 주로 사용된다. 이 척도는 항목이 세 개나 다섯 개 있는 척도로 주로 사용이 되며, 패널 크기가 백 이상인 소비자검사에 유용한 척도이다. 이 척도는 제품 특성의 작은 차이점을 알아내는 데는 한계가 있으나 품질검사의 합격, 불합격 등 제품의 길잡이로서 유용하게 이용될 수 있다.

JAR 척도에서 소비자들은 제품의 특성이 적당한지를, 너무 약한지 강한지, 너무 적은지 많은지, 너무 밝은지 어두운지 등의 "반대" 개념들을 통해서 평가하며, 이 척도는 선호도와 같이 보통 다른 제품에 대한 질문을 하기 위한 실험의 일부분으로 활용된다. 척도 상에서 '적당한 정도(just-about-right)'는 가운데, 그리고 너무 약함 또는 너무 강함과 같은 특성 항목이 같은 수로 양쪽 옆에 표시되어 있다.

결과는 특성의 적당함을 중심으로 양분되는 척도이므로, 각 항목에 대한 백분율로 분석하는 것이 가장 일반적이다. JAR 척도를 자주 사용하여

품질 관리를 하면, 3항목과 5항목 척도에서 JAR의 비율이 최소 몇 퍼센트이면 제품의 특성이나 품질을 수용할 것인지를 자체적으로 확립할 수 있다. 보통 회사들은 품질관리에서 JAR 척도 이용 시 척도가 3항목으로 나뉘었을 때 JAR 항목이 최소한 70% 이상이 되면 그 제품의 품질이나 특성을 수용하도록 한다. JAR 항목이 최소 수준을 만족하지 못하였을 때에는 JAR 항목과 그 외 항목에 대해 카이스퀘어 분석을 할 수 있다. JAR 척도의 예 1에서 3항목과 5항목을 한꺼번에 보여준 것은 편의상 두 가지 방법의 예를 한꺼번에 들어 본 것이며, 하나의 척도표에 두 가지 JAR 척도를 한꺼번에 이용하지 않는다.

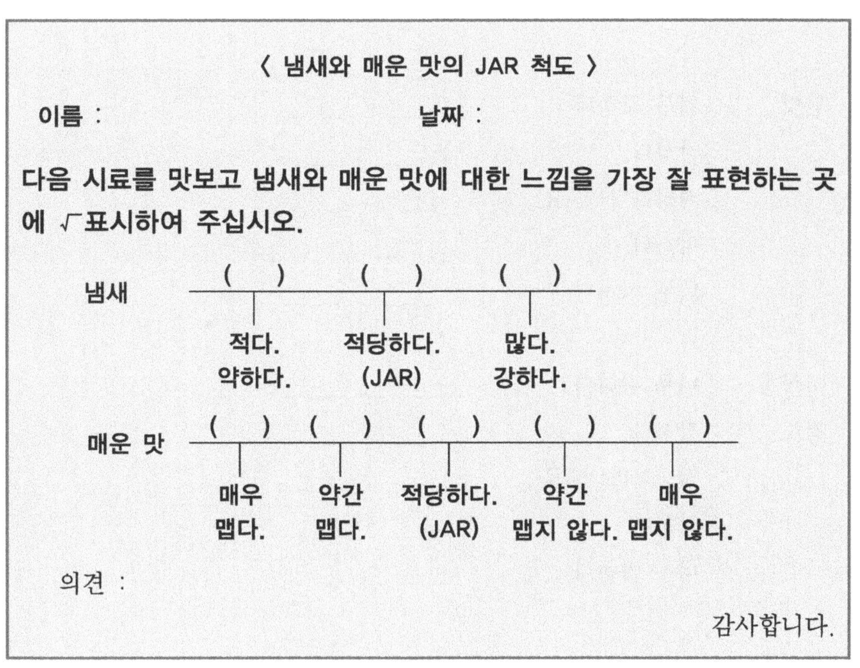

〈 냄새와 매운 맛의 JAR 척도 〉

이름 : 날짜 :

다음 시료를 맛보고 냄새와 매운 맛에 대한 느낌을 가장 잘 표현하는 곳에 √표시하여 주십시오.

냄새 ( ) ( ) ( )

적다. 약하다. / 적당하다. (JAR) / 많다. 강하다.

매운 맛 ( ) ( ) ( ) ( ) ( )

매우 맵다. / 약간 맵다. / 적당하다. (JAR) / 약간 맵지 않다. / 매우 맵지 않다.

의견 :

감사합니다.

그림 8-12 JAR 척도 1

▸ 골디락척도(Goldilock scale)

적당한 정도 척도는 골디락척도라고도 한다.

골디락은 '골디락과 세 마리 곰' 이라는 동화에 나오는 금발머리 여자 어린이이다. 곰들이 집을 비웠을 때 곰들의 집에 우연히 들어간 골디락은 아빠 곰, 엄마 곰, 아기 곰의 죽, 의자 및 침대들을 각각 사용하면서 자신이 가장 적당하다고 생각하는 아기 곰의 것을 이용하였다. 이 동화를 빗대어 적당한 정도 척도를 골디락척도라고도 하게 되었다.

〈 단맛과 아삭한 정도의 JAR 척도 〉

이름 : 　　　　　　　　**날짜 :**

		957	673
단맛	너무 강하다.	____	____
	강하다.	____	____
	적당하다(JAR).	____	____
	약하다.	____	____
	너무 약하다.	____	____
아삭한	너무 강하다.	____	____
정도	강하다.	____	____
	적당하다(JAR).	____	____
	약하다.	____	____
	너무 약하다.	____	____

의견 :

감사합니다.

그림 8-13 JAR 척도 2

예 실험의 목적은 두 속성(단맛의 정도, 아삭거리는 정도)의 수준이 어느 제품(A-자사 또는 B-경쟁사)에 더 적합한지를 판단하고자 한다. 그리고 자사제품에 적당하지 않으면 강도를 바꾸기 위해 어느 방향으로 가야 하는지를 제시하도록 한다. 실험 방법으로 적당한 정도 척도(JAR scale)가 선택된 이유는 두 속성 강도의 차이를 쉽게 판단하기 위해서이다. 3 항목의 JAR scale이 사용이 되었고 결과는 백 명의 소비자로부터 얻었다.

표 8-1 JAR 척도의 이용 결과

	scale	제품 A(%)	제품 B(%)
단맛 (sweetness)	너무 달다(too sweet) 적당하다(JAR) 덜 달다(not sweet enough)	3 81 17	11 64 25
아삭한 정도 (crunchness)	너무 아삭하다(too crunch) 적당하다(JAR) 덜 아삭하다(not crunch enough)	42 47 11	3 86 11
계		100	100

· 조사 결과에 의하면 응답자의 더 큰 비율이 제품 A의 단맛 정도가 제품 B의 것보다 더 적절하다고 보았다. 아삭한 정도의 경우 제품 B의 아삭한 정도가 제품 A보다 적절하였으며, 제품 A는 아삭한 정도가 크다고 평가하였다.

이 결과에 기초하여, 제품 A의 단맛에 영향을 주지 않으면서 아삭한 정도를 줄일 수 있는 방안을 계속 연구할 것을 제안한다.

차이식별검사

Discriminative Test

차이식별검사는 제품의 특징이나 품질의 차이를 조사하거나, 차이식별검사를 위한 패널요원을 선정하는 데 사용된다. 식별검사가 기존 제품의 품질 개선에 사용될 경우에는 바람직하나, 단순히 값싼 재료로 바꾸기 위해 사용될 경우엔 옳지 못하다. 이 검사는 민감도가 높은 방법으로 차이점들이 아주 적을 때 사용된다.

1. 차이식별검사 개요

검사물들 간의 차이를 분석적으로 검사하는 방법으로 실험의 예민도(sensitivity)가 요구된다. 따라서 패널들의 훈련이 필요하며 기호도가 개입되지 않아야 한다. 차이식별검사는 다시 종합적 차이검사(Overall difference test)와 특성차이검사(attribute difference test)로 나뉘어 진다.

1) 종합적 차이검사

두 개의 검사물들 간에 전체적인 차이의 유무를 조사하기 위하여 사용되며 특정 성질의 차이를 조사하기 위해서는 사용될 수 없다.

(1) 종 류

삼점검사(triangle test), 일-이점검사(duo-trio test), 단순차이검사(simple difference test), A-not A검사(A-not A test), 다표준시료검사 (multiple standard test) 등이 있다.

(2) 용 도

처리 효과(재료, 가공, 포장 또는 저장조건)에 따른 제품의 변화 유무를 조사하기 위하여 사용되며, 특히 한두 가지 특성을 조사하는 것만으로 변화를 규정짓기 어려울 때 사용된다.

2) 특성차이검사

두 개나 그 이상의 검사물이 조사하고자 하는 특성에 있어서 어떻게 다른지 조사하기 위하여 사용된다.

(1) 종 류

이점비교검사(paired comparison test), 3점강제선택차이검사(3-Alternative Forced Choice Test : 3-AFC test), 순위법(ranking test), 평점법(rating), 채점법(scoring) 등이 있다.

(2) 용 도

제품개발이나 품질 관리 시 특정 요인의 변화로 관심 있는 특성에 있어서 어떤 변화가 발생하는지, 즉 어느 제품에 있어서 그 특성이 더 강한지 또는 얼마나 더 강한지 조사하기 위하여 사용된다.

2. 차이식별검사 방법

1) 종합적 차이식별검사

(1) 삼점검사(triangle test)

삼점검사는 세 개의 시료(동일한 두 개의 시료와 서로 다른 한 개의 시료)를 동시에 또는 연달아 제시하여 패널요원에게 다른 시료(홀수시료)를 선택하도록 지시한다. 삼점검사는 차이점이 적을 때 응답자들이 틀린 답을 선택할 확률이 이점비교검사나 일-이점검사의 1/2 확률보다 적어 1/3 확률 통계적으로 유리하다.

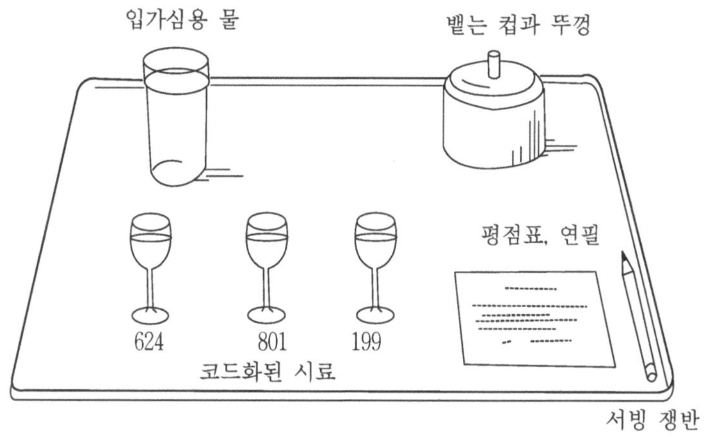

그림 9-1 삼점검사법의 제시 예

삼점검사는 종합적 차이검사 중에서 비교적 정확하게 차이를 식별한다고 인정되어 가장 많이 쓰이는 검사방법이다. 원리는 세 개의 시료 중 두 시료는 같은 것이고 한 시료는 다른 것으로 이것을 홀수 시료라고 하고 이 홀수 시료를 선택하도록 한다. 패널요원은 검사방법과 제품에 대해 익숙한 사람으로 일반적으로 20~40명이 동원되나, 차이가 큰 경우에는 12명 정도, 차이가 적은 경우에는 50~100명이 동원되며, 반복을 통해 응답 수를 증가시키기도 한다.

진행 시 제공될 수 있는 시료의 조합은 6가지(A-A-B, A-B-A, B-A-A, B-B-A, B-A-B, A-B-B)이며, 위치 및 순위 오차를 제거하기 위하여 무작위로 배치하거나 균형 되게 배치하여 각 패널 요원에게 제공된다. 패널요원은 왼쪽부터 순서대로 맛을 본 후 세 시료 중 다른 한 시료를 찾아낸다.

감각의 둔화현상을 고려하여 한 번의 평가에 4 set 이하(총 12시료)를 포함하는 것이 바람직하며, 패널요원이 반복하여 동일한 시료들을 평가하는 경우 매번 제시되는 시료의 번호를 변경해야 한다. 사용하는 검사표의 예는 다음과 같다.

이름 : **날짜 :**

다음 각 세트에서 3개 중 2개는 같고 하나는 다른 시료입니다. 다른 시료의 해당 번호를 골라 오른쪽 괄호에 표시하여 주십시오.

세트	시료번호	시료번호	시료번호
1	758 (　　)	841 (　　)	295 (　　)
2	284 (　　)	318 (　　)	651 (　　)
3	872 (　　)	305 (　　)	646 (　　)

의견 :

수고하셨습니다.

그림 9-2 삼점검사표 1

이름 : 날짜 :

먼저 시료의 왼쪽에서 오른쪽으로 제시된 순서대로 시료번호라고 표시된 곳에 시료의 번호를 적어 주십시오.
제시된 3개의 시료 중 2개는 같고 하나는 다른 시료입니다. 다른 시료를 골라 번호의 오른쪽에 ○표 하십시오.

세트	시료번호	시료번호	시료번호
1	( ) ______	( ) ______	( ) ______
2	( ) ______	( ) ______	( ) ______
3	( ) ______	( ) ______	( ) ______
4	( ) ______	( ) ______	( ) ______

의견 :

수고하셨습니다.

그림 9-3 삼점검사표 2

통계분석은 삼점검사에서 우연히 맞힐 확률이 1/3이라는 데 근거하여 작성된 통계표(부록 표 F)에서 전체 응답 수에 대한 정답 수를 비교하여 분석한다.

예 1 : 기존 제품(A)과 신제품(B) 간의 차이를 알아보기 위하여 60명의 패널을 동원하여 삼점검사를 실시하였다. 결과는 다음과 같다.

표 9-1 삼점검사 결과 1

제시순서	답	제시된 수
AAB	1 2 7	10
ABA	3 4 3	10
BAA	6 3 1	10
ABB	6 2 2	10
BAB	3 3 4	10
BBA	4 3 3	10
계		60

정답 수 : 7+4+6+6+3+3=29. (부록 표 F)에서 유의적 차이를 표명할 수 있는 최소 정답 수는 각각 5%와 1%에서 27과 29이므로 정답 수 29는 1%수준에서 유의적이다. 즉 1%수준에서 신상품은 기존상품과 다르다.

예 2 : 기존제품(A)과 제품 B, C, D를 비교할 경우 참가 패널요원이 10명이었다. 가능한 비교조합은 다음과 같고 조합은 각각 무작위로 배치하였으며 검사는 모두 4회 반복하여 수행되었다. 검사표로 제시한 결과는 다음과 같다.

1. A-A-B A-B-B
2. A-A-C A-C-C
3. A-A-D A-D-D

표 9-2 삼점검사 결과 2

제품	B	C	D
정답 수	21	15	19
(N=40)	$p<0.01$	NS	$p<0.05$

따라서 신제품 C는 제품 A와 변화가 없으며 제품 B와 D는 A와 차이가 있는 것을 알 수 있다. 차이의 근거를 파악하려면, 품질 면에서 중요한 몇 가지 특성의 강도를 조사할 수 있는 특성차이 검사를 실시하거나 묘사분석을 실시한다.

(2) 일-이점검사(Duo-Trio Test)

일-이점검사는 두 시료를 놓고 진행되지만 제시되는 시료의 수는 삼점검사와 마찬가지로 세 가지이다. 단 제시되는 시료 중 하나는 기준시료로 표시가 되어 있다.

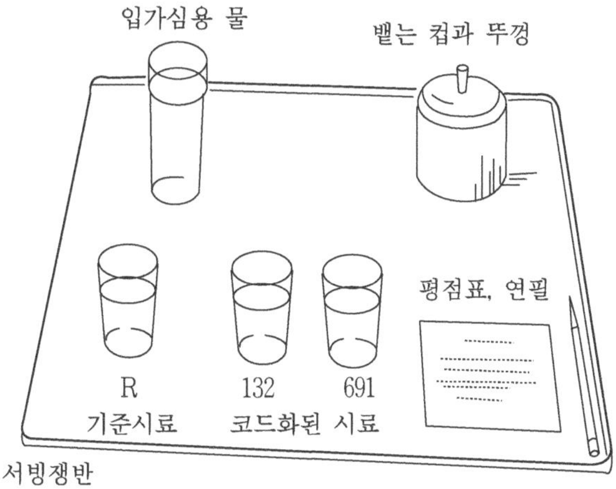

그림 9-4 일-이점검사법의 시료제시 예

이 방법은 삼점검사가 적합하지 않은 경우에 유용하다. 즉, 시료의 향미가 강하여 평가 후 입안에 후미가 오래 남는 경우 맛보는 횟수를 적게 하기 위하여 사용된다.

일-이점검사의 원리는 삼점검사와 마찬가지로 패널 요원에게 세 개의 시료를 동시에 제공하나, 이 중 한 개가 기준 시료(reference sample)로 지정되어 먼저 맛보게 하고 나머지 두 개의 시료 중 어느 시료가 기준 시료와 동일한지를 선택하게 한다.

진행 시 패널요원에게 두 개의 검사물(A, B)과 이들 중 어느 하나와 동일한 시료(A' 또는 B')를 기준 시료로 제시하고 동일한 시료를 골라내도록 지시한다. 기준시료는 동일기준시료(constant reference)와 균형기준시료(balanced reference)로 나눌 수 있는데, 동일기준시료는 패널요원에게 잘 알려진 제품이 계속 기준 검사물이 되는 경우(A'-AB, A'-BA)이며, 균형기준시료는 각 검사물이 균형되게 기준 검사물로 사용되는 경우(A'-AB, A'-BA B'-AB, B'-BA)에 해당된다. 검사표의 예는 다음과 같다.

이름 : 날짜 :

다음에 R로 표시된 시료와 번호가 기입된 두 개의 시료가 있습니다. 먼저 R을 맛본 후 나머지 시료들을 맛보고 R과 동일한 시료를 선택하여 그 시료에 O표 하십시오.

R 278 ( ) 536 ( )

의견 :

수고하셨습니다.

그림 9-5 일-이점검사의 검사표

통계분석은 일-이점검사용 통계분석표(부록 표 E)의 단측검정(one tailed test) 혹은 양측검정(two tailed test) 란에서 전체 응답 수와 정답 수를 비교한다.

예 1 : 기존 제품(A)과 신제품(B) 간의 차이를 알아보기 위하여 60명의 패널을 동원하여 균형기준시료를 이용한 일-이점검사를 실시하였다. 결과는 다음과 같다.

표 9-3 일-이점검사 결과 1

A 기준시료	A B / B A	B 기준시료	A B / B A
답	12 3 / 5 10	답	7 8 / 11 4

정답 수 : 12+10+8+11 = 41(부록 표 E)에서 유이적 차이를 표명할 수 있는 최소 정답 수는 검사원수 60인일 때 각각 5%와 1%에서 37과 40이므로 정답 수 41은 1%수준에서 유의적이다. 즉 1%수준에서 신상품은 기존상품과 다르다.

예 2 : 제품의 저장성 향상을 위하여 방부제 첨가수준을 정하고자 한다. 방부제를 첨가하지 않은 제품 A와 두 수준(B-0.125ppm, C-0.250 ppm)으로 방부제를 첨가하고 동일기준시료를 이용한 일-이점검사를 수행하였다. 참여한 패널 요원은 8명이었고, 기준시료는 다음과 같이 동일 기준으로 하였으며, 검사는 2일에 걸쳐 반복 수행되었다.

R(A') SET 1 A-----B
SET 2 A-----C

표 9-4 일-이점검사 결과 2

방부제 수준(ppm)	0.125	0.250
첫째 날 정답 수	5	7
둘째 날 정답 수	5	7
합계 (N=16)	10	14
	NS	p<0.01

즉, 방부제가 0.125ppm 첨가 시에는 감지되지 않으나, 0.250ppm이 첨가되면 감지되므로, 첨가수준을 0.125ppm으로 정한다.

예 3 : 현재 시장에 나와 있는 살사(salsa)라는 제품에 사용되는 향신료에 대체 제품이 필요하다. 이 신제품은 현 제품과 차이가 없어야 한다.

제품의 향미가 강하기 때문에 일-이점검사법이 채택되었다. 18명을 대상으로 한 결과 패널요원 중 10명의 패널요원이 정답을 말하였다. p<0.05 수준에서 13명이 정답을 말하면 유의적 차이가 있음이 증명된다. 그래서 우리는 차이점을 발견하지 못하였고 대체품이 사용 가능하다고 결론지었다.

이 경우, 대체품을 사용하였을 때의 위험은 낮다고 할 수 있다. 이와 같이 일-이점검사는 적은 수의 패널요원들로 검사할 수 있으나, 한편으로 회사는 차이가 있을 때 차이를 발견하지 못할 가능성도 있다.

(3) 단순차이검사 (Simple difference test)

단순이점대비법(simple paired comparison)이라고도 한다. 이 방법은 삼점검사나 일-이점검사가 적합하지 않은 경우에 유용하며, 예를 들면, 후미가 오래 남거나 자극의 종류가 복잡하여 패널이 혼동하기 쉽거나 많은 양의 시료 준비가 어려울 때 이용한다.

원리는 패널요원에게 두 개의 시료를 제시하고 이들이 같은 것인지 다른 것이지 표시하도록 한다.

패널요원은 유경험 패널요원 20~50명 정도 참여하여 검사물의 모든 조합을 평가하도록 하기도 하며, 많은 수의 무경험 패널을 동원하여 한 조합씩만 평가하게 하기도 한다.

진행 시 패널요원에게 두 개의 시료(A와 B)를 동일시료쌍(match pairs : AA, 또는 BB)과 이질시료쌍(different pairs : AB, 또는 BA)의 네 종류로 준비하여 한 종류 또는 그 이상의 쌍을 제공하고 이들이 같은 것인지 다른 것인지 표시하도록 한다.

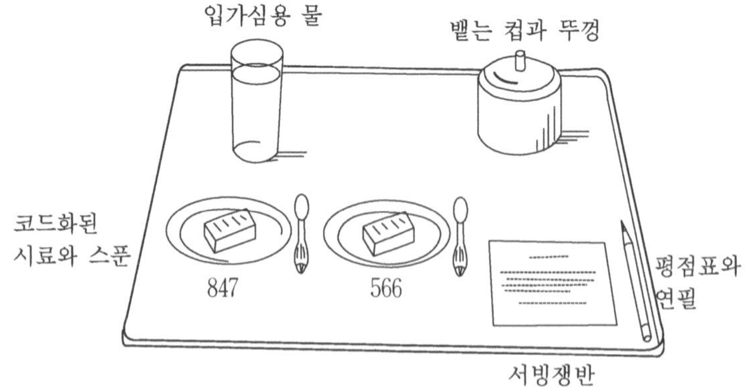

그림 9-6 단순차이검사 시료 제시의 예

이름 : 날짜 :

제공된 시료를 왼쪽 것부터 맛보고 2개의 시료가 같은지 또는 다른지 평가하여 아래에 O표하여 주십시오.

____________ 2개의 시료가 같다.

____________ 2개의 시료가 다르다.

의견 :

수고하셨습니다.

그림 9-7 단순차이검사의 예

분석은 동일검사물을 제공한 경우(AA, BB)와 이질검사물을 제공한 경우(AB, BA)를 분리하여, 맞는 응답과 틀린 응답으로 나누어 X^2 검정을 한다.

예 1 : 제품의 혼합방볍의 단순화를 위하여 다단계혼합밥볍(A)과 한단계혼합방볍(B)의 제품이 차이를 내는지 조사하였다. 30명의 패널요원에게 동일 시료 조합(AA, BB)과 이질 조합(AB, BA)을 제공하여 모두 60개의 응답을 얻었다.

표 9-5 단순차이검사 결과의 예

응답내용	동일쌍 (AA, BB)	이질쌍 (AB, BA)	합
같다	17	9	26
다르다	13	21	34
합	30	30	60

$X^2 = \sum(0 - E)^2/E$(여기서, 0=응답수, E=기대값)

같다의 경우 E=26×30/60=13
다르다의 경우 E=34×30/60=17

$$x^2=(17-13)^2/13+(9-13)^2/13+(13-17)^2/17+(21-17)^2/17$$
$$=4.34$$

이 수치는 X^2 분포표에서 확률(a)=0.05, 자유도(df)=1인 값(3.84)보다 크므로 통계적으로 유의차가 있다. 따라서 두 혼합방법의 차이가 있으므로 기호도 조사를 하여 새로운 방법이 기호도가 더 높은지 낮은지 조사하여 대체 여부를 결정한다.

(4) A-not-A 검사(A-not A test)

이 검사는 두 시료 간의 차이를 종합적으로 평가하지만 표준제품이 단 한 개의 제품에 의해 표현될 수 없는 경우에 이용한다. 예를 들면, 비록 같은 공장에서 나온 김치라도 공급되는 배추에 따라 아주 일정하다고는 할 수 없을 것이며 다른 회사 배추김치도 같은 문제를 가지고 있을 것이므로, 두 회사의 배추김치에 차이가 있는지 A-not-A검사를 실시해 본다. A-not-A검사의 가장 일반적인 문제는 검사 설정이나 많은 제품이 그것이 표현해야 하는 제품 유형으로부터 달라야 한다는 것이다.

원리는 검사자가 어느 시료라도 충분히 대조할 수 있다고 생각할 때까지 대조군을 학습한 후 A시료와 부A시료를 제시하여 시료가 A인지 부A인지를 검사한다. A-not-A검사 방법은 기본 시료의 대조군이 전반적으로 대조군 또는 규격품으로 인정될 수 있을 때 사용 가능하다. 애연가들이 애용하는 상표의 제품회사에서 다른 담배 잎으로 같은 상표의 제품을 만들었을 때 기존제품 사용자에 대해 A-not-A검사를 실시하면 적절할 것이다. 보통 이 검사에서 A시료의 수와 not-A 시료의 수는 같게 한다.

이름 : 　　　　　　　　　　　　　　　　날짜 :

검사에 임하기 전 검사물 A시료가 충분히 익숙해지도록 훈련합니다. 준비된 시료를 맛보고 다음에 답하십시오.

시료번호	A	not-A	시료번호	A	not-A
(　　)	___	___	(　　)	___	___
(　　)	___	___	(　　)	___	___
(　　)	___	___	(　　)	___	___
(　　)	___	___	(　　)	___	___
(　　)	___	___	(　　)	___	___

의견 :

수고하셨습니다.

그림 9-8 A-not-A검사표의 예

분석은 단순차이검사와 같은 방법으로 한다.

예 1 : 김치회사에서 양념 재료 중 몇 가지를 다른 납품업체에서 받아 새로이 만든 김치가 기존 양념 김치와 차이가 있는지의 차이식별검사를 하고자 한다. 패널요원 10명은 기존시료(A)가 익숙할 때까지 훈련한 후, A와 not-A시료를 각각 10개씩 검사하였다.

결과는 다음과 같다.

표 9-6 A-not-A 검사 결과의 예

응답 \ 시료	A	not-A	합
A	32	20	52
not-A	18	30	48
합	50	50	100

$\chi^2 = \sum(0-E)^2/E$(여기서, 0=응답수, E=기대값)

A의 기대값 E=52×50/100=26

not-A의 기대값 E=48×50/100=24

χ^2=(32-26)2/26+(20-26)2/26+(18-24)2/24+(30-24)2/24

=5.77

이 수치는 χ^2 분포표에서 확률(a)=0.05, 자유도(df)=1인 값(3.84)보다 크므로 통계적으로 유의차가 있다. 따라서 새 김치는 기존 김치와 다르다. 기호도 조사를 하여 새로운 방법이 기호도가 더 높은지 낮은지 조사한 후 대체 여부를 결정한다.

(5) 다표준시료검사(Multiple Standard Test)

이 검사는 표준이 한 개의 제품에 의해 표현 될 수 없는 특별한 종류의 검사에 이용된다. 원리는 몇 개(2~5개)의 표준검사 제품과 비교검사 제품이 패널요원에게 제공될 때 패널요원은 모든 것들로부터 가장 다른 시료를 선택한다. 이 검사는 대조군이 반드시 어울리지 않아도 잘 될 수 있으며, 일반적으로 많은 가변성을 가진 기존 제품과 대비되는 새 검사물의 차이를 알고자 할 때 여러 개의 표준시료와 하나의 비교시료를 동시에 제공하는 것이다. 예를 들면, 여러 성분이 들어 있는 수프의 검사에서 시료의 씹힘성은 채소, 고기 조각, 열매, 박편 등의 양에 따라 다를 수 있기 때문에 한 회사의 수프와 다른 회사의 수프가 다른지에 대해 결정하기는 어렵다. 이 경우 문제는 패널요원이 어느 부분을 먹어 보는가에 따라 같은 제품이 각각 다른 제품으로 검사 될 수 있다는 것이다. 이 문제의 해결을 위해 A-not-A검사를 실시할 수도 있겠으나, 다표준시료검사는 검사가 시작되기 전에 검사자가 대조군에 대한 학습을 하지 않는 점이 A-not-A검사와 다르고, 다표준시료검사의 목표 중의 하나는 제품에서 나타날 수 있는 다른 변화들을 패널요원의 훈련된 지식으로 안다는 것을 배제하는 것이므로, 이러한 목적은 검사 중에 나타나지 않는 많은 변화를 고려한 제품들에 효과적이다.

분석은 가장 다른 검사제품을 고르게 되는 횟수에 대한 통계 처리를 한다. 3개의 표준제품과 1개의 검사제품이 포함될 때, 전체적으로는 4개 중 1개의 차이가 있는 제품을 선택하는 기회와 같기 때문에, 통계는 $P=\frac{1}{4}$ (맞힐 확률$=\frac{1}{4}$)의 가설을 사용한다.

이름 : **날짜 :**

준비된 시료의 번호를 왼쪽에서 오른쪽의 순서로 괄호 안에 적어 주시기 바랍니다. 시료의 맛을 보고 가장 다른 시료번호의 오른쪽 빈칸에 √표하여 주십시오.

세트	시료번호	시료번호	시료번호	시료번호
1	( ) ___	( ) ___	( ) ___	( )
2	( ) ___	( ) ___	( ) ___	( )
3	( ) ___	( ) ___	( ) ___	( )

의견 :

수고하셨습니다.

그림 9-9 다표준시료검사표의 예

예 1 : 검사자들(n=30)이 3개(s=3)의 표준제품과 1개의 검사제품의 다표준 검사에 참가했다. 가장 많이 다른 것으로 검사제품을 선택한 검사자가 12명(x=12)이라면, z 통계는 다음과 같이 계산된다(Po=1/ (s+1), 이 검사의 표준제품의 수 : s).

$$z=\frac{x-n(Po)}{\sqrt{n(Po)(1-Po)}}=\frac{12-30(\frac{1}{4})}{\sqrt{30(\frac{1}{4})(1-\frac{1}{4})}}=\frac{4.50}{2.37}=1.897$$

이 검사의 z 통계는 표준 정규분포를 따른다. 부록의 student's t-분포표에서, 무한대 자유도와 5% 수준에서의 값은 z=1.645이다. 계산된

값이 분포표 값보다 크므로 이것은 검사제품이 표준제품과 유의적으로 다르다고 결론지었다.

예 2 : 수프 제조회사는 덩어리가 있는 채소수프에서 25%로 소금을 줄이고자 한다. 이 경우 하나의 수프 안에서의 개별적인 재료에 대한 평가보다는 전체 수프로서의 평가가 더 적합하다고 판단하였다. 패널요원들은 별도로 각 구성 요소(예를 들면, 쇠고기 국물, 감자, 당근, 완두 등)를 검사하는 것을 고려하였으나, 실제 수프가 사용되는 방법과 많은 차이가 있으므로 각 재료에 대한 실험은 하지 않기로 하였다. 표준제품과 소금을 감소시킨 제품의 차이검사를 위해 32명의 검사원을 이용하여 다표준시료검사를 한다.

방법은 검사원 32명에게 4개의 시료 제공 시 1개의 시료는 소금을 줄인 제품, 3개의 시료는 현재 시판되고 있는 제품을 제공한다.

결과는 32명의 검사자들 중 14명이 가장 다른 시료로 소금을 줄인 제품을 바르게 선택했다. 계산된 z-score값은 z=2.45, 5%수준과 무한대 자유도에서 단측 검정으로 t-통계(z=1.64)와 비교되었다. 계산된 z가 분포표의 값보다 컸기 때문에 소금을 줄인 시료가 눈에 띄게 대조군과 다르게 나타났다고 결론지었다. 이 검사 결과를 기초로, 더 낮은 소금 첨가 수프가 다른 추가 실험 없이 표준 수프로 대용될 수는 없다. 그러나 제품개발팀은 비록 제품이 다르다고 해도 소금을 줄인 제품에 대한 판매의 중요성이 요구되는 시점을 감안한 제안을 하여야 한다. 따라서 감성을 유도하는 검사나 마케팅 연구 등을 통하여, 만일 소금을 줄이게 되면 그 제품이 성공할 가능성이 있는지의 판단을 하기 위한 추가 실험이 필요하다.

2) 특성차이검사

(1) 이점비교검사(Paired Comparison Test)

이점비교검사는 속성들 중 존재하는 특성의 차이점을 찾는 데 사용된다. 2개의 시료가 제시되고, 동시에 어느 쪽이든 검사자는 시료들 중에서

지정 받았던 약간의 특징의 더 높은 수준을 가진 시료 1개를 선택한다. 예를 들면, 어느 시료가 더 달고, 더 매끄럽고, 더 하얀지 등 지정 받았던 특성은 패널요원이 두 시료의 차이를 찾게 하는 종합적 차이검사보다 더 잘 이해하게 된다. 이점비교검사는 2점 강제선택차이검사(2-Alternative Forced Choice Test : 2-AFC test)라고도 하며 특정 관능적 성질에 대한 두 검사물의 차이를 조사하기 위하여 사용되는 방법으로 검사방법이 간단하여 많이 사용된다. 두 시료 중 어느 시료를 더 좋아하는가를 질문하는 선호도검사에도 더 많이 쓰인다.

원리는 패널 요원에게 두 개의 시료를 제시하고 어느 쪽의 단맛, 경도 등 특성 강도가 더 큰지를 선택하도록 한다.

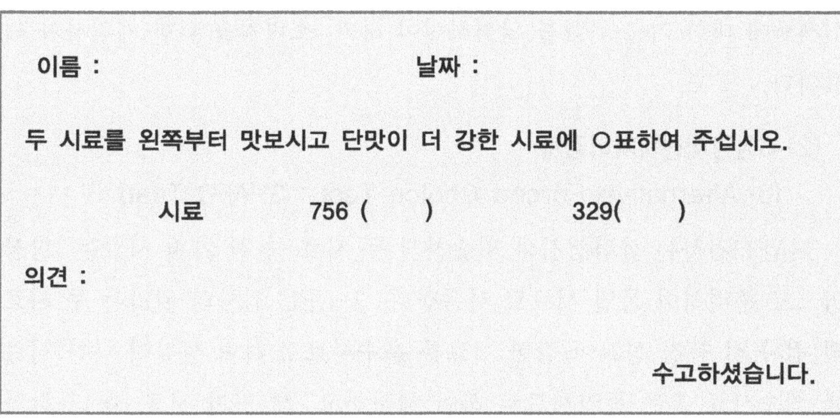
이름 : 날짜 :

두 시료를 왼쪽부터 맛보시고 단맛이 더 강한 시료에 ○표하여 주십시오.

시료 756 ( ) 329( )

의견 :

수고하셨습니다.

그림 9-10 이점비교검사의 검사표

분석은 우연히 선택할 확률이 1/2이라는 데 근거하여 작성된 통계표를 이용한다. 통계 적용 시 두 시료 중 강한 것이 확실히 정하여져 있으면 통계상에서 단측검정(one tailed test)을 사용하고, 어떤 시료가 강한지 확실히 모를 때는 양측검정(two tailed test)을 사용한다. 단 이점비교검사에서는 단지 어느 것의 강도가 더 강한지를 알 수 있을 뿐 어느 시료가 얼마나 더 강한지는 알 수 없다.

예 1 : 소비자검사에서 새로운 치즈소스가 너무 시큼하다고 나타내었다. 품질 팀은 제품의 시큼함을 줄인 시료를 만들어 이점비교검사를 실시하였다. 기존의 치즈소스와 신맛을 줄인 치즈소스의 이점비교검사를 위해 25명의 패널요원을 연구소 연구원 중에서 고르게 되었다. 시각적 편견을 줄이기 위해 어두운 빨간 조명 아래에서 검사를 했고, 시료 사이에 실온의 물로 헹구게 하였다.

결과는 25명의 검사자들 중 18명이 신맛을 줄인 신제품을 시지 않은 제품으로 선택했다. 검사자들의 수는 $p<0.05$에서 유의하였고, 신제품은 현재의 제품보다 시큼하지 않음이 채택되었다. 제품들이 덜 시큼해야 한다는 목적이 뚜렷하였으므로 이 검사는 단측 검정을 이용하였다. 결론적으로 신제품에서 신맛 감소에 따른 다른 특성의 변화가 있는지 확인하여 신제품에 대한 기술 목표를 달성하여야 하며, 소비자를 위한 재검사가 필요하다.

(2) 3점강제선택차이검사
(3-Alternative Forced Choice Test : 3-AFC Test)

3-AFC검사는 삼점검사와 비슷하게 두 시료 중 한 가지 시료는 항상 쌍으로 준비하여 동일 시료로 사용한다. 3-AFC 검사의 원리는 두 시료의 검사 시 특정 성질이 강한 시료를 홀수시료로 하며 성질이 약한 시료를 짝수시료 혹은 동일시료로 하여 제시하고, 세 가지 시료 중 더 강하다고 생각되는 시료를 선택하게 한다. 이때 패널요원에게 하는 질문은 홀수시료 또는 짝을 선택하게 하는 대신에 더 강한 시료를 선택하게 한다. 3-AFC검사는 더 강한 시료가 짝수나 동일시료로 사용될 때 일어날 수 있는 인지상 문제들을 제거한다. 데이터 분석은 삼점검사와 유사하나 홀수시료가 고정되므로 시료의 제시순서는 ABA, AAB, BAA의 3가지이다.

예 1: 현재 판매되고 있는 섬유 유연제의 이익 마진을 위하여 비용절감이 필요하다. 비용절감을 위하여 섬유 유연제에 첨가하는 향기성분의 양을 줄이려 하는데, 이때 실제 향기가 변하지 않아야 하고 20%의 절감이 필요하며, 향기 성분의 양을 줄였을 때 기존제품과의 차이점이 없기를 연구 개발부와 마케팅부에서는 원하고 있다. 3-AFC검사는 향기의 성질 변화는 없고 강도의 변화만 있을 때 사용되므로, 방법은 향기 성분을 줄이기 전에 변화가 없어야 한다는 목적을 충족시키기 위해서 차이식별검사가 선택되었다. 이 검사로 아무런 차이가 없기를 기대하며 2개의 섬유 유연제들이 생산되었는데, 하나는 향기의 level이 현재와 같은 것이고, 다른 하나는 향기 level을 줄인 것이다. 전형적인 삼점검사 장비를 사용하여 향기가 적은 시료가 동일시료로 사용되었고, 40명의 패널요원에게 더 강한 시료를 고르도록 하였다. 결과는 40명의 패널요원 중 19명이 정확하게 향이 강한 시료를 선택했다. 맞힐 확률 1/3의 삼점검사표를 이용시 40명 중 19명이 정답을 말하였을 때, 유의적 차이가 있으므로 현 제품의 향기의 강도를 유지하기에 20% 감소는 너무 많다는 것을 발견하였다. 제품개발팀은 감소율을 낮추어 재실험하기로 하였다.

(3) 순위법(Ranking test)

순위법은 세 개 이상의 시료를 주어진 특성에 대해 강도 순서대로 나열하는 방법으로 시간이 오래 걸리지 않고, 한번에 많은 시료를 평가할 수 있다는 장점이 있다. 원리는 패널요원에게 임의로 배치한 3개 또는 그 이상의 검사물을 제시하고 특정한 관능적 성질의 강도에 대해 순위를 정하도록 한다. 보통 가장 강한 것을 1로 하여 순위를 정하면 패널요원은 주어진 특성에 대하여 처음 맛본 시료를 임시로 배치하며, 그 다음 시료를 계속 맛보고 위치를 바꾸면서 순위를 결정한다.

패널요원은 보통 8명 이상이며, 그 수가 증가할수록 식별가능성이 증가한다.

검사물은 가능한 임의의 순서로 배치하여 동시에 제공하며, 한번에 검사할 수 있는 시료의 수는 보통 4개 정도가 적당하다.

이름 : 날짜 :

시료의 번호를 왼쪽에서 오른쪽 순서대로 괄호 안에 써주십시오. 시료 중 가장 단맛이 강한 시료를 1, 약한 시료를 4의 순위가 되도록 해당되는 시료의 번호 아래 순위를 적으시기 바랍니다.

시료번호 : ( ) ( ) ( ) ( )
순위 : ____ ____ ____ ____

시료번호 : ( ) ( ) ( ) ( )
순위 : ____ ____ ____ ____

의견 :

수고하셨습니다.

그림 9-11 순위법 검정표의 예

분석은 각 시료별 순위의 합을 구한 후, 통계표(부록 표)에서 최소 - 최대 비유의적 순위합에 의한 순위법 검정을 할 수 있다. 또한 두 시료 간의 최소 유의차와 비교하여 분석하거나 chi-square 검정을 하기도 한다.

예 오렌지주스의 단맛에 대한 순위검사 결과는 표와 같다.

표 9-7 순위검사 결과의 예

평가원 \ 시료	A	B	C	D
1	2	1	3	4
2	3	2	1	4
.	.	.	.	.
.	.	.	.	.
15	2	1	4	3
순위합	18	26	57	44

분석 1 : 최소-최대 비유의적 순위합 검정표 이용

검정표에서는 표준시료가 없는 경우 위의 최소-최대 비유의적 순위합 검정표를 쓰고 표준시료가 있는 경우에는 아래의 순위합 검정표를 쓴다.

- 결과 : 18~57
- 검정표 : 28~47(5%)

최소순위합 18은 28보다 작거나 같고, 최대 순위합 57은 검정표의 47보다 크므로 5% 유의수준에서 최소 순위합과 최대 순위합 간의 유의차가 있다. 따라서 시료 A가 유의적으로 가장 단맛이 강한 시료이고 시료 C가 유의적으로 가장 단맛이 약한 시료이다.

분석 2 : Basker의 순위합의 차이값 검정표 이용

Basker의 순위합의 차이값 검정표에서 시료가 4개이고 패널요원이 15명일 때 5% 유의수준에서 최소 유의차의 값은 19이다. 따라서 분석 결과는 다음과 같다.

```
A(18)        B(26)         D(44)        C(57)
_______________________ a
             _______________________ b
                           _______________________ c
```

표 9-8 순위검사 결과의 예 2

시료	A	B	C	D
순위합	18a	26ab	57c	44bc

시료 순위합의 위첨자가 같은 것끼리는 5% 유의수준에서 유의차 없다.

분석 3 : Chi-square 검정

총 합계 등급 합 간의 차이가 있는지를 확인하기 위해 사용되는 통계식은 다음과 같다.

$$\chi^2=\left(\frac{12}{bt(t+p)}\right)\Sigma Ri-3b(t+1)$$

여기서,

b=응답자의 수(패널수)=15

t=표본의 수=4

Ri=표본 i의 등급합=$(18^2+26^2+57^2+44^2)$

이 식에 위 예(표)의 값을 대입해 보면,

$$\chi^2=\left(\frac{12}{15\times4\times(4+1)}\right)\times(18^2+26^2+57^2+44^2)-3(15)\times(4+1)=22.40$$

통계식은 t-1의 자유도를 가진 chi-square분포를 따른다. 자유도 3을 가진 chi-square 분포표 값은 5% 유의수준에서 7.81이므로 계산된 값 χ^2=22.40은 자유도 3과 5% 수준에서 유의수준 차를 보인다.

(4) 평점법(Rating)

평점법은 각 제품의 여러 속성이 광범위하게 평가되므로 분석적이고 객관적 관능검사 분야와 주관적인 소비자 관능검사분야에서 다양하게 적용 될 수 있다. 평점법은 지각된 감각의 정도와 순서를 표시 할 수 있으므로 다음과 같이 응용 될 수 있다.

- 어떤 물질이 내재하고 있는 특성의 정도 또는 강도(Intensity)를 평가한다. 예를 들면, 단맛, 강도, 붉은 정도, 거친 정도 등의 강도를 평가 한다.
- "좋다"와 "싫다"를 표현하는 선호도검사에 이용된다.

- 물질의 우수성 또는 질에 대한 응답자의 의견 평가에 이용된다.
- 감촉, 외관, 맛, 효능과 같은 제품의 일반적인 속성에 대한 반응의 평가(선호도 또는 질에 대한 평가)에 이용된다.

평점법은 결과를 해석할 때 척도의 눈금간격이 동일하고 정상분포를 하고 있다면 모수적 방법으로 통계처리가 가능하다. 평균, t-검정, 분산분석 등을 실시할 수 있다.

평점법의 예는 13장 SAS를 이용한 통계분석에서 설명하였다.

한 계 값
Threshold

1. 정 의

한계값(역치)은 한계농도보다 낮은 농도에서는 어떤 실제적인 방법으로도 맛이나 냄새를 느낄 수 없지만, 그보다 높은 농도에서는 정상적인 후각이나 미각을 가진 사람이라면 그 물질의 존재를 즉각적으로 알 수 있는 농도이다(ASTM 방법 E-679-79). 한계값은 화학적 물질이 감각기관에서 감지될 수 있는 최소의 농도이지만, 정확한 측정방법이 없고 물리적 변수 뿐 아니라 예민도에 따른 기준선(criterion)에 따라 변한다는 문제점이 있다. 맛과 냄새를 나타내는 물질의 종류에 따라서 한계값이 다르며 사람에 따라서도 한계값은 매우 다르다. 측정이 가능한 한계값은 자극(stimuli)의 순도, 공시료(blank)의 잡음(noise)정도, 개개인의 생리적 상태, 훈련정도, 출석정도, 동기 등의 영향을 받는다.

강제선택조사의 방법으로 한계값을 측정할 때 다음과 같은 변수를 고려한다.

- 신호와 잡음의 제시 수
- 휴식의 법칙 : 시리즈검사 중 휴식을 취해야 하는 연속적인 정답 수
- 한 단계에서 요구되는 반복적인 정답 수
- 한 농도의 범위를 몇 단계로 나눌지의 단계 결정

– 한 개인이나 그룹에 대한 농도가 증가하는 단계별 반복 실험 횟수에 대한 평균을 낼지 혹은 관찰 수를 늘릴지의 결정

위와 같은 문제점에도 불구하고 한계값의 실험은 화학적 자극의 효능이나 개개인의 예민도를 확립하거나, 패널요원의 예민도를 비교, 훈련을 할 수 있는 차이식별검사의 한 방법으로 이용되고 있다.

한계값의 종류에는 감지한계값과 인지한계값이 있다.

1) 감지한계값 (절대한계값, 감지역치, 절대역치, detection threshold, absolute threshold)

물질의 존재를 감지하였으나 정확히 그것이 무엇인지를 알 수는 없는 농도이다.

2) 감미한계값 (인지역치, recognition threshold)

인지된 물질이 무엇인지 결정할 수 있는 최소의 농도이다. 예를 들어, 물에 미량의 소금이 녹았을 때 순수한 물이 아니라는 것을 느끼는 농도를 감지한계값이라고 하며 짜다고 느끼는 농도를 인지한계값이라고 한다.

2. 한계값 결정 방법 (Threshold determination method)

1) 전형적 한계 측정 방법

· 개요 : 농도가 증가하는 순서로 시료를 제시했을 때 패널요원이 농도를 알아내는 점, 농도가 감소하는 순서로 제시하였을 때 아무 맛도 없다고 보고하는 점을 실험한다.

· 결과 : 검사한 시리즈 수의 값을 평균한다. 한계값은 패널요원 50%가 자극의 차이를 구별하는 점으로 정한다. 이때 단계별 농도의 크기, 피로감, 둔화현상 등을 고려한다.

2) ASTM E-679-79 방법

- 한계값의 적정 농도 범위를 설정하기 위한 예비실험을 한다.
- 농도가 기하급수적으로 2배 혹은 3배의 범위로 달라지는 시료 시리즈를 준비한다.
- 패널요원의 수 : 10인에서 25인 정도가 적당하다.
- 농도가 증가하는 방법으로 강제 차이식별검사(주로 3-AFC) 실시. 패널요원은 냄새나 맛이 더 강한 시료를 선택하게 한다. 패널요원은 이때 더 강한 시료로 미리 훈련 할 수 있으나 피로나 둔화현상을 고려한다.
- 반복되는 실험에서 높은 농도를 틀리는 패널요원과 낮은 농도를 맞히는 패널요원을 확인한다. 최소농도에서 실수할 경우 틀린 답으로 채택하며 반복되는 최고농도에서 계속적으로 맞힐 경우 정답으로 채택한다.
- 답을 놓친 최고농도와 바로 다음 최고농도의 기하학적 평균값을 낸다. 그룹 한계값은 패널요원의 평균값으로 정한다.
- 반복실험 시 이전 실험과 20% 이상 차이가 나면 재실험하여 다시 한계값을 정한다.

한계값 실험을 위한 4가지 기본 맛의 대표적 농도는 표 10-1과 같다.

표 10-1 4가지 기본맛의 대표농도

농도(molarity) mw. 1M stock soln.	식염(짠맛) 58.45 A : 5.845g/ℓ	구연산(신맛) 210.15 B : 21.015g/ℓ	카페인(쓴맛) 194.19 C : 19.419g/ℓ	설탕(단맛) 342.30 D : 34.230g/ℓ
Molarity				
0.00005	0.5mℓ A / ℓ	0.5mℓ B / ℓ	0.5mℓ C / ℓ	0.5mℓ D / ℓ
0.0001	1mℓ A / ℓ	1mℓ B / ℓ	1mℓ C / ℓ	1mℓ D / ℓ
0.0002	2mℓ A / ℓ	2mℓ B / ℓ	2mℓ C / ℓ	2mℓ D / ℓ
0.0004	4mℓ A / ℓ	4mℓ B / ℓ	4mℓ C / ℓ	4mℓ D / ℓ
0.0008	8mℓ A / ℓ	8mℓ B / ℓ	8mℓ C / ℓ	8mℓ D / ℓ
0.0016	16mℓ A / ℓ	16mℓ B / ℓ*	16mℓ C / ℓ*	16mℓ D / ℓ
0.0032	32mℓ A / ℓ	32mℓ B / ℓ	32mℓ C / ℓ	32mℓ D / ℓ
0.0064	64mℓ A / ℓ	64mℓ B / ℓ	64mℓ C / ℓ	64mℓ D / ℓ
0.0128	128mℓ A / ℓ*	128mℓ B / ℓ	128mℓ C / ℓ	128mℓ D / ℓ
0.0256	256mℓ A / ℓ	256mℓ B / ℓ	256mℓ C / ℓ	256mℓ D / ℓ*
0.0512	2.994g/ ℓ	10.760g/ ℓ	9.943g/ ℓ	35.052g/ ℓ
0.1024	5.988g/ ℓ	21.519g/ ℓ	19.885g/ ℓ	70.103g/ ℓ

* 평균 최소 감미한계값 농도

예 패널요원의 감지 한계값 측정을 위해 짠맛의 농도 시리즈를 6개씩 만든다.

패널요원은 물 시료 2개와 1개의 시료에 짠맛 농도를 섞은 시료로 삼점검사나 3AFC검사를 한다. 가장 낮은 짠맛 농도를 포함한 시료를 첫 번째 시료세트에서 실험하며 농도가 증가하는 순서로 삼점검사나 3AFC 검사를 하고 맞는 세트에 0표, 틀린 세트에 /표하여 정리한다. 삼점검사보다는 3AFC검사에서 예민도가 더 높다고 알려져 있다.

이름 : **날짜 :**

3AFC검사의 경우 세 시료 중 짠맛이 강한 시료를 고르십시오(삼점검사 경우 3개의 시료 중 다른 시료를 고르십시오).

세트	시료번호	시료번호	시료번호	점수
1	758 ____	841 ____	295 ____	( )
2	284 ____	318 ____	651 ____	( )
3	872 ____	305 ____	646 ____	( )
4	328 ____	868 ____	451 ____	( )
5	169 ____	623 ____	662 ____	( )
6	661	414	355	( )

의견 :

수고하셨습니다.

그림 10-1 한계값 측정을 위한 검사표의 예

표 10-2 한계값 측정 후 정답정리의 예

(0 : 정답, / : 틀린답)

패널요원	농도1	농도2	농도3	농도4	농도5	농도6
01	/	/	0	0	0	0
02	0	/	/	0	0	0
03	/	/	/	/	0	0
04	/	/	/	/	0	0
05	/	/	/	0	0	0
06	/	0	0	0	/	0
07	/	/	0	/	0	0
08	/	0	/	0	0	0
09	/	/	0	0	0	0
10	/	/	/	/	0	0
정답수	1	2	4	6	9	10
비율	0.1	0.2	0.4	0.6	0.9	1

위의 정답비율을 이용하여 Y축에는 비율을, X축에는 자극 농도를 나타내는 그래프를 그린다. Y축의 0.5를 지나 X축에 평행하는 선과 곡선이 만나는 점에서 아래쪽으로 직선을 연결하여 X축과 만나는 점을 이 시료의 한계농도로 정한다. 이때 X축에서 정해진 한계농도는 Y축 정답 횟수의 50%로 인지되는 자극강도이다.

3. 신호 탐지 이론 (Signal Detection Theory)

1) 개 요

신호 탐지(Signal Detection)는 민감도를 측정하는 방법이다. 즉, 하나의 자극(stimulus)에 대하여 신호(signal)와 잡음(noise)의 2가지에 대한 반응을 실험하여 예민도 혹은 민감도를 측정 할 수 있다. 패널요원의 수를 고려하지 않고도 작은 차이의 정도를 측정할 수 있는 방법이다.

신호와 잡음 실험의 예 : 약간의 향을 첨부한 우유와 보통 우유세트에서 향 우유와 보통 우유를 각각 같은 수(각각 20~25개 정도)로 제시하고 적중(hit)과 오경보(false alarm) 비율을 측정한다. 이때 적중은 신호를 제시하였을 때 '예' 혹은 '신호'라고 대답하는 비율이며, 오경보는 잡음을 제시하였을 때 '예' 혹은 '신호'라고 대답하는 비율이다.

신호(signal)는 잡음이 계속 되는 중에 나타나 한계값의 경계가 예민하지 않으므로 신호탐지연구를 할 수 있다. 신호탐지의 신호와 잡음의 감각은 정규분포 한다.

뇌에 도달되는 내용에는 감각기관으로부터 오는 신호와 신경계로부터 임의로 발생된 잡음이 있으며 이 두 가지는 구분되어야 한다. 만약 감각기관으로부터 오는 신호가 아주 크다면, 잡음의 크기가 계속 변해도 쉽게 구분 할 수 있다. 이 신호와 잡음을 구분 짓는 기준은 가변적이며, 이 기준의 변이와 감각계의 예민도(sensitivity)는 다르다. 자극의 조건에 대한 패널의 반응에는 적중(Hit), 오경보(False alarm), 옳은 기각(Correct rejection), 놓침(Miss)의 4가지가 있으므로 신호 탐지 매트릭스(signal detection matrix)를 요약할 수 있다.

표 10-3 신호 탐지 매트릭스(signal detection matrix)

패널반응 / 실제 제시	반응(response)	
	신호(signal)/ 예(yes)	잡음(noise)/ 아니오(no)
신호(signal) 제시	적중(Hit)	놓침(Miss)
잡음(noise) 제시	오경보(False alarm)	옳은기각(Correct rejection)

- 적중(Hit) : 신호 제시할 때 신호라고 대답한 횟수(비율)
- 오경보(False alarm : 잡음 제시할 때 신호라고 대답한 횟수(비율)
- 놓침(Miss) : 신호 제시할 때 잡음이라고 대답한 횟수(비율)
- 옳은기각(Correct rejection) : 잡음 제시할 때 잡음이라고 대답한 횟수(비율)

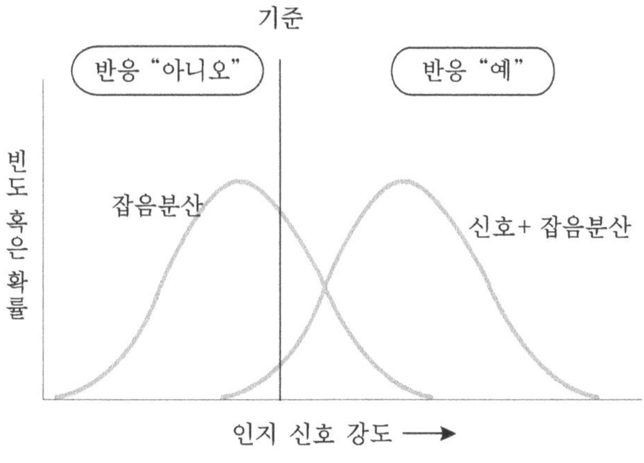

그림 10-2 신호탐지계획

패널의 감각이 예민하면 주어진 자극에 대해 커다란 신호로 반응한다. 이때 기준(criterion, cut off)의 선을 어디에다 긋느냐에 따라 자극은 신호로도, 잡음으로도 될 수 있다. 즉, 일정수준의 자극을 신호 혹은 잡음으로 받아들이는 것은 기준에 달려있는데, 커다란 신호의 경우에는 문제가 되지 않으나, 신호가 작은 경우에는 기준에 따라 신호로 혹은 잡음으로 대답할 수 있다.

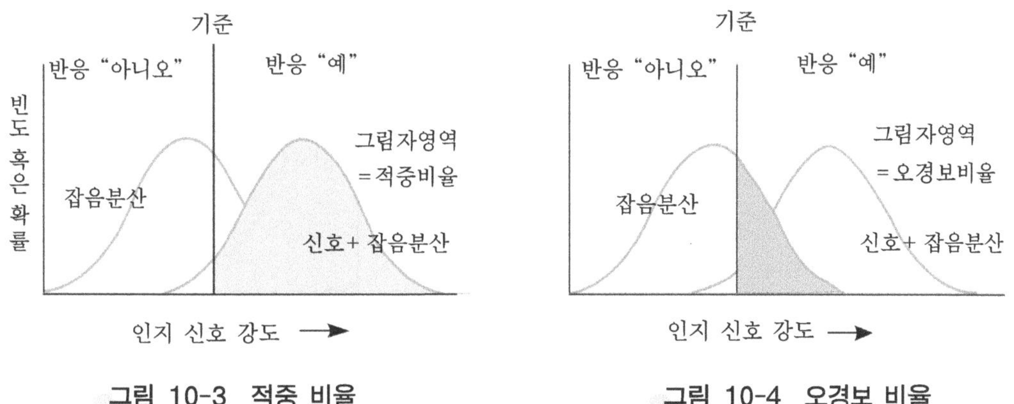

그림 10-3 적중 비율

그림 10-4 오경보 비율

역치(Threshold value)는 예민도의 가변적인 기준 값이다.

기준 값은 패널이 자극이라고 보고되기 위해 그 이상이 되어야 하는 값이다. 이 기준은 패널요원의 예민도에 관계없이 쉽게 변할 수 있다. 보통의 역치검사에서는 패널요원에게 신호 혹은 잡음(증류수) 중 하나를 선택하게 하며 이는 패널이 정한 기준에 의한 변형된 감도를 측정하는 것이다. 기준에 관계없이 주어진 자극에 대해 받아들여진 정도를 측정하는 방법이 신호탐지연구 방법이다.

2) 기본 방법

- 신호(signal)와 잡음(noise)을 같은 횟수로 패널에게 여러 번(약 50번 정도 제시할 때 신호 25번, 잡음 25번) 제시한다.
- 정답비율(적중 : hit, 오경보 : false alarm)의 상대적 비율을 측정한다.
- 정답비율의 상대적 비율은 패널요원의 예민도나 검사된 물질의 효능 지표가 된다.
- 이 상대적 정답비율은 정규분포곡선의 면적비율 Z값을 보여주는 Z-score 표를 이용하여 계산한다. Z-score는 관찰된 결과를 생리적 예민도 비율로 변환하여 측정한 숫자이다. 이 측정값은 예민도 혹은 차이식별 정도를 나타내는 지표인 디프라임(d′, d-prime)을 계산 할 때 이용한다.

$$d' = Z_{(\text{적중: hits})} - Z_{(\text{오경보: false alarms})}$$

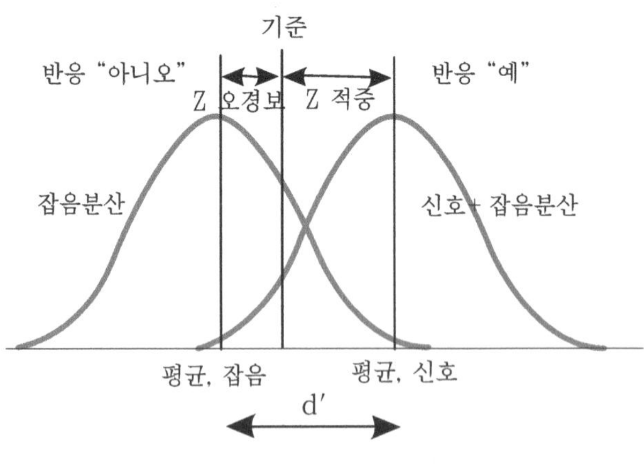

그림 10-5 d-prime 계산

신호탐지 연구의 문제점은 너무 많은 시료를 준비해야 한다는 것과 지표 디프라임(d′)이 특정 농도의 측정이 아니라 예민도 혹은 차이식별 정도만을 측정한다는 것이다.

표 10-4 표준 정규분포곡선 면적 비율 : standard normal curve areas

정규분포곡선의 면적비율 z값을 0과 z>0 이상에서 0.01 간격으로 나타낸 값 P(0≤Z≤z)

z	0.00	0.01	0.02	0.03	0.04	0.05	0.06	0.07	0.08	0.09
0.0	.0000	.0040	.0080	.0120	.0160	.0199	.0239	.0279	.0319	.0359
0.1	.0398	.0438	.0478	.0517	.0557	.0596	.0636	.0675	.0714	.0754
0.2	.0793	.0832	.0871	.0910	.0948	.0987	.1026	.1064	.1103	.1141
0.3	.1179	.1217	.1255	.1293	.1331	.1368	.1406	.1443	.1480	.1517
0.4	.1554	.1591	.1628	.1664	.1700	.1736	.1772	.1808	.1844	.1879
0.5	.1915	.1950	.1985	.2019	.2054	.2088	.2123	.2157	.2190	.2224
0.6	.2258	.2291	.2324	.2357	.2389	.2422	.2454	.2486	.2518	.2549
0.7	.2580	.2612	.2642	.2673	.2704	.2734	.2764	.2794	.2823	.2852
0.8	.2881	.2910	.2939	.2967	.2996	.3023	.3051	.3078	.3106	.3133
0.9	.3159	.3186	.3212	.3238	.3264	.3289	.3315	.3340	.3365	.3389
1.0	.3413	.3438	.3461	.3485	.3508	.3531	.3554	.3577	.3599	.3621
1.1	.3643	.3665	.3686	.3708	.3729	.3749	.3770	.3790	.3810	.3830
1.2	.3849	.3869	.3888	.3907	.3925	.3944	.3962	.3980	.3997	.4015
1.3	.4032	.4049	.4066	.4082	.4099	.4115	.4131	.4147	.4162	.4177
1.4	.4192	.4207	.4222	.4236	.4251	.4265	.4279	.4292	.4306	.4319
1.5	.4332	.4345	.4357	.4370	.4382	.4394	.4406	.4418	.4429	.4441
1.6	.4452	.4463	.4474	.4484	.4495	.4505	.4515	.4525	.4535	.4545
1.7	.4554	.4564	.4573	.4582	.4591	.4599	.4608	.4616	.4625	.4633
1.8	.4641	.4649	.4656	.4664	.4671	.4678	.4686	.4693	.4699	.4706
1.9	.4713	.4719	.4726	.4732	.4738	.4744	.4750	.4756	.4761	.4767
2.0	.4772	.4778	.4783	.4788	.4793	.4798	.4803	.4808	.4812	.4817
2.1	.4821	.4826	.4830	.4834	.4838	.4842	.4846	.4850	.4854	.4857
2.2	.4861	.4864	.4868	.4871	.4875	.4878	.4881	.4884	.4887	.4890
2.3	.4893	.4896	.4898	.4901	.4904	.4906	.4909	.4911	.4913	.4916
2.4	.4918	.4920	.4922	.4925	.4927	.4929	.4931	.4932	.4934	.4936
2.5	.4938	.4940	.4941	.4943	.4945	.4946	.4948	.4949	.4951	.4952
2.6	.4953	.4955	.4956	.4957	.4959	.4960	.4961	.4962	.4963	.4964
2.7	.4965	.4966	.4967	.4968	.4969	.4970	.4971	.4972	.4973	.4974
2.8	.4974	.4975	.4976	.4977	.4977	.4978	.4979	.4979	.4980	.4981
2.9	.4981	.4982	.4982	.4983	.4984	.4984	.4985	.4985	.4986	.4986
3.0	.4987	.4987	.4987	.4988	.4988	.4989	.4989	.4989	.4990	.4990
3.1	.4990	.4991	.4991	.4991	.4992	.4992	.4992	.4992	.4993	.4993
3.2	.4993	.4993	.4994	.4994	.4994	.4994	.4994	.4995	.4995	.4995
3.3	.4995	.4995	.4995	.4996	.4996	.4996	.4996	.4996	.4996	.4997
3.4	.4997	.4997	.4997	.4997	.4997	.4997	.4997	.4997	.4997	.4998
3.5	.4998	.4998	.4998	.4998	.4998	.4998	.4998	.4998	.4998	.4998
3.6	.4998	.4998	.4999	.4999	.4999	.4999	.4999	.4999	.4999	.4999
3.7	.4999	.4999	.4999	.4999	.4999	.4999	.4999	.4999	.4999	.4999
3.8	.4999	.4999	.4999	.4999	.4999	.4999	.4999	.4999	.4999	.4999
3.9	.5000	.5000	.5000	.5000	.5000	.5000	.5000	.5000	.5000	.5000

3) 반응오차(Response Bias: β-value)

패널이 엄격한 기준(strict criterion)을 가지고 있다면, 반응을 할 때 신호라고 보는 횟수가 적으며 결과적으로 적중과 오경보 비율이 모두 줄게 되고, 너그러운 기준(lax criterion)을 가지면 신호라고 보는 횟수가 늘어나며 적중과 오경보 비율이 모두 많아지게 된다.

이와 같은 반응오차를 베타값(β-value)이라 하는데, 반응 기준이 최적의 위치에 있을 때, β값은 1(β=1, 균형 기준(balanced criterion))이며, 반응오차가 없고, 엄격한 패널의 경우 β값은 1보다 크며β>1), 엄격한 기준(strict criterion)을 가진다. 또한 너그러운 패널의 β값은 1보다 작고 (β<1) 너그러운 기준(lax criterion)을 가진다.

$$\beta\text{값} = \text{기준선으로부터 } \frac{(\text{신호} + \text{잡음})\text{분포의 높이}}{\text{잡음분포의 높이}}$$

적중과 오경보의 비율을 알면 표준정규분포곡선 아래 면적비율 표를 이용하여 d′을 계산한다. Z값은 표준정규분포곡선 아래의 총 면적을 1로 하였을 때 값이며, d′은 잡음분포평균과 (신호+잡음)분포평균 사이의 거리이다. 기준은 두 분포의 평균값 사이에 존재한다.

d′은 공식 $d' = Z_{(\text{적중: hits})} - Z_{(\text{오경보: false alarms})}$에 의해 구한다.

(1) 반응오차의 너그러운 기준을 가진 패널의 예

적중의 비율이 90%(50%+40%), 오경보의 비율이 66%(50%+16%)일 때 d′의 값은 얼마인가?

표준정규분포곡선 아래 면적비율 표로부터

$Z_{\text{적중}} = 1.28 \quad Z_{\text{오경보}} = 0.41$

$d' = 1.28 - 0.41 = 0.87$

(2) 반응오차의 엄격한 기준을 가진 패널의 예

적중의 비율이 22%, 오경보의 비율이 5%일 때 d′의 값은 얼마인가?

표준정규분포곡선 아래 면적비율 표로부터

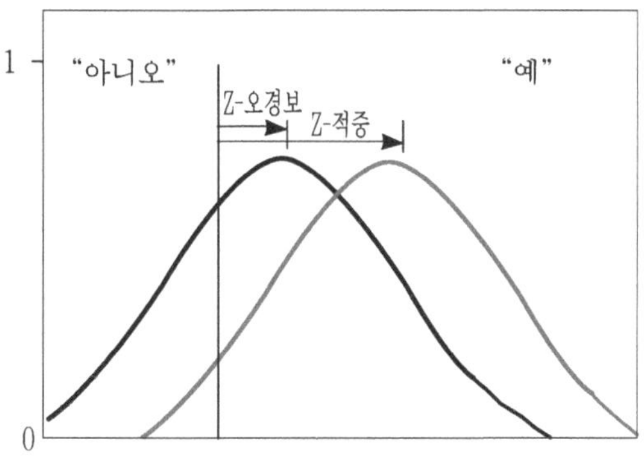

그림 10-6 너그러운 기준

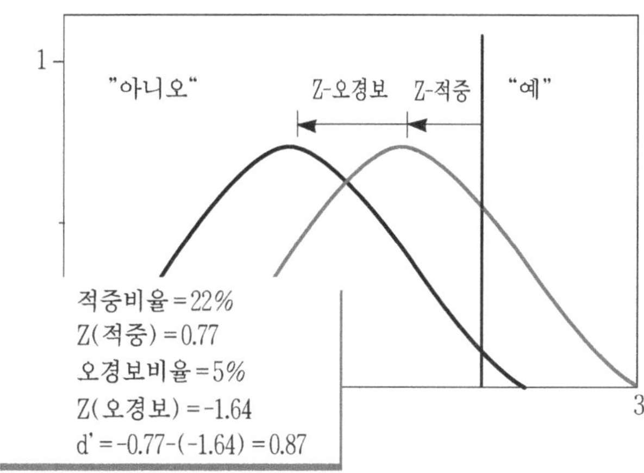

그림 10-7 엄격한 기준

(3) 반응오차의 균형 기준을 가진 패널의 예

적중의 비율이 70%, 오경보의 비율이 38%일 때 d′의 값은 얼마인가?

표준정규분포곡선 아래 면적비율 표로부터

$Z_{적중}=0.52 \quad Z_{오경보}=-0.31$

$d'=0.52-(-0.31)=0.81$

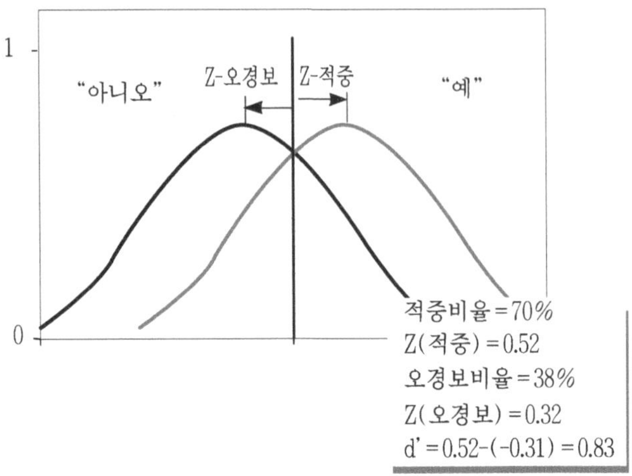

그림 10-8 균형 기준

4) 신호수신 운영 특성 곡선
(ROC 곡선 : Receiver Operating Characteristic Curve)

신호수신 운영 특성 곡선(ROC 곡선)은 적중비율과 오경보비율을 Y축과 X축으로 하여 만들 수 있다. ROC 곡선을 구성하는 데이터 점은 주어진 실험조건 안에서의 패널이 가지고 있는 기준에 의한 하나의 데이터 점이며, 실험조건이 변경된다면 패널이 가진 기준도 변하게 된다.

다음의 왼쪽 ROC곡선에서 엄격한 기준을 가진 패널은 A, 균형기준을 가진 패널은 B, 너그러운 기준을 가진 패널은 C점의 결과를 보인다. A점은 B점에 비해 기준이 엄격하여 신호라고 보고하는 비율이 더 적다. 오른쪽 ROC곡선에서, 같은 적중비율점에서 패널 1은 패널 2보다 오경보비율이 적으며, 같은 오경보비율점에서는 패널 1의 적중비율이 더 높다.

신호의 강도가 강할수록 곡선의 각은 왼쪽 위쪽으로 높아진다.

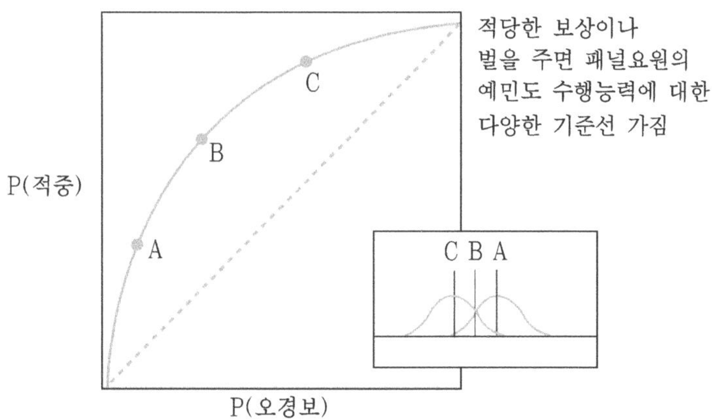

그림 10-9 ROC 곡선 - 신호수신운영특성

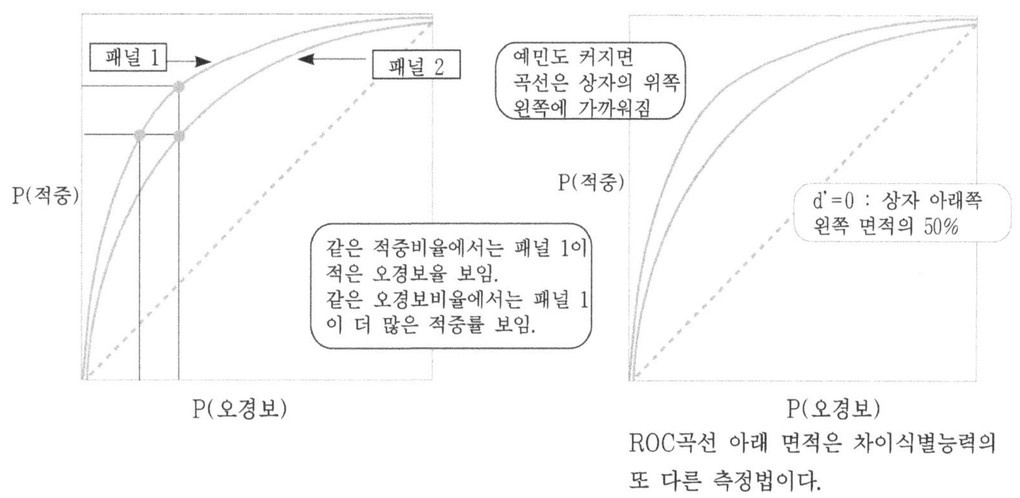

그림 10-10 ROC 곡선 - 예민도 변화

그림 10-11 ROC 곡선 2

5) d'과 P(A) 측정

신호의 강도가 높으면 높을수록 ROC 곡선의 반원이 높게 올라가게 되며, 대부분의 면적은 곡선 아래에 있게 된다. P(A)는 ROC 곡선 아래의 면적비율(proportion of area under the curve)로서 신호 강도(signal strength)를 측정하는 또 다른 방법이 된다. ROC 곡선의 X축과 Y축을 오경보와 적중비율의 Z값으로 환산하여 다시 곡선을 그리면

d′, 즉 signal 강도를 계산할 수 있다.

Elliot(1964)의 P(A)값에 상응하는 d′값을 보면, d′=0일 때 신호 강도는 잡음 강도에 비해 크지 않으며, 신호와 잡음 둘 다 제시했을 때 패널이 신호를 선택할 확률은 50%이다. 이 확률이 P(A)값이며, 대표적인 신호강도(d′)와 신호선택확률은 다음과 같다.

d′=0.0일 때 P(A)=50%　　d′=0.5일 때 P(A)=64%
d′=1.0일 때 P(A)=76%　　d′=1.5일 때 P(A)=86%
d′=2.0일 때 P(A)=92%　　d′=2.5일 때 P(A)=96%
d′=3.0일 때 P(A)=98%

신호 강도(d′)가 2 이상이 되면 감지율이 상대적으로 높다고 할 수 있다. d′ 혹은 P(A)가 높은 패널은 민감한 패널이라고 할 수 있다.

표 10-5 P(A)와 d′값

P(A) %	d'	P(A) %	d'
50	zero	75	0.95
51	0.04	76	1.00
52	0.07	77	1.05
53	0.11	78	1.09
54	0.14	79	1.14
55	0.18	80	1.19
56	0.21	81	1.24
57	0.25	82	1.29
58	0.28	83	1.34
59	0.32	84	1.40
60	0.36	85	1.47
61	0.40	86	1.53
62	0.43	87	1.60
63	0.47	88	1.66
64	0.51	89	1.74
65	0.54	90	1.81
66	0.60	91	1.90
67	0.62	92	1.98
68	0.66	93	2.08
69	0.71	94	2.19
70	0.74	95	2.32
71	0.78	96	2.48
72	0.82	97	2.66
73	0.86	98	2.90
74	0.90	99	3.28

Patricia Elliott: JA swets - Signal detection and recognition by human observers, John Wiley, NY, 1964, p683

묘사분석

Descriptive analysis

1. 묘사분석의 개요

묘사분석은 제품에서 감지된 관능적 특성을 출현순서에 따라 묘사하는 과정이다. 제품평가 시 시각적, 청각적, 후각적 감각 등과 같은 감지된 모든 감각을 모두 고려하는 총괄적인 관능적 묘사방법이다.

묘사분석의 용도는 여러 단계에서 목표하는 품질에 도달하기 위하여 개선점이 요망되는 경우에 특정 관능적 특성을 밝히기 위하여 사용된다. 또한, 품질관리의 목적으로 제품의 생산, 유통, 저장 시 제품 간에 발생하는 차이의 근거를 찾는다.

종류에는 향미프로필(flavor profile), 텍스쳐프로필(texture profile), 정량적 묘사분석(quantitative descriptive analysis), 스펙트럼 분석(spectrum descriptive analysis), 시간-강도 분석(time-intensity analysis) 등이 있다.

평가의 기본요소는 먼저 시료가 지닌 특성을 감지하고 묘사하며 그 특성들의 강도를 측정한다.

특성의 측정은 각 특성들이 출현하는 순서를 결정하고, 각 특성들의 전체적인 강도를 측정하거나 조화되는 정도를 평가한다. 가장 많이 이용하는 척도는 항목척도와 선척도이며 5~10명의 고도로 훈련된 패널이 필요하다.

패널 훈련은 시료의 난이도에 따라 6개월에서 1년 정도 걸리며, 여기에는 개개의 패널 후보원에 대해 60시간 이상 동안의 배우고 연습하는 시간과, 100시간 이상 동안의 실제 프로필 수행연습 시간이 포함되어야 한다.

패널을 선정하여 훈련하는 과정은 다음과 같이 요약할 수 있다.

- 설문(Prescreening) : 일반설문지 이용
- 차이식별검사(Discrimination test) : 삼점검사 또는 일이점검사
- 언어표현력검사(Descriptive test)
- 척도사용검사(Scaling test)
- 최종선발(final screening)

이름 : ______________ 주 소 : ______________________________

전화번호 : (집) ____________________ (휴대폰) ______________________________

[시간]

1. 일주일 중 검사가 가능한 시간을 모두 써주십시오.

[건강]

1. 아래의 증상이 있으면 V 표시해 주세요.

의치__________ 당뇨__________ 구강질병__________

저혈당증__________ 식품알레르기__________ 고혈압__________

2. 맛과 냄새 평가에 영향을 줄 수 있는 약을 정기적으로 혹은 비정기적으로 복용하고 있습니까?

[식습관]

1. 최근 제한된 식이를 한 적이 있나요? 있다면 설명하여 주십시오.
2. 외식은 한 달에 몇 번 하는지요?
3. 좋아하는 음식은?
4. 싫어하는 음식은?
5. 먹지 못하는 음식은?
6. 먹기 싫은 음식은?
7. 냄새와 맛을 구분하는 당신의 평가 능력은 어떠하십니까?

(해당란에 V표시 해주십시오)

	냄새	맛
보통 이상	____________	____________
보통	____________	____________
보통 이하	____________	____________

그림 11-1 선발검사를 위한 일반 설문

제공된 과자를 먹고 외관에 대해 생각나는 용어를 모두 표현해 보세요.

제공된 과자의 냄새를 맡아 본 후 맛을 보시고 표현할 수 있는 용어를 모두 써주세요.

과자의 바삭한 정도를 표현 할 수 있는 다른 용어들은 어떤 것이 있을까요?

느낀 점 :

감사합니다.

그림 11-2 언어 표현력 검사 질문지

다음 그림의 어두운 부분의 비율을 옆의 선척도에 표시하십시오.

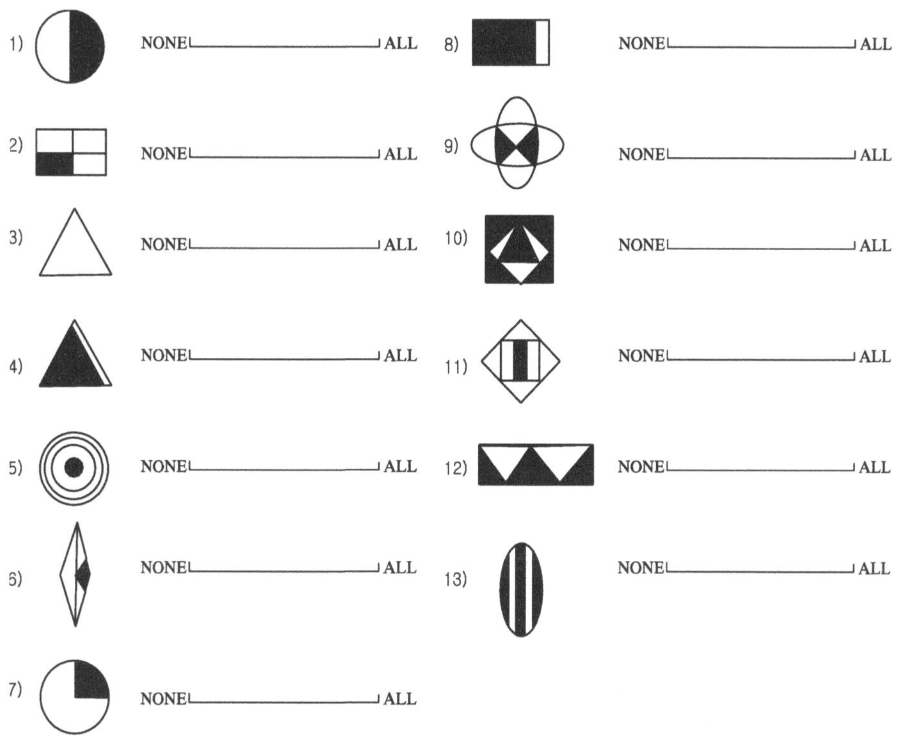

1) NONE ALL
2) NONE ALL
3) NONE ALL
4) NONE ALL
5) NONE ALL
6) NONE ALL
7) NONE ALL
8) NONE ALL
9) NONE ALL
10) NONE ALL
11) NONE ALL
12) NONE ALL
13) NONE ALL

정답 :

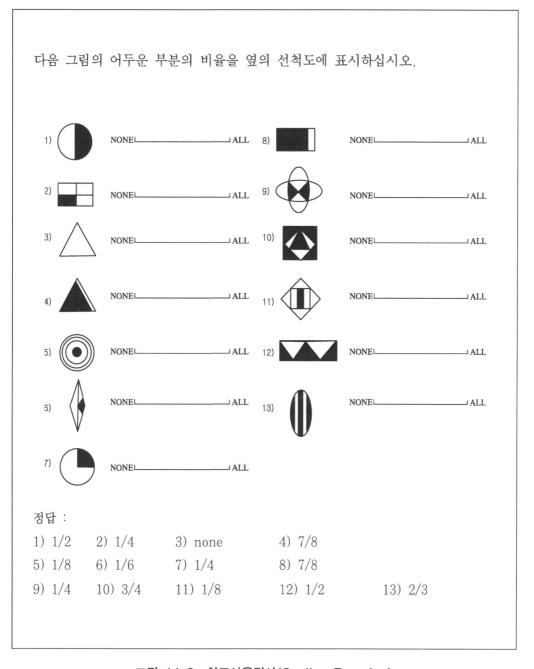

1) 1/2 2) 1/4 3) none 4) 7/8
5) 1/8 6) 1/6 7) 1/4 8) 7/8
9) 1/4 10) 3/4 11) 1/8 12) 1/2 13) 2/3

그림 11-3 척도사용검사(Scaling Exercise)

2. 향미프로필(Flavor profile method)

향미프로필은 제품 또는 재료의 향(aroma)과 맛(taste)이 입안에서 느껴지는 향미(flavor)를 묘사분석하는 방법이다. 향미프로필은 향과 맛에 대한 전체적인 느낌(느끼는 정도), 지각할 수 있는 향과 맛에 대한 특성, 각 향과 맛 특성의 강도, 각 특성이 지각되는 순서 및 뒷맛(aftertaste)의 평가를 포함한다. 향미프로필의 결과는 훈련된 패널요원들 모두의 합의로 결정한다. 결과의 재현성은 패널요원의 훈련정도와 기준물질의 이용에 따라 달라진다.

1) 향미 패널의 선정 및 훈련

전문가들에 의해 선발되고 훈련받는다. 응답자들은 기본적인 맛과 냄새 판단능력, 맛 강도 판단능력, 맛 강도 순서를 매길 수 있는 능력 그리고 이용할 수 있는 정도와 개개인의 성격특성을 파악하기 위한 면접과 같은 일련의 적격심사를 바탕으로 선발이 된다. 교육은 약 6~12개월 동안 받는다. 교육과정에서는 향미프로필 방법의 기본적인 감각 원리와 훈련이 모든 면에서 포함된다. 교육의 끝 단계에서는 패널의 리더가 선발이 된다.

2) 진 행

패널훈련을 마친 후에 4명에서 8명의 응답자들이 제품의 맛에 대해 설명하기 위해 단체로 일한다. 패널 리더는 프로파일의 각 구성요소들에 대한 의견일치를 얻어내기 위해 주도한다. 의견일치에 도달하기 위해서는 참조할 수 있는 자료들과 두 번 이상의 패널회의가 요구된다. 결과에 대해서는 패널 리더가 해석하고 보고한다. 한 회 이상의 오리엔테이션 시간도 종종 도움이 된다. 조사할 표본이 소개되고 이와 유사한 제품들 또한 비교하기 위해 가져올 수 있다. 맛의 특성들이 표에 작성되고, 참고 표본이 정해지며, 가장 좋은 발표 방법과 표본을 심사하는 방법이 정해진다.

이어서 정식 패널 회의가 열리며, 각 패널 구성원들은 독립적으로 표본을 평가하고 결과를 기록한다. 향과 맛 특성들, 느낌 요소들 그리고 이들의 강도, 감각적 인상의 순서와 뒷맛이 기록된다. 강도를 나타내는 척도는 다음과 같다.

)(= 발단(겨우 지각할 수 있는)
1 = 약간
2 = 중간 정도
3 = 강함

강도 척도는 종종 1/2 단위 또는 +와 -의 단위로 더 나뉘어 진다.

전체적인 느낌 또는 느끼는 정도, 확인이 안 되는 배경 맛, 맛의 혼합, 향과 맛 특성의 적절성 그리고 이들의 강도 등을 고려하는 전체적인 평가를 해야 하는데, 특성의 범위를 나타내는 척도는 3(높음), 2(중간), 1(낮음)로 나뉘어져 있으며 1/2 단위로도 개량될 수 있다.

개별적인 결과들은 패널 리더에 의해 수집된다. 이후에 공개 토론이 이어지며 의견의 불일치가 있을 경우 일치할 때까지 토론을 한다. 주로 여러 패널 회의가 필요하다. 최종 프로파일은 패널 리더가 한다. 결과는 종종 수직적 표로 된 프로파일로 공개되지만 그래프로도 공개될 수 있다. 패널 리더는 향미프로필 방법에 익숙한 것에 상관없이 그 누구에게도 이해하기 쉽고 의미 있는 형식으로 보고한다. 보고서는 표로 된 프로파일과 문단 형식의 토론 내용으로 돼 있다.

다음의 시료들을 왼쪽부터 맛보고 나열된 특성에 대해)(-3의 강도 척도 [)(: 한계값, 1 : 약한, 2 : 보통의, 3 : 강한]를 사용하여 평가하시오.

냄새(aroma)

특성(특성발현순서로)	강도
a	–
b	–
c	–
d	–
⋮	

기타(설명 요!)

전체 냄새 (Amplitude : 전체적인 조화정도)

향미(flavor)

특성(특성발현순서로)	강도
a	–
b	–
c	–
d	–
⋮	

기타(설명 요!)

전체 향미 (Amplitude : 전체적인 조화정도)

후미(After taste) (선택적)

특성(특성발현순서로)	강도
a	–
b	–

의견 :

감사합니다.

그림 11-4 향미프로필 검사표의 예

		마요네즈 A		마요네즈 B
냄새	기름의, 식용유	1		1/2
	신, 식초	2		
	계란의, 익은	1		
	기름의, 산화된	1		1/2
	신, 식초	1		1/2
	톡 쏘는(Pungent)	1		
	복합 양념(양파, 마늘, 겨자)		1/2	
	마늘	1		
	찝찔한(Briny)	1		
	기타 : 후추, 감귤류의			
	기타 : 계란의			
	조화도	2		
향미	단	2		
	기름의, 식용유	1		1/2
	신	2		1/2
	식초	2		
	짠	2		
	기름기, 산화된	1		
	침이 나오게 하는	1		1/2
	+ 입촉감			
	(Salivating)			
	짠	1		
	식초	1		1/2
	아리고 매운 양념의		1	
	계란, 완숙된	1		
	(Spice bite and burn)			
	복합 양념(양파, 마늘, 겨자)			
	마늘	1		1/2
	후추			1/2
	떫은	1		1/2
	기름기 + 입촉감	1		1/2
	기타 : 아리는, 매운			
	기타 : 계란의			
	(Bite, burn)			
	조화도	2		
	조화도	1		
후미	짠			
	신			
	기름기 + 입촉감			
	매운 양념			

그림 11-5 완성된 향미프로필(마요네즈에 대한 프로필)

3. 텍스쳐프로필(Texture Profile)

텍스쳐프로필 방법은 향미프로필 방법이 못 보고 지나친 점들에 초점을 맞추기 위해 개발이 되었다. 텍스쳐프로필 방법은 다른 묘사 방법들과 마찬가지로 여러 속성으로 구성돼 있으며 강도와 속성의 순서는 발현하는 순서대로 측정한다. 텍스쳐프로필 과정은 의견일치보다는 보다 더 정확하게, 새로운 속성들과 측정과정을 감안할 수 있도록 필요할 경우 개개인의 점수(평가)나 통계분석을 사용하고, 음식 이외에 다른 제품들도 대상으로 하기도 한다.

텍스쳐프로필의 원리는 조직감의 특성이 기계적, 기하학적 그리고 기타 특성들(주로 지방과 습기)의 세 분류로 나뉘어질 수 있으며, 이 특성들이 숫자로 된 척도 표준을 사용해 정의되고 측정되는 것이다. 이미 상업적으로 이용할 수 있는 제품들의 표준들은 많이 확립되었고, 출판되었으며, 널리 사용되고 있다. 만약 특정 표준들이 없거나, 바뀌었거나, 아니면 특정 품목을 위하여 더 정교한 등급의 표준시료가 필요하면 척도를 변형해서 사용하여야 한다.

텍스쳐프로필을 위한 패널요원은 조직감에 초점을 두고 제품을 씹어 보거나 만져 보아야 하므로 선택할 때 치아 건강 혹은 손재주와 같은 문제들이 강조된다. 그밖에 텍스쳐프로필 과정은 다른 묘사 방법 과정을 따른다. 대부분 식품의 조직감은 입이나 입술로 평가되나 손가락이나 손바닥으로 평가할 수도 있다.

패널 리더는 감각적인 면에서 전문가이며 패널의 운영, 자료들의 분석, 결과의 해석과 보고를 책임져야 한다. 텍스쳐프로필 훈련을 위한 첫 시간이나 오리엔테이션에서 패널요원들은 상업제품과 실험시료를 볼 수 있다. 제품의 프로필 작성은 식품이 입안에서 어떻게 조작되는지, 어떻게 씹고 얼마나 자주 씹히는지 그리고 언제 삼켜지는지, 입안에서 씹히고 삼키는 전체 순서에 따라서 면밀히 조사된다.

텍스쳐프로필은 일반적으로 토론을 유도하는 실험기관에서 했었지만, 의견의 일치 없이도 독립적인 부스 안에서 점점 더 많이 하고 있다. 자료들은 표 형식으로 편집되고, 필요하다면 향미프로필과 비슷한 형식으로도 보고된다.

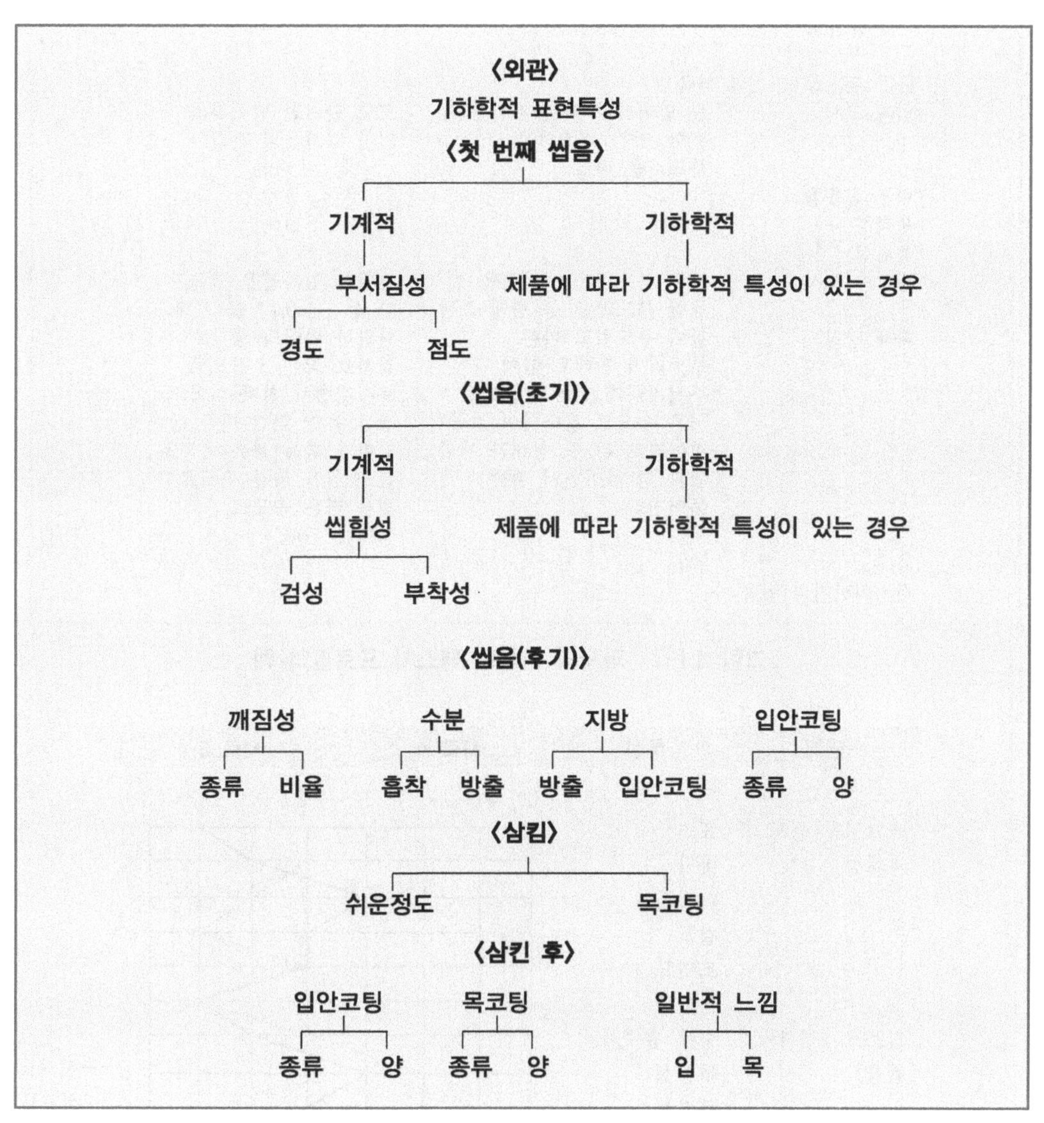

그림 11-6 텍스쳐프로필 관능검사 순서(Sensory Texture Profiling Technique)

단계	특성	시료 A	시료 B
I.	매끄러운 정도		
	표면	2-3	1-2
	바닥	2	1-2
II.	파쇄성	1	2
	경도	1-2	2-3
	조밀도	1-2	1-2
	균일도	2-3	2-3
III.	건조도(1~2회 씹음)		
입자 묘사		큰 덩어리와 작은 과립형의 혼합, 약간 축축하고 부드러운 편	크고 단단한 덩어리와 거친 입자들의 혼합, 마른
수분 흡수율		2	1-2
부착성		1	)(-1
응집성		1-2	)(-1
덩어리 묘사		작고 부드러운 조각들을 함유한 부드러운 풀 형태 조각	단단한 입자들을 함유한 성긴(loose) 풀 형태
파쇄 양상		들이 부드럽고 마른 부스러기 형태로 쉽게 부서지다가 분쇄되어 침을 빠른 속도로 흡수하여 걸쭉한 덩어리로 된 풀 상태가 된다. 침과 더 섞이면서 계속 묽어진다.	단단한 덩어리 형태로 점차로 작은 조각으로 부서지면서 침과 섞이고 잠깐 동안 약간 마른 상태로 있다가 침을 빠른 속도로 흡수 침을 빠른 속도로 침을 빠른 속도로 상태가 된다.
삼키기까지의 씹음 수		23	25

그림 11-7 과자의 완성된 텍스쳐 프로필의 예

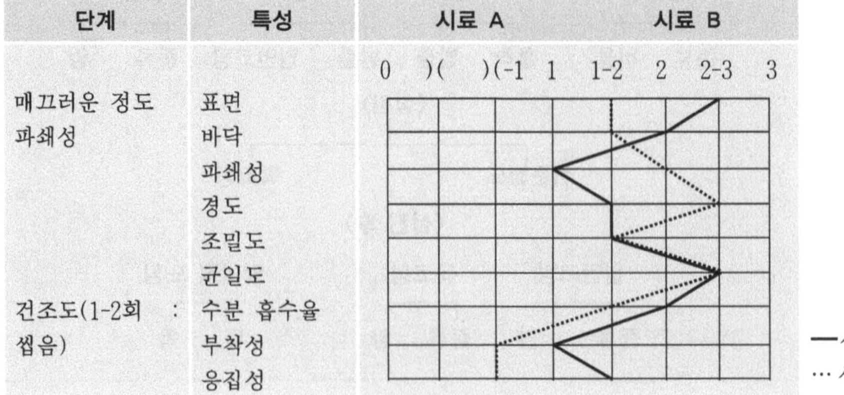

그림 11-8 과자에 대한 완성된 텍스쳐프로필의 도식화

시료번호	시료 A	시료 B

I. 첫 번 씹음--시료를 어금니 사이에 놓고 한 번 씹은 후 다음에 대해 평가하시오.

	시료 A	시료 B
경도	)(-1	1-2
부착성	)(	2-3
응집성	2-3	1-2
매끄러운 정도	2	1-2

II. 연속 씹음--시료를 어금니 사이에 놓고 연속해서 씹은 후 다음에 대해 평가하시오.

	시료 A	시료 B
씹힘성	1-2	2-3
껌성	1-2	2-3
부착성 : 입천장	2-3	)(-1
부착성 : 이	1	)(-1
덩어리 응집성	1	2
조밀도	)(-1	)(
수분흡수 : 속도	2	1
수분흡수 : 양	2-3	1-2
결정성	)(-1	1-2

III. 파쇄

파쇄 양상 묘사--파쇄 시에 발생하는 변화를 묘사하시오.

IV. 삼킴--시료를 삼킨 후 다음에 대해 평가하시오.

	시료 A	시료 B
삼키기 용이도	2-3	)(-1
텁텁함(Chalkiness)	)(-1	2
깔깔함(Grittiness)	)(	1
이에 박히는 정도	)(	1

〈보기〉

0 : 없음,)(: 겨우 감지됨,)(-1 : 매우 약간, 1 : 약간, 1-2 : 약간-보통, 2 : 보통, 2~3 : 보통~많이, 3 : 많이, 강한, 대단히

그림 11-9 캐러멜의 텍스쳐프로필의 예

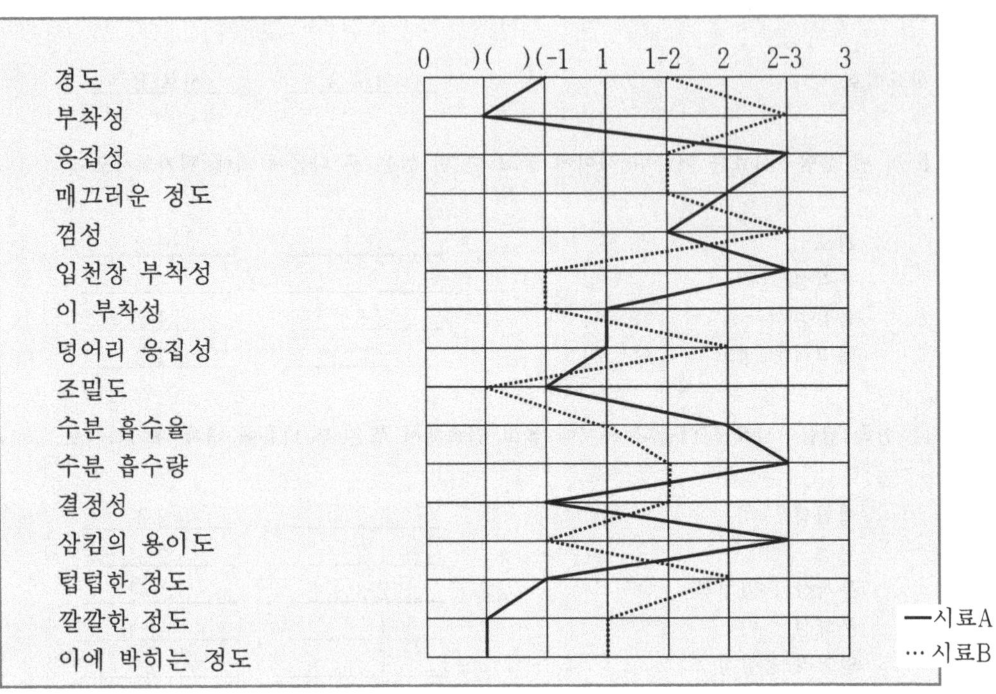

그림 11-10 캐러멜에 대한 완성된 텍스쳐프로필(Munoz와 szczesniak, 1992)

4. 정량적 묘사분석

(Quantitative Descriptive Analysis : QDA)

정량적 묘사분석 방법은 특정 제품의 모든 감각적 특성들이 묘사되어 있고 이들의 양이 수치적으로 측정되어 있는 숙련된 패널을 이용하는 방법을 말한다.

패널 리더의 지시에 따라 작업하는 응답자들은 모든 제품의 감각적 특성을 묘사하기 위하여 감각 언어를 개발하거나, 존재하는 감각언어를 수정한다. 패널요원들은 제품의 특성이 발현하는 순서대로 나열하여 각 그룹에 관한 정의와 표준화된 평가 방법을 개발한다. 훈련은 대개 1회 90분 정도로 약 6에서 10번 정도 한다. 패널 리더의 주요한 책임은 그 훈련을 위한 시료를 준비하고 훈련이 원활하게 돌

아가도록 하며 패널에 참여하지 않는다.

마지막 훈련단계에서 패널요원은 완성된 평가지와 특성훈련을 통해 본 실험과 같은 방법으로 제품을 평가하여 통계를 이용하여 결과를 분석해 본다.

이러한 분석은 속성에 근거한 응답자들의 업무수행 정도를 측정하는 척도와 제품 차별화에 있어서 각 속성의 유효성 그리고 속성에 근거한 각 제품의 차별점들을 제공해 준다. 본 실험은 3번 이상 반복 실험한 결과들을 통계처리하여 수치적 형태나 거미줄 그래프(spider-web graph)를 이용해 나타낼 수 있다. 이러한 방법들은 음식, 음료, 섬유 등 모든 종류의 제품에 사용된다.

정량적 묘사분석은 제품의 관능적 특성을 보다 정확하게 수학적으로 나타내기 위한 의도에서 개발된 방법이다. 모든 관능적 특성을 나열하며, 특성의 출현 순서에 따라 각 특성의 강도에 대해 반복 측정한다. 시료의 수는 3개에서 5개 정도의 다시료 검사이며 훈련된 소수의 패널을 사용한다. 패널요원은 검사에 참여하기 전에 선발검사를 통하여 자격이 인정된 검사원을 뽑아 훈련한다.

정량적 묘사분석은 다음의 단계를 거쳐 실행한다.

① 패널요원 모집, 선별

② 훈련기간 : 질문지(score sheet) 개발, 용어 개발

③ 본 실험, 반복실험

④ 통계처리, 결과 해석

◎ 패널 요원 선정 및 훈련

① 실제 필요한 인원보다 2배 내지는 3배의 인원에서 18~20회의 판별 검사를 시행하여 선정(예 삼점검사 또는 일-이점검사)

② 설문지나 면접을 통해 관심, 출석 가능성, 인간성, 건강 등을 고려하며, 75% 이상 정답률(경우에 따라서 65%의 정답률)을 갖는

언어적 표현 기술이 있는 사람들로 요원들을 선정한다(10~12명).

③ 요원들은 훈련과정 중 검사에 필요한 용어를 개발한다. 이때 패널지도자는 시료 제공 등의 책임을 지며 용어 개발을 리드하고 패널들이 시료 간 특성의 차이를 인지하는지, 결과의 재현성이 있는지를 관찰하여 알려준다

▸ **훈련 시 제공되는 시료의 종류**

① 질이 일정한 표준시료(standard sample)
② 특정 특성을 갖는 기준시료(reference sample)
③ 강도가 다른 여러 시료
④ 경쟁시료(competitive product)

▸ **훈 련**

① 패널 리더는 서로 인사를 나누게 하며, 목적을 설명한다.
② 패널 요원들은 표준품으로 냄새, 향미, 텍스쳐, 외모에 대하여 인지된 특성 용어를 백지에 적는다.
③ 패널 리더는 칠판에 외관, 냄새, 향미, 조직감, 기타의 항목으로 나누어 패널 요원들이 개발한 용어를 항목별로 모아서 적어 넣는다.
④ 두 번째 시료에 대해 2와 3을 반복한다.
⑤ 패널요원들은 첫째 시료와 두 번째 시료의 비슷한 점이나 모호한 점 등 수정해 나가야 하는 용어들을 토론을 통하여 외관, 냄새, 향미, 조직감 기타 항목에 평가될 1차 용어를 선발한다.

표 11-1 과자의 QDA 용어 선정의 예

외관	냄새	향미	조직감	기타(삼킨후)
색의 어두운 정도	생 밀가루냄새	단맛	표면의 거친 정도	입안의 기름진 정도
색의 균일 정도	구운 밀가루냄새	구운 밀가루맛	촉촉한 정도	이에 대한 부착성
모양의 균일 정도	코코아냄새	버터맛	경도	
크기	단 냄새	쓴맛	바삭한 정도	
높이	구운 버터냄새		부착성	
표면에 금이 간 정도	소다		응집성	
	바닐라			

④ 패널 리더는 사용 가능한 척도표를 위의 개발된 용어에 의해 준비한다.

⑤ 패널 요원들은 준비된 척도 상에서 위 두 가지 시료에 대한 강도의 정도를 평가하는 훈련을 한다. 이때 세부적으로 특성의 약하고 강한 정도의 수준에 대한 평가기준과 방법을 훈련하며 수정이 필요한 용어를 토론하고 정의를 개발한다.

표 11-2 용어의 정의와 척도 선정의 예

평가 단계	용어	정의	척도 수준
외 관	색의 강도	색의 밝고 어두운 정도	연한-진한
	색의 균일 정도	색이 균일하게 분포된 정도	불균일-균일
	표면의 금 간 정도	표면이 선모양으로 갈라진 정도	적음-많음
냄 새	밀가루냄새	열처리가 안 되어 나는 생 밀가루냄새	적음-많음
	단냄새	설탕이나 당밀에서 나는 달콤한냄새	적음-많음
	구운 버터냄새	구우면서 가열된 버터에서 나는 냄새	적음-많음
향 미	단맛	설탕이나 다른 종류의 당에서 느껴지는 맛	적음-많음
	쓴맛	퀴닌이나 카페인에서 느껴지는 맛	적음-많음
조직감	수분흡수 정도	시료에 의해 흡수되는 침의 양	적음-많음
	바삭한 정도	씹는 동안 귀로 느끼는 바삭한 정도	적음-많음
	응집성	씹는 동안 덩어리가 뭉쳐있는 정도	느슨한-빽빽한
	부착성	시료가 어금니에 박혀있는 정도	적음-많음
삼킨 후	입안의 기름진 정도	시료가 이에 박히는 정도	마른-느끼한

⑥ 기준시료가 필요한 특성에 대해 기준(reference)시료를 토론하고 기준시료의 척도상 위치를 훈련하고 토론한다.

⑦ 3번째, 4번째 시료에 대해 기준시료와 척도평상에서 강도를 결정하며 위 시료들의 위치를 토론하고 수정한다.

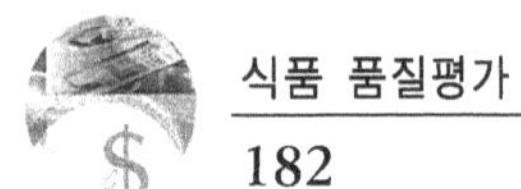

표 11-3 색의 강도에 대한 훈련의 예

패널 / 코드	김양화	오명석	김지연	이인선	강지윤	이연경	이승민	이지현	백수련	고민서	박선빈	평균±표준편차
169	2.9	3.1	2.2	2.8	3.9	2.5	1.4	0.9	2.2	2.8	3.0	2.51 ±0.83
586	7.0	4.2	7.3	6.9	5.8	4.6	7.6	6.5	7.1	5.5	6.6	6.28 ± 1.12
327	10.9	9.0	10.7	11.1	10.5	9.5	9.8	10.0	11.5	10.1	9.8	10.26 ± 0.74

훈련시료 : 169, 586, 327

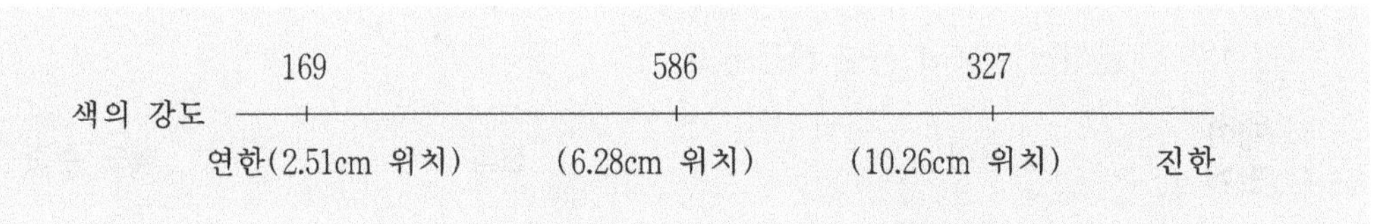

그림 11-11 색의 강도에 대한 훈련의 결과를 척도상에 표시한 예

⑧ 훈련에 필요한 시료의 개수는 목표 제품에서 대표되는 특성을 기준으로 특성이 약한 것, 강한 것 및 중간 정도에 해당하는 것을 위주로 두 개 이상, 보통은 3개 정도 선택하며, 정해진 수는 없다.

⑨ 위 과정의 빈복에 의해 비슷하기나 상관관계가 큰 용이는 피하며, 외모 - 냄새 - 향미 -(초기인지, 중간인지, 후미) - 조직감(1단계, 2단계, 3단계 등) 등의 인지 순서대로 평가 용어를 배열하고 용어에 대한 정의를 적어 놓는 것으로 질문지를 완성한다.

⑩ 훈련의 사이사이에 패널 리더는 훈련 시에 각각의 패널 요원에 의해 생긴 데이터를 패널 요원별 특성별로 수합하여 평균과 표준편차에 대한 표와 그림으로 나타내어 다음의 훈련 때에 패널 요원에게 제시한다. 패널 요원들은 평균과 표준편차를 비교하며 동의 정도가 낮은 특성들을 토론한다.

⑪ 완성된 평가지로 각각의 시료를 분리된 개별 검사실에서 평가해 본다.

⑫ 다시 결과를 수합하여 평균과 표준편차를 분석하고, 특성 강도의 순서, 용어 자체의 문제점이 제기되면 토론에 의해 용어의 정의와 특성 강도

의 위치에 대해 반복되는 평가의 재현성이 있을 때까지 훈련을 계속한다.

⑬ 각각의 특성에서 차이가 크고 대표성을 띠거나 중요한 특성(CTQ : critical to quality)이 될 수 있는 특성을 먼저 훈련하고 차이가 적은 특성을 나중에 훈련한다.

⑭ 특성강도의 크기는 다른 시료들을 비교 평가 할 때마다 다시 재확인과 조정(re-calibration)하여 기준척도표를 완성한다.

⑮ 마지막으로 QDA의 용어는 순수하게 패널 요원들로부터 개발되며 향미프로필은 패널 리더가 패널에 참여하여 함께 용어를 개발할 수 있는 차이가 있다. 그 밖에 다른 묘사분석들의 용어를 개발할 때에는 참고문헌이나 고객, 소비자, 패널 요원이 경우와 필요에 따라 동원 될 수 있다.

본 실험

① 본 실험은 적합한 조명 시설이 되어 있고, 항온 항습이 되며, 안락하고 조용한 환경이 마련된 표준 관능검사실에서 실시한다.

- 12명 이하 평가요원 : 적어도 4번 반복
- 12명 이상 평가요원 : 적어도 3번 반복

② 각 요원은 특성들이 나열되고 설명된 기준척도표, 평가표, 시료, 뱉는 컵, 물 등을 제공받고 검사에 임한다.

③ 관능검사가 이루어지는 시간은 매번 동일하게 하도록 한다.

④ 시료 평가 간의 공백시간을 조절하고 입가심을 하도록 유도한다.

⑤ 평가를 마치면 패널지도자는 평가표를 수거하여 평가가 빠짐없이 이루어졌는지 확인한다. 걸리는 시간은 약 15분이다.

결과 수집 및 분석

① 모든 요원들이 평가를 마친 후 패널 지도자는 평가표를 수집하고, 분석을 위해 데이터를 정리한다.

② 각 특성의 평균값, 표준편차, F값, 유의도

③ 거미줄 그림(spider web or profile) 사용

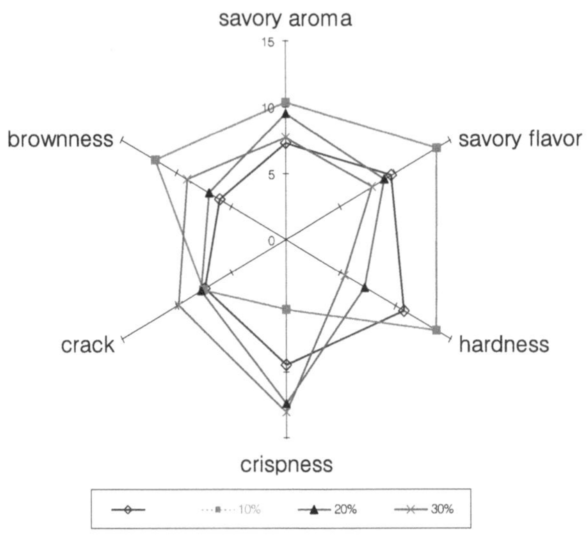

그림 11-12 기능성 쌀가루를 이용하여 개발한 쿠키의 정량적 묘사분석의 거미줄 그림의 예

④ 각 특성 분석 방법은 반복된 실험 결과에 대해 처리군과 패널 요원들의 효과를 판정할 수 있는 분산 분석이다.

⑤ 분산 분석 후 처리군들 간에 유의성이 있으면 적합한 방법(최소 유의차 검정, Duncan의 다범위 검정 등)으로 평균들 간의 유의성을 검정한다.

◎ 결과 보고

실험 목적, 평가표, 특성 설명표, 실험 방법 결과 및 해석, 결론, 제언 등을 포함한다.

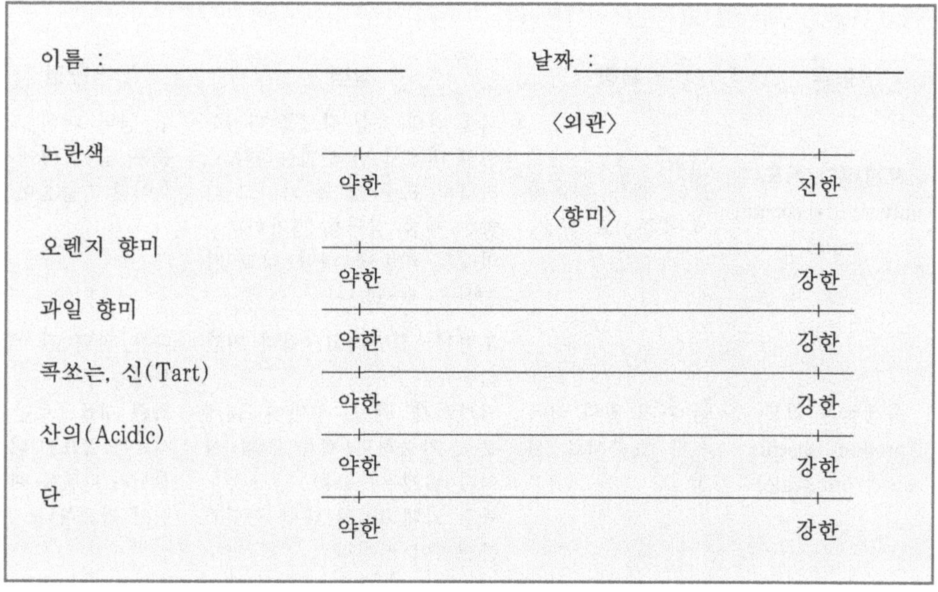

이름 :
날짜 :
〈외관〉
노란색
약한
진한
〈향미〉
오렌지 향미
약한
강한
과일 향미
약한
강한
콕쏘는, 신(Tart)
약한
강한
산의(Acidic)
약한
강한
단
약한
강한

그림 11-13 오렌지주스의 정량적 묘사분석 평가표

5. 스펙트럼 분석 (Spectrum Descriptive Analysis Method)

스펙트럼 묘사분석은 모든 관능특성을 훈련에 의해 개발된 기준시료의 강도가 표시된 기준척도와 비교하여 특성의 강도를 측정한다. 스펙트럼 묘사분석은 개발된 모든 특성에 대해 기준시료를 2개에서 많이는 5개 정도 개발하여 표시해 놓은 기준척도표에 의해 평가된다.

이용할 수 있는 척도는 QDA 방법과 같이 15cm 선척도이며 기준시료를 5개 이상 너무 많이 정할 필요는 없다. 스펙트럼은 냄새, 단맛, 경도 등 각각 특성에 따라 모든 시료를 포함하는 보편적인 척도(universal spectrum scale)와 특정 시료별로 좁혀진 특정 품목 스펙트럼 척도(product specific spectrum scale)가 있다.

보편적인 척도와 특정 시료별 스펙트럼 척도의 장단점은 표와 같다.

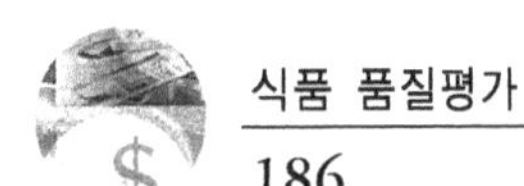

표 11-4 스펙트럼 묘사분석의 장단점

종류	특징	장점	단점
보편적인 척도 (universal spectrum scale)	모든 제품 영역에서 표준시료 선정	제품 간의 속성 강도를 다양한 영역 내에서 비교 가능하다. 하나의 표준시료를 가지고 다양한 제품 영역을 평가한다. 미래의 제품에 대한 비교 가능성을 제공한다.	한 영역 내의 평가는 좁은 범위 내에서 이루어질 가능성이 크다.
특정품목 척도 (product specific spectrum scale)	한 가지 영역 내에서만 표준시료 선정	훈련이 간단하고 쉽다(기간 짧음). 평가치가 척도 전반에 넓게 분포 가능하다(제품 간의 차이가 넓게 나타남). 특정 카테고리에 대한 경험과 분별력이 커진다.	다른 영역 간 비교가 불가능하다. 기존 제품으로만 표준시료를 잡으면 더 높은 강도가 나왔을 때 재훈련이 필요하다.

1) 패널선택 및 훈련

지각 능력, 등급 선정 능력, 관심 사항, 이용 가능성, 업무와 제품에 대한 태도, 건강 등을 고려하여 패널을 선정한다.

최종적으로 약 10~15명의 응답자를 선정하기 위하여, 대략 60에서 80명의 사람들이 예비 선별(prescreening)에 참가하기 위하여 모집된다. 평가될 감각 특성을 잘 식별하는 응답자를 선발하기 위한 예민도 평가는 실행될 훈련의 종류에 따라 달려 있다. 주로 맛, 조직감, 촉감 등에 대한 차이식별검사를 이용할 수 있다.

◎ 훈련 단계

훈련단계와 방법은 QDA와 비슷하며 오리엔테이션과 실제평가 훈련단계로 구성된다. 오리엔테이션 기간은 관심이 되는 감각 양상의 생리학적 원리들과 각 양상들을 평가하는 데 사용되는 절차들을 다룬다. 실제평가 훈련단계에서는 응답자들이 오리엔테이션 기간동안 배운 원리들을 실행하고 적용할 수 있도록 하는 실증단계가 수행된다. 총 10에서 12개의 연습과제가 3개월 혹은 더 긴 기간동안의 패널 업무동안 수행되는데, 이는

관심 대상의 양상들을 이해하기 위해 필요한 것이다. 또한 각 연습과제에서 다음 3개의 주요 과제가 완료된다.

① 제품군을 대표하는 샘플들의 재검토, 용어와 표준시료 개발

② 제품 참조사항의 재검토와 용어에 대한 평가 절차의 확립

③ 제품 평가와 결과 토의

이 세 과제가 완료된 후에 그리고 훈련자와 패널 리더로부터 업무수행이 평가된 이후에야 공식 평가를 위해 준비가 된다.

한번 혹은 여러 번에 걸친 오리엔테이션 기간은 제품 평가 기간에 앞서 이루어진다. 속성들과(ballot) 평가 절차를 확립할 때 실험 제품, 실제 실험 제품, 상업 제품들의 특성을 충분히 나타낼 수 있어야 하며, 광범위한 양의 질적·양적 참조사항들이 제시된다.

각 응답자는 각각 확립된 평가지와 평가 절차에 따라 테스트 제품을 평가한다. 이때 자료들은 통계적으로 수집되고 분석된다. 사용된 통계분석은 프로젝트 목표와 실험 디자인에 따라 다르다. 일련의 평가와 프로젝트가 끝나는 시점에는 패널과 패널 리더들은 문제점들과 연구과정에서 참조사항들을 토론하도록 한다.

2) 스펙트럼 묘사분석은 다음과 같은 것을 제공한다.

① 주요 제품 감각군에 대한 설명이 가능하다.

② 각 주요 감각 범주 내 그리고 특정 질적 참조사항을 따른 자세한 분리와 감각적 속성을 묘사한다.

③ 상대적이라기 보다는 기준점에 바탕을 두어 인지된 절대적 특성 강도의 점수를 부여한다.

④ 분산분석과 다변량 데이터 분석과 함께 자료의 통계적 분석과 결론의 도출이 가능하다.

6. 시간강도 묘사분석(Time-Intensity)

식품이 입과 코 안을 통과할 때의 물리적, 화학적 온도변화 그리고 희석효과에 노출됨에 따라 시간이 갈수록 그 강도가 변화한다. 그러나 대부분의 관능검사는 자극을 대표하는 단 하나의 강도만을 측정한다. 이 자극의 평균치의 측정은 제품의 중요한 특성의 시작과 지속기간과 관련된 정보를 손실하는 결과를 가져올 수도 있다.

시간강도 묘사분석은 시간이 지남에 따라 감각적 인지에 대한 시간상의 변화들을 측정하기 위하여 자극에 대한 전체 노출 기간 동안에 둘 이상의 시간상 지점에서 자극 강도를 측정하는 방법이다.

시간에 따른 특성 강도 변화를 정확하게 측정하는 방법은 고도의 훈련이 필요하다. 시간-강도 묘사분석으로 자료를 수집하기 위해 모눈종이를 이용하여 Y축에는 특성의 강도를, X축에는 시간의 변화를 측정하는 훈련을 하는 방법을 쓰기도 한다. 보통은 컴퓨터 시스템의 출현과 함께 여러가지 종류의 입력장치(예를 들어, 조이스틱, 전위차계(potentiometer), 마우스)를 이용하여 결과를 수집하고 분석하기도 한다.

시간강도 묘사분석법은 일반적으로 일정 노출 기간 동안의 단일 속성을 측정하는 데에만 한정적으로 사용한다. 시간간격을 드문드문하고 길게 한다면 다수의 특성에 관해서도 측정할 수 있겠지만, 이 역시도 특정한 자료 수집기구들이 있을 때 가능하다.

패널 훈련에서는 평가와 평가지의 동시 사용법, 침/삼키기 전까지의 노출시간, 총 반응시간 그리고 샘플 취급 지침, 측정과 눈금의 선택, 분리된 혹은 연속적인 결과 수집, 결과 수집을 위한 시간상 지점들의 수, 참고 시점의 사용과 같은 것들을 고려하여야 한다.

결과 분석은 일반적으로 최대 강도, 최대 강도까지의 시간, 존속 기간, 곡선 도표 아래의 면적 등과 같은 선택된 모수(parameter)들을 추출하고, 여기에 기술적 자료들의 분석에 사용되는 표준 통계 분석을 적용하게 된다. 선택된 모수는 다음과 같은 약자를 쓴다.

- I_{max} : 최고강도(Maximum Intensity)
- T_{max} : 최고강도에 도달한 시간(Maximum Time)
- Time(DUR) to ½ I_{max} : ½최고강도 도달시간
- AUC : 곡선하면적(Area Under the Curve)
- DUR : 특성강도 시작부터 끝남까지 걸린 시간(Duration)
- RoR : 강도 시작부터 최고강도에 이르는 속도 비율(Rate of Rise)
- onset : 특성강도 감각 시작점
- offset : 특성강도 감각 끝난점

시간강도 묘사분석은 여러 가지의 식품군과 비식품군 제품들에서 측정될 수 있다. 음료의 단맛의 시작시점과 단맛이 끝날 때까지의 시간과 껌의 탄력성 변화, 시간 변화에 따른 피부 크림의 효과, 샴푸의 비누거품 수명 등과 같은 것이 그 예이다.

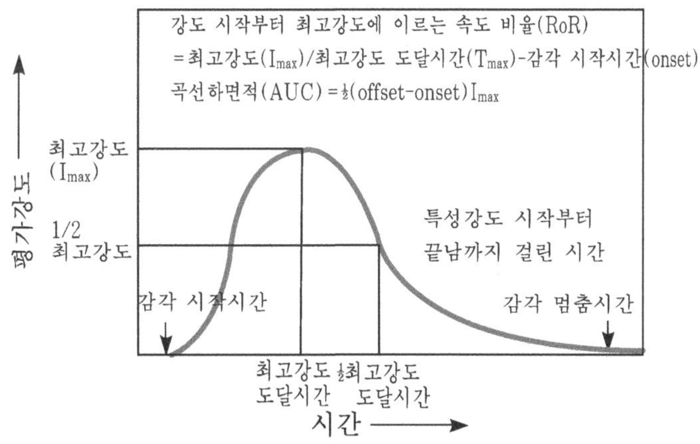

그림 11-14 시간강도 곡선의 파라메터

소비자검사

Consumer test

소비자검사(affective testing)는 제품이나 다른 대상물에 대한 애호도, 기호 혹은 태도를 알아보기 위하여 사용되는데, 연구할 때에 있어서 이 실험의 역할은 대개 제품 개발자나 연구자에게 길잡이와 방향을 제시하는 역할을 하는 데에 한정되어 있다. 제품 판매, 마케팅, 포지셔닝에 대해 최종 결정을 내릴 수 있도록 하는 광범위한 규모의 마케팅 조사 기술이 많이 쓰이기도 한다. 소비자란 검사하려는 제품에 대해 전문적 지식이 없으며 훈련을 받지 않은 패널요원이다. 대표적인 소비자는 없다. 검사하려는 제품이 누구(target population)를 위한 제품인지 결정한 후 선발 질문지를 작성하여 진행하며, 검사하려는 제품에 대해 전문적 지식을 가지고 있거나 그 제품의 개발 혹은 시장판매, 연구에 관련되거나, 나이가 너무 적거나 많은 사람들은 소비자 조사에서 제외한다.

소비자는 단체 혹은 개인을 대상으로 모집할 수 있다.

표 12-1 소비자 모집 종류

단체모집	시간 절약, 경제적
개인모집	많은 시간과 비용 소요, 처음 명단 작성의 어려움

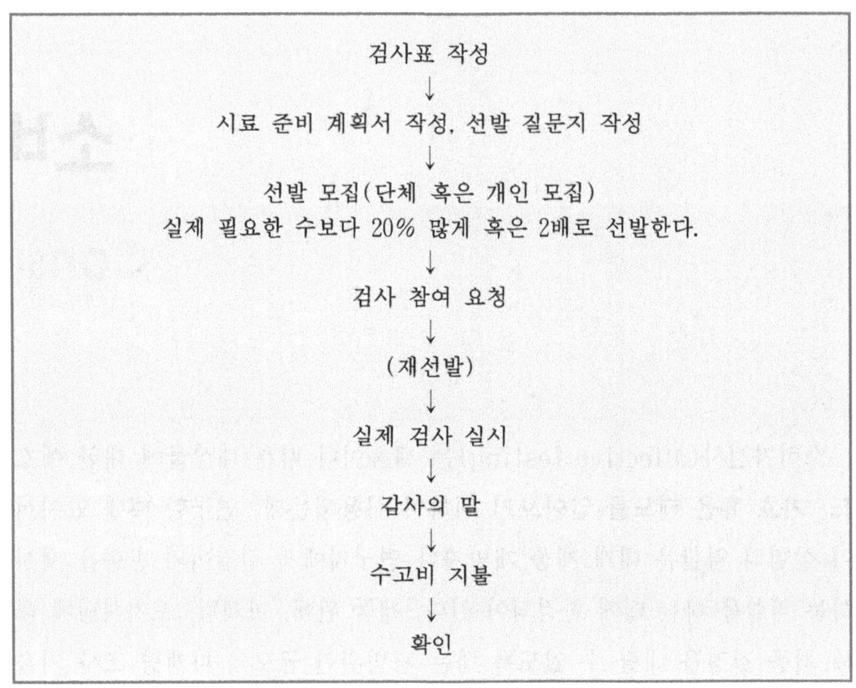

검사표 작성
↓
시료 준비 계획서 작성, 선발 질문지 작성
↓
선발 모집(단체 혹은 개인 모집)
실제 필요한 수보다 20% 많게 혹은 2배로 선발한다.
↓
검사 참여 요청
↓
(재선발)
↓
실제 검사 실시
↓
감사의 말
↓
수고비 지불
↓
확인

그림 12-1 소비자검사 과정

① Product : 저열량가 cake
② Target group : 지난 1년 동안 체중조절을 시도하고, 현재 저열량 식품을 사용하며, 지난 6개월간 cake를 먹은 경험이 있고, 고급 저열량가 cake가 있다면 사용할 용의가 있는 사람들.
③ 모집 방법 : 전화를 이용한 개별모집 혹은 학생회관 같은 공공장소에서 모집.
④ 소비자검사 방법 : focus group
⑤ 소비자검사 목적 : 개발 중인 저열량 cake를 시판 중인 저열량 cake와 비교한 소비자의 의견

그림 12-2 소비자 모집 선발을 위한 대상과 방법 계획

선발 질문지

이름 : ______________________ 남 ( ) 여 ( )

전화 번호 : ______________________

안녕하세요? 저는 K 대학교 식품영양학과 대학원생입니다.
연구과제로서 저열량 케이크에 대한 소비자 조사를 하고 있습니다. 이 연구에 참석해 주시면 참가료( )를 지불합니다. 약 90분쯤 소요되고 ________일에 있을 예정입니다.

이 연구에 참석해 주시겠습니까?
예 ( )-계속 다음 질문
아니오 ( )-감사합니다. (통화 종료)

먼저, 저희가 찾는 소비자 분인지 확인하기 위해 몇 가지 질문이 있습니다.

	예	아니오
1. 지난 1년간 체중조절을 시도해 보신 경험이 있습니까?	( )	( )
현재 저열량식품을 사용하고 계신지요?	( )	( )
지난 6개월간 cake를 드신 경험이 있으신지요?	( )	( )
고급의 저열량 cake가 있다면 드셔보실 의향이 있으신가요?	( )	( )

(만약 위의 질문 중 어느 하나라도 '아니오' 이면 통화 종료)
2. 귀하의 연세는 어느 범위에 있으신가요?
18~35 ( ), 36~65 ( ), 65세 이상 ( ) (65세 이상이면 통화 종료)
3. ____월 ____일 90분간 있을 회의는 오후 6시와 8시 두 번이 있는데 어느 때 나오실 수 있는지요?

바쁘신 중에도 시간을 내주셔서 감사합니다.

그림 12-3 소비자 모집 선발 질문지의 예

소비자검사는 크게 반복 실험 없이 다수의 소비자(최소 30인, 보통 100인)에 대해 실시하고 통계처리하여 결과를 분석하는 정량적 소비자검사(quantitative consumer test)와 포커스 그룹 인터뷰(focus group interview)와 같이 소수의 소비자(10인에서 15인)들이 실험실에서 통계처리하지 않고 제품의 특성을 검사하는 정성적 소비자검사(Qualitative Consumer test)로 나뉜다.

1. 정량적 소비자검사

정량적 소비자검사는 표준제품에 상응하는 파일롯 스케일의 예비실험의 전형제품(prototype) 개발단계에서 차이식별검사 결과 차이가 나타난 경우, 어느 것을 더 좋아하는지 조사하기 위하여 사용된다. 또한 작업확장과정에서 개발된 관련 제품, 시제품 또는 경쟁제품의 기호도를 비교하기 위하여 사용된다. 많은 수(50~400명)의 소비자를 대상으로 수행되며 제품의 특성(외관, 향, 맛, 조직감)에 대한 소비자의 전반적인 기호도 혹은 선호도를 알고자 할 때 이용된다. 정량적 소비자검사는 다시 검사 목적과 장소에 따라 분류 할 수 있다.

1) 검사 목적에 따른 분류

소비자검사는 검사 목적에 따라 선호도검사와 기호도검사 두 가지로 나뉘어진다. 선호도검사(preference test)는 강제로 더 좋아하는 시료를 선택하게 하고 "어떤 시료를 좋아하십니까"라는 질문을 사용한다. 기호도검사(acceptance test)는 선택보다는 평가를 하게 하는 방법으로 "이 시료를 얼마나 좋아하십니까?"라는 질문을 한다. 즉, 선호도는 선택을 의미하고 기호도는 좋아하는 정도를 말하며, 소비자가 무슨 이유로 좋아하는지 알기 위해 관능특성에 이들 두 검사방법을 첨부하기도 한다. 또한 양적검사는 검사 장소에 따라 실험실검사, 중심지역검사, 가정 사용검사로 나뉘기도 한다.

(1) 선호도검사(preference test)

강제로 더 좋아하는 시료를 선택하게 한다. 즉 소비자가 제품을 좋아하는지 싫어하는지는 알 수 없고, 단지 여러 시료 중에서 선택하게 하므로, 검사자들은 제품의 기호도 상태에 대해 미리 잘 알고 있어야 한다. 검사물의 수가 3~5개인 경우 선호도 순위를 결정하는 데 이용한다.

표 12-2 선호도검사의 종류

검사의 종류	시료의 수	선호도
선호도	2	두 시료 중 한 시료를 선택
선호도 순위	3 이상	상대적인 선호도 순서
다시료 선호도		두 시료씩 짝을 지어 그중 한 시료 선택
모든 가능한 쌍		예 : A-B, A-C, A-D, B-C, B-D, C-D
선택된 쌍		예 : 표준시료와 다른 시료들을 비교할 때 (A-B, A-C, A-D)

이름 : ______________________

날짜 : ______________________

다음 두 시료 중 더 좋아하시는 시료를 하나만 골라 주십시오.

635 ______ 729 ______

이 제품을 선택하신 이유를 설명해 주십시오.

____

____

감사합니다.

그림 12-4 선호도검사에 사용되는 검사표의 예

이름 : ______________ 날짜 : ______________

먼저 왼쪽의 시료를 맛보신 후 다음 시료를 맛보십시오.
가장 좋아하는 것에 1순위, 가장 좋아하지 않는 것에 4순위를 주어 제시된 시료의 순위를 정하세요.

565 ______ 247 ______ 353 ______ 709 ______

의견 :

감사합니다.

그림 12-5 선호도 순위검사에 사용되는 검사표의 예

(2) 기호도검사(acceptance test)

소비자가 얼마나 제품을 좋아하는지 정도를 측정하고자 할 때 이용한다. 주로 9점 항목 척도가 이용되며, 선척도, 비율척도, 얼굴척도 등을 이용한다. 검사물의 수가 두 개인 경우에는 t-검정을 사용하여 분석하며, 세 개 이상일 때는 분산 분석 후 시료의 차이가 유의하면 더 나가 다중비교(multiple comparison)를 한다.

기호도검사를 위한 설문지를 작성할 때 다음과 같은 점을 고려한다.

① 특성을 이해하고 조정하기 쉬운 검사표를 작성한다.

② 검사하는 방법을 명시한다.

③ 중요한 것을 먼저 질문한다.

④ 전반적인 기호도와 특정 특성과의 상관 관계를 조사한다.

성명 : ____________ 날짜 : ____________

1. 전반적검사 : 귀하의 의견을 가장 잘 표현한 난에 표시해 주시기 바랍니다.

□	□	□	□	□	□	□	□	□
대단히 싫어함	많이 싫어함	적당히 싫어함	약간 싫어함	좋지도 싫지도 않음	약간 좋아함	적당히 좋아함	많이 좋아함	대단히 좋아함

2. 아래의 각 특성에 귀하의 의견을 가장 잘 표현한 난에 표시해 주시기 바랍니다.

특성							
외관 맛	□ 엷은	□	□	□	□	□	□ 짙은
짠맛	□ 전혀	□	□	□	□	□	□ 아주 강한
신선한 구운 맛	□ 오래된	□	□	□	□	□	□ 아주 신선한
조직감 아삭아삭하는	□ 눅진눅진한	□	□	□	□	□	□ 아삭아삭한
뒷맛	□ 불쾌한	□	□	□	□	□	□ 유쾌한

의견 :

감사합니다.

그림 12-6 검사표 작성의 예 : 전반적인 기호도와 특정 특성과 관계

⑤ 전반적인 기호도 다음에 open-end question으로 무엇이 전반적인 기호도에 영향을 미치는지를 조사한다.

⑥ 선척도인 경우 양끝에 강도에 관하여 기술한다.

⑦ 항목 척도인 경우 각 사이가 균일하도록 하며 최소한 7항목(보통 9항목)을 설정한다.

시료 번호 : ______________
이름 : ________________ 날짜 : ______________

이 제품에 대한 느낌을 가장 잘 표현한 난에 표시해 주십시오.

□ □ □ □ □ □ □ □ □
대단히 싫어함 ... 대단히 좋아함

특별히 느끼신 특성이나 의견을 적어 주십시오.

감사합니다.

그림 12-7 9점척도검사표(hedonic scale) 작성 예

⑧ 식품행동 척도법(FACT : Food Action Rating Scale)은 척도 사이가 균일하지 않아 정보 수집에 제한이 있는 척도이다.

이름 : ________________ 날짜 : ______________

	296	894	528
기회가 있을 때마다 먹는다.	____	____	____
아주 자주 먹는다.	____	____	____
빈번히 먹는다.	____	____	____
좋아하며 때때로 먹는다.	____	____	____
좋아하지 않지만 가끔 먹는다.	____	____	____
거의 안 먹는다.	____	____	____
다른 먹을 것이 없다면 먹겠다.	____	____	____
강제로 먹인다면 할 수 없이 먹겠다.	____	____	____

이외에 의견을 적어주십시오.

감사합니다.

그림 12-8 식품행동척도법(Food Action Rating Scale)

2) 검사 장소에 따른 분류

검사 장소에 따라 소비자검사는 실험실검사(Laboratory Test), 중심지역검사(Central Location Test), 가정사용검사(Home Use Test)의 세 가지로 나눌 수 있다. 검사 장소에 따라 검사 결과에 영향을 줄 수 있는 이유는 제품 사용 시간, 제품 준비의 형태, 다른 음식이나 평가자 이외의 사람에 의한 영향 및 질문지의 길이와 복잡성 등이 다른 조건이기 때문이다.

(1) 실험실검사(Laboratory Test)

① 패널 : 보통 그 회사 내의 고용인을 이용하며 제품 당 25~50명의 인원이 검사한다.

② 시료 : 1회에 2~5개의 제품을 검사하며, 검사물의 수는 5개를 넘지 않도록 한다. 검사물의 수가 5개 이상인 경우에는 중간에 쉬는 시간을 주거나 균형 불완전 블럭 실험 계획법을 사용한다.

③ 검사방법 : 주로 선호도 혹은 기호도검사를 한다.

④ 장점

㉮ 제품을 준비하고 제시하는 데 통제가 가능하므로, 모든 패널 요원에게 동일 조건으로 시료를 준비하고 제시한다.

㉯ 회사 내에서 짧은 시간 안에 검사원에게 통보하여 필요한 패널 요원을 모집할 수 있으므로 능률적이며 경제적이다.

㉰ 검사하는 환경 및 조건을 통제할 수 있기 때문에 신제품 개발 초기에 통제할 수 없는 시각적 효과를 없앨 수 있다. 예를 들면, booth에 붉은 등을 사용하여 시각적 차이에서 오는 효과를 제거할 수 있다.

㉱ 결과 수집과 그 결과에 의한 수정이 빠르다.

⑤ 단점

㉮ 검사하는 장소가 주로 제품이 개발 혹은 생산된 곳과 관련이 있으므로 신제품이 개발된 출처가 노출된다.

㉯ 회사동료를 소비자로서 선정한 경우, 회사의 신제품에 대해 높은 기호도 점수를 주는 경향이 있다. 또한 동료들은 제품을 구매하려는 대상 즉 목표집단(target population)이 아니기 때문에 제한된

정보만을 얻을 수 있다.

㉰ 실험실 내에서 통제된 방법에 의해 시료를 준비하여 제시하기 때문에, 시료가 준비되고 소비되는 과정이 보통의 가정 혹은 일상생활에서 찾아 볼 수 없는 방법이다.

㉱ 실험실검사에서의 제품견고성은 평소 가정에서의 제품견고성과 다르다. 보통의 경우, 실험실검사에서는 제품의 저장 혹은 유통 시 견고성을 검사하기 힘들다.

(2) 중심지역검사(Central Location Test)

중심지역검사는 소비자검사 중 가장 널리 알려진 방법으로, 마케팅 연구에서 빈번히 사용하고 있다. 패널요원 모집은 검사 전에 미리 확보해 놓는 방법과 지나가는 사람에게 그 시간에 평가를 부탁하는 방법이 있는데, 소비자들 중 제품사용비율이 낮은 경우에는 목표집단(target group)이 평가자가 될 수 있으며, 많은 시간과 비용이 들게 되므로 적당하지 않다. 선호도와 기호도 측정에는 적합하지만, 품질 측정에는 적당하지 않다.

① 검사장소

상가, 시장, 사무실 등 사람이 많이 모일 수 있는 곳에서 행해진다. 검사를 주관하는 사람은 상가 혹은 사람이 많이 모이는 장소를 임대하여 그 곳에 검사대를 만들어 검사를 한다.

우리나라에서 실제로 애용되고 있는 중심지역검사 장소에는 조용하고 차분히 앉아서 편안한 분위기에서 검사를 할 수 있는 제과점이나 유동인구가 많은 슈퍼마켓 등이 있다.

② 시료

㉮ 시료는 안 보이는 곳에서 준비하여 세 자리 무작위 수를 달아 동일한 조건으로 소비자에게 제시한다.

㉯ 균형된 시료제시 순서를 이용한다.

㉰ 보통 중심지역검사는 주위가 산만한 곳에서 실시되기 쉬우므로 되도록 질문지는 간단하고 명료한 것이 좋다.

㉱ 시료준비에 많은 시간이 걸리고 오랜 시간 동안 보존할 수 없는 경우에는 검사를 위한 비용이 높아진다.

㉲ 한 장소에 50~300명의 소비자가 검사한다. 보통 한 검사물에 대해 100명의 소비자가 검사하며 한 사람에게 2~4개의 검사물을 제시한다.

③ 중심지역검사방법의 부가적인 두 가지 방법

㉮ 이동수레(mobile serving cart)

손수레에 검사할 제품과 기타 필요한 제품을 싣고 고용인 작업실로 방문하여 검사를 실시한다. 소비자들은 주로 회사 내 고용인이며, 제품 당 25~50명을 모집하여 한 번에 2~5개의 검사물까지 평가한다.

㉯ 이동실험실(mobile serving cart)

대형차량에 실험실과 유사한 환경을 설치하고 소비자를 만날 수 있는 장소로 이동해 갈 수 있는 방법이다. 이동수레방법에 비해 환경을 조절할 수 있고 회사 내 고용인이 아닌 소비자를 이용할 수 있는 장점이 있다. 제품 당 40~60명의 응답자 수를 필요로 하며, 검사물 수는 2~5개가 적당하다.

㉠ 장점

· 통제된 조건 하에서 평가하므로 모든 소비자가 동일한 조건의 제품을 평가할 수 있다.
· 제품을 생산한 회사의 종업원이 아닌 사용자에 의한 결과를 얻을 수 있다.
· 사람이 많이 모이는 곳에서 실시하므로 많은 소비자로부터 반응을 얻을 수 있다.
· 검사도중 질문지의 잘못된 해석 등으로 생길 수 있는 문제점을 즉시 해소할 수 있다.
· 경우에 따라서는 여러 제품을 제시하여 많은 정보를 얻어낼 수도 있다.

㉡ 단점

· 정상적인 제품 사용이기보다는 인공적인 제품 사용 방법이다.
· 보통 주위가 산만한 곳에서 실시되기 때문에 질문 수가 제한된다.

이름 : ____________________

날짜 : ____________________

두 시료 중 어느 것을 더 좋아하십니까?

463 ________ 189 ________

이 제품을 선택하신 이유는 무엇인지 설명해 주십시오.

감사합니다.

그림 12-9 중심지역검사의 질문지 예

(3) 가정사용검사(Home Use Test)

목표집단이 되는 소비자를 미리 계획한 3~4개 도시 당 각각 75~300 가구씩 선발하여 1~2개의 검사물을 각 가정에 보내 실제로 사용하면서 평가하게 한다. 보통은 약 100이 적당하며, 100명 이하의 적은 수의 소비자 수는 전체 검사결과에 영향을 줄 수 있으므로 피하는 것이 좋다.

① 검사방법

가정에 보내지는 검사물은 보통 판매되는 조건과 같게 한다. 단지 다른 점은 검사물은 상표를 사용하는 대신에 흰색 용기에 세 자리 무작위 숫자 혹은 color coding을 사용한다. 가장 권장되는 방법은 면접원이 가정에 직접 한 개의 검사물과 검사표를 배달하고 일정기간(보통 5~7일) 사용하고 난 후, 두 번째 방문 때는 첫 번째 검사물과 검사표를 수거하고 두 번째 검사물과 검사표를 배달하는 방식이 좋다. 이 방법은 면접자가 소비자와 가정 사정을 조사하고 올바로 제품이 사용되었는지 파악할 수 있으며, 제품준비와 검사절차에 관해 의문이 있는 경우 현장에서 해결할 수 있다. 우리나라에서도 면접원이 직접 가정을 방문하여 검사물을 배달하고 검사표를 수거하는 방법은 응답률이 높은 것으로 알려져 있다. 이 방법은 제품개발의 마지막 단계에 이용된다. 두 개의 검사물을 평가할 경우 한꺼번에 두 시료를 보내면 비용을 감소시킬 수 있지만, 평가내용을 다른 검사표에 기입함으로써 실험이 실패할 수도 있다. 회사의 종업원을 이용하는 경우 그들로 하여금 검사물과 지시사항을 받아가게 하고, 검사가 끝난 후 가져오게 할 수 있으며, 지역주민들을 이용하는 경우 교통이 편리한 장소를 선정하여 그곳에서 검사물과 지시사항을 수납하게 할 수 있다. 가정사용검사를 실험실검사와 같은 다른 방법과 병행하는 경우에는 동일한 척도를 사용하는 것이 바람직하다.

② 장점

▪ 온 가족의 의견, 시장판매에 관한 의견 등 실험실검사 혹은 중심지역검사방법에서는 얻을 수 없는 정보를 얻을 수 있다. 포장방법, 사용에 필요한 지시사항, 내용물 및 기타 사항을 소비자가 검토할 수 있는 기회를 마련하며, 제품사용방법 및 지시사항을 명확히 하여 검사하는 동안 생긴 오해가 발생하지 않도록 한다.

▪ 실제로 제품이 소비되는 조건에서 평가하며 제품의 첫인상보다는 일정기간 사용한 후의 기호도를 조사하기 때문에 신뢰성 있고 안정된 검사방법이다.

▪ 여러 번 사용한 후 평가하기 때문에 잠재적 판매 가능성에 대한 정보를 제공한다.

▪ 시간을 두고 제품을 검사하므로 다른 어느 검사방법에 비해 제품의 가격, 포장, 소비자 태도, 관능적 특성을 포함한 여러 가지 특성에 대한 정보를 얻을 수 있다.

▪ 소비자를 모집하는 데 통계적인 방법을 사용할 수 있으며 제품을 저장·유통할 때의 견고성을 검사할 수 있다.

③ 단점

▪ 다른 검사에 비해 비교적 장시간(1~4주)이 소요된다.

▪ 중심지역검사에 비해 소비자의 수를 적게 이용하는 경향이 있다.

▪ 우편을 이용하여 검사물을 배달하는 경우 비교적 응답률이 낮다.

▪ 각기 다른 환경에서 검사물이 평가되기 때문에 보이지 않는 많은 문제가 존재한다.

2. 정성적 소비자검사

1) 용 도

정성적 소비자검사는 언제, 어디서, 무엇을, 어떻게, 왜에 관한 정보를 얻기 위한 검사방법이다. 다음과 같은 경우 정성적 검사를 이용한다.

① 구매결정을 내리는 데 있어서 행동적 요소 혹은 주관적 요소를 조사할 때.

② 새로운 제품에 관한 소비자반응을 조사할 때.

③ 소비자가 원하는 제품의 특성을 조사할 때.

④ 양적검사를 하기 전 용어의 의미를 조사할 때.

⑤ 효과적인 광고, 판매전략 및 포장 디자인을 찾아낼 때.

2) 분 류

(1) 포커스 그룹 인터뷰(Focus Group Interview)

① 구성원 : 소비자(참석자) 8~12명, 진행자, 고객(참관자)

② 소비자들의 선발 기준 : 상품 사용여부, 생활방식, 건강에 관심이 있는 사람, 용어의 사용이 폭넓고 자유로운 사람, 심리검사를 통해 창의성이 있는 사람, 기타 인적사항 등을 고려하여 선발한다.

③ 회의의 수 : 1회로 종료, 90~120분 소요.

④ 최소 2 focus group/cell 필요.

⑤ 진행 중 필수요건

㉮ 목적이 분명할 것.

㉯ 가능한 적은 수의 시료를 사용할 것.

㉰ 흥미와 관심이 있을 것.

㉱ 편안한 환경을 만들 것.

㉲ 소비자들의 의견을 존중할 것.

㉳ 진행자의 지침서를 마련하고 진행에 관한 준비를 충분히 할 것.

㉳ 진행순서

서론 ⇒ 토의 시 지켜야 할 사항 ⇒ 각 소비자의 자기 소개 ⇒ 일반적 질문 ⇒ 전문적 질문 ⇒ 가종결 ⇒ 종결 및 요약 ⇒ 감사의 말

⑥ 한계점

㉮ 양적 결과가 아님

㉯ 진행자의 역할

㉰ 참석자(소비자)에 의한 오차

⑦ 진행방법

그룹 토의는 한쪽 면에 거울이 설치된 방에서 진행에 경험이 있는 전문적인 진행자가 진행하며, 토의 내용은 녹음과 녹화를 한다. 소비자들은 토의에 참석하여 의견을 말하며 보통 사례금을 받는다. 한편, 거울 뒤의 공간에서는 관심 있는 연구자나 고객들이 토의에 방해가 되지 않는 한 토의과정을 참관할 수 있다. 시간과 비용 면에서 경제적인 이 방법은 창조적이며 방향을 제시할 수 있다.

(2) 포커스 패널(Focus Panel)

Focus group의 경우와 같이 8~12명으로 구성되며 1회 이상 회의를 갖는다. 신제품의 개발 도중 혹은 제품의 저장 중 변화를 조사할 때 사용될 수 있으며 매번 다른 제품을 사용할 수 있다.

(3) 소비자 프로브 패널(Consumer Probe Panel)

보통 6~8명의 소비자로 구성되며 반나절 또는 하루가 소요되고, 심도 있게 연구할 필요가 있을 때 사용한다(예 자동차 안전벨트, 냉장고).

(4) 일대일 면접(One to One Interview)

독립적이며 순수한 개인반응을 조사할 수 있다. 1회에 30~60분 소요되며 의견을 조절할 수 있다. 양적인 검사의 일종으로 소극적인 사람 혹은 민감한 group의 의견을 청취할 수 있지만 많은 시간과 비용과 노력이 필요하다는 단점이 있다.

SAS에 의한 실험 설계

1. 실험 설계의 개념

실험 설계(design of experiments)란 해결하고자 하는 문제에 대하여 올바른 실험 계획으로 실험을 하고 데이터를 취하며, 어떠한 통계적 방법으로 데이터를 분석하면 최소의 실험 횟수에서 최대의 정보를 얻을 수 있는가를 설계하는 것이다.

1) 실험 설계의 순서

(1) 실험 목적의 설정

실험 목적이 명백히 제시되지 않은 실험은 최적의 실험 방법과 분석 방법이 무엇인지 찾아내기 어렵다.

(2) 반응치의 선택

실험 목적이 정해지면 그 목적에 맞는 실험의 반응치(특성치)를 택하여야 한다.

(3) 인자와 인자수준의 선택

인자(factor)의 선택은 실험의 목적을 달성할 수 있다고 생각되는 범위 내에서 최소의 인자를 택해 주어야 한다.

인자의 수준(level)과 수준 수를 택할 때에는 실험자가 생각하고 있는 각 인자의 흥미영역(region of interest)에서 수준을 잡는다. 또한, 수준 수는 보통 2~5 수준이 적합하다.

(4) 실험의 배치와 실시

실험의 배치란 어떻게 인자의 수준을 조합시켜 실험할 것인지를 결정하며, 실험을 시간적 혹은 공간적으로 분할하여 그 내부에서 실험의 환경이 균일하도록 만드는 블럭(block)을 구성하는 것이다.

실험의 실시는 미리 정한 반응치 이외에도 실험과 관련된 중요한 데이터는 모두 취하여 두는 것이 좋다.

(5) 데이터의 분석

실험에서 얻어지는 데이터에 대하여 어떠한 통계적 방법을 사용하여 분석할 것인가를 정하여야 한다.

(6) 분석결과의 해석과 조치

실험결과의 해석은 주어진 조건 내에서만 결론을 지어야 한다. 또한 최적조건의 실험 결과일 때는 반응치에 대한 확인 실험을 통하여 실제로 얻어진 최적조건이 최적 반응치인지 확인을 하여야 하며, 실험결과의 해석이 끝난 후에는 다음 단계의 실험을 계획하든가, 작업표준을 개정한다거나 하여야 한다.

이 장의 목적은 연구를 계획하고 그 연구 결과를 해석하기 위한 방법을 통계에 대한 한정된 지식을 소유한 연구자들에게 제공하는 데에 있다. 통계는 습득한 data를 분석하고 이 매뉴얼에서 설명된 방법들을 사용하여 발견되는 차이점들에 대한 통계적 유의성을 검토하는 것이다. 통계적 유의성은 제품이나 조사원들 사이에서 발견된 차이점이 제품이나 조사원 내부에서 발견된 차이점보다 더 클 때 발생하는데, 통계적으로 유의적인 차이가 반드시 중요한 차이점이나 실제적인 유의성을 가진 차이점을 의미하지는 않는다.

이 장에서는 자주 접하게 되는 통계 용어와 기호에 대한 풀이도 포함되므로, 일부 참고문헌이나 더 자세한 문제들을 알려고 하는 사람들에게 도움이 될 것이다.

2) 통계 용어와 기호의 풀이

품질평가를 위한 통계 처리 시 필요한 대표적 용어와 기호를 다음과 같이 설명하였다.

(1) 영가설, 공가설, 귀무가설(Null Hypothesis)

비교구간과 차이가 없다는 가설이다. 비교하는 값과 차이가 있다는 대립가설(alternate hypothesis)에 대응하는 가설로 H_O로 표시한다.

(2) 대립가설(Alternate Hypothesis)

뚜렷한 증거가 있을 때 주장하고자 하는 가설, 즉 비교구간과 차이가 있다는 가설로, 비교하는 값과 차이가 없다는 귀무가설(null hypothesis)에 대립하는 가설이며 H_1으로 표시한다.

(3) p 값(p-Value)

데이터를 기초로 귀무가설이 진실이라는 사실을 지지해주는 정도를 의미하며, p-value가 유의수준보다 크면 귀무가설을 채택하고, 유의수준보다 작으면 귀무가설을 기각한다.

· 의사결정

$p-value > \alpha = 0.05$ H_0 선택

$p-value \leq \alpha = 0.05$ H_0 기각

(4) 신뢰구간(Confidence Interval)

어떤 지정된 조건의 가능성이 발견되기를 기대하는 구간을 말한다.

표현은 "95% 신뢰구간, X는 X±k"로 한다. 이것은 X가 (X-k) 혹은

(X+k) 사이에서 95%의 가능성이 있다는 것을 의미한다. 또한 X가 신뢰구간 밖에 존재하는 경우가 5% 이내라는 것을 알려주므로 "통계적 유의성"과 관계가 있다.

(5) 자유도(Degrees of freedom)

자유도는 관찰의 독립성과 관련된 어려운 개념이다. 어떤 실험에서 변수가 n개이며 n개의 결과를 기대할 때, n-1개의 결과치를 알면 나머지 한 개의 결과치를 결정할 수 있으므로 이때 자유도 n-1을 가진다고 한다. 즉, 변수가 n개일 때 n-1개에 대한 결과를 알면 나머지 한 개의 결과를 예측할 수 있으므로 변수가 n개이면 그에 대한 자유도는 n-1이 된다는 것이다. 예를 들어, 변수 6개의 결과 평균이 3.5이고 5개의 결과가 2, 5, 3, 6, 3이라면 나머지 하나의 결과는 (6×3.5)-2-5-3-6-3=2라는 계산을 통하여 알아 낼 수 있다. 따라서 변수가 6(혹은 n)개인 것의 실험에서 5개의 결과만 알면 다른 한 개의 결과를 알 수 있으므로 이때 자유도는 5(혹은 n-1)이다.

(6) 평균(Mean)

결과치들의 산술평균으로 기호 X(모평균에서는 μ)가 사용된다.

공식(*Formula*) : $\chi = \frac{\sum \chi}{n}$

$\sum \chi$ = 구간값들의 합

n = 구간값들의 수

(7) 중앙값(Medium)

가장 낮은 수치와 가장 높은 수치의 중점을 말한다.

정확히 말하자면 수치들의 반은 중앙값보다 높고, 반은 더 낮다.

(8) 표준편차(Standard Deviation)

기호(Symbol) : SEM

공식 : *Formula* $SEM = \frac{S}{\sqrt{n}}$

2. 단일 평균 검증

다음은 패널요원 8명이 김치의 신맛을 평가한 점수이다. 이 김치의 신맛의 점수가 48점이라 할 수 있는지 유의수준 5%에서 검정하시오.

43.7	47.0	52.7	56.4	39.8	53.7	62.8	55.7

(n = 8, $\overline{X}$ = 51.5, s^2 = 7.52, α= 0.05)

① 가설의 설정

H_0 : $\mu=48$ H_1 : $\mu\neq48$

② 유의수준 : $\alpha=0.05$

③ 검정통계량 $T=\dfrac{\overline{X}-\mu}{s/\sqrt{n}}=\dfrac{51.5-48}{7.5/\sqrt{8}}=1.3$

④ 임계값 $t_{0.025,7}=2.365\rightarrow p-value\fallingdotseq0.23>0.05$

⑤ 의사결정

$p-value>\alpha$ H_0 선택

$p-value\leq\alpha$ H_0 기각

〈SAS 프로그램 : 단일 평균 검정〉

```
data sour; ①
input x @@; ②
y=x-48; ③
cards; ④
43.7 47.0 52.7 56.4 39.8 53.7 62.8 55.7
run;
proc means n mean std t prt; var x y; run; ⑤
```

〈프로그램 해설〉

① sour이라는 SAS DATASET을 생성

② 변수의 명을 x라 칭하고 데이터를 가로로 연속 입력

③ y=x-48로 변수변환(proc means에서는 H_0 : μ = 48이 귀무가설임, 따라서

H_0 : μ_x = 48과 H_0 : μ_y = 0은 같은 검정임)

④ 데이터를 직접 입력

⑤ means procedure를 사용하여 n(갯수), mean(평균), std(표준편차), t(t-value 값), prt(p-value) 값을 산출

〈SAS 결과 : 단일 평균 검정〉

The MEANS Procedure

변수	N	평균값	표준편차		t Value	Pr > |t|	
x	8	51.4750000	7.4985237	해석1	19.42	<.0001	
y	8	3.4750000	7.4985237		1.31	0.2313	해석2

해석 1

패널요원 8인의 평균은 51.5이며 표준편차는 7.5이다.

해석 2

P-value 0.2313이 α=0.05보다 크므로 귀무가설 μ=48을 채택한다.

3. 두 평균에 대한 검증(독립표본)

예 다음은 두 회사에서 나온 커피에 대한 패널요원들의 맛에 대한 평가 자료이다. 이 두 가지 제품의 맛에 대한 평가 간에 차이가 있는지 알고 싶다.

표 13-1 독립표본의 예

커피 1		커피 2	
패널 요원	점수	패널요원	점수
1	6.2	a	6.7
2	7.5	b	7.6
3	5.9	c	6.3
4	6.8	d	7.2
5	6.5	e	6.7
6	6.0	f	6.5
7	7.0	g	7.0
		h	6.9
		i	6.1

① 귀무가설 $H_0 : \mu_1 - \mu_2 = 0$

대립가설 $H_1 : \mu_1 - \mu_2 \neq 0$

② 유의수준 : $\alpha = 0.05$

③ 검정통계량

$$T = \frac{(\overline{X} - \overline{Y}) - (\mu_1 - \mu_2)}{s_P\sqrt{\frac{1}{n} + \frac{1}{n}}} = \frac{(6.557 - 6.778) - 0}{0.515\sqrt{\frac{1}{7} + \frac{1}{9}}} = -0.85$$

$$s = \frac{(n_1 - 1)s + (n_2 - 1)s}{n_1 + n_2 - 2} = \frac{6\times 0.5798^2 + 8\times 0.4604^2}{7 + 9 = 2} = 0.2652 = 0.515^2$$

④ 임계값 $|t_{0.05,14}| = 1.76 \rightarrow p-value = 0.4095 > 0.05$

⑤ 귀무가설을 채택한다.

〈SAS 프로그램 : 독립표본 검정〉

```
data base;          ①
input group score @@;          ②
cards;  ③
1 6.2 1 7.5 1 5.9 1 6.8 1 6.5 1 6.0 1 7.0
2 6.7 2 7.6 2 6.3 2 7.2 2 6.7 2 6.5 2 7.0 2 6.9 2 6.1
run;
proc ttest;          ④
class group;         ⑤
var score; run;          ⑥
```

〈프로그램 해설〉

① base라는 SAS DATASET을 생성
② 변수의 명을 group, score라 칭함
③ 자료를 직접 입력
④ 독립표본에 대한 두 모집단 평균분석 검정
⑤ group으로 분류를 함
⑥ score 값으로 평균분석 검정

〈SAS 결과〉

The T-TEST Procedure

해석 1 Statistics

Variable	group	N	Lower CL Mean	Mean	Upper CL Mean	Lower CL Std Dev	Std Dev	Upper CL Std Dev	Std Err
score	1	**7**	**6.0209**	**6.5571**	**7.0934**	**0.3736**	**0.5798**	**1.2768**	**0.21921**
score	2	**9**	**6.4239**	**6.7778**	**7.1317**	**0.311**	**0.4604**	**0.882**	**0.15352**
score	Diff **(1-2)**		**-0.777**	**-0.221**	**0.336**	**0.377**	**0.515**	**0.8122**	**0.2595**

해석 3 T-Tests

Variable	Method	Variances	DF	t Value	Pr > |t|
score	Pooled ②	Equal	14	-0.85	0.4095
score	Satterthwaite ③	Unequal	11.3	-0.82	0.4266

해석 2 Equality of Variances

Variable	Method	Num DF	Den DF	F Value	Pr > F	
score	Folded F	6	8	1.59	0.5329	①

〈SAS 결과 : 독립표본 검정 해설〉

해석 1

방법별 당도에 대한 개수, 평균, 표준편차, 최소값·최대값 및 평균과 표준편차에 대한 95% 신뢰구간을 나타낸다.

해석 2

동일분산 검정을 하는 과정으로 ①의 값이 유의수준 0.05보다 크면 해석 3의 Pooled②를 선택하고, 유의수준보다 작으면 해석 3의 Satterhwaite③을 선택한다. 이 분석에서는 ①의 값이 0.5329로 유의수준 0.05보다 크므로 Pooled 방법을 선택한다.

해석 3

해석 2에서의 결과에 따라 Method를 결정한 후 귀무가설을 검정한다. 이 분석에서는 Pooled 방법을 선택한 후 p-value가 ④처럼 0.4095이므로 귀무가설을 채택한다.

4. 두 평균에 대한 검증(대응표본)

예 다음은 특정한 식품에 방부제 첨가 전과 후의 저장기간 차이를 나타내고 있는 자료이다. 저장기간에 대해 방부제 효과가 있었는지를 검정하시오.

표 13-2 대응표본의 예

식품	저장A	저장B	효과(di)
1	79	85	+ 6
2	55	57	+ 2
3	50	48	-2
4	68	65	-3
5	59	72	+ 13
6	81	87	+ 6
7	48	56	+ 8
8	65	67	+ 2
9	53	59	ㄴ

① 귀무가설 $H_0 : \mu_d = \mu_1 - \mu_2 = 0$

대립가설 $H_1 : \mu_d = \mu_1 - \mu_2 > 0$

② 유의수준 $\alpha = 0.05$

③ 검정 통계량

$$T = \frac{\overline{D} - (\mu_1 - \mu_2)}{s_d\sqrt{\frac{1}{n_1}}} = \frac{4.22 - 0}{5.02\sqrt{\frac{1}{10}}} = 2.52$$

④ 임계값 $t_{0.05,9} = 1.83 \rightarrow p-value \fallingdotseq 0.018 > 0.05$

⑤ 귀무가설을 기각한다.

〈SAS 프로그램 : 대응표본 검정〉

```
data base;
input ID storA storB @@
d=storB -storA;
cards;
1 79 85 2  55  57  3  50  48  4  68  65  5   59  72  6  81  87  7  48  7  48  56  8  65  67  9  53  59
;
run;
proc means n mean stp t prt;
var d;  run;
```

〈SAS 결과 : 대응표본 검정〉

The MEANS Procedure

해석 1

분석 변수 : d

N	평균값	표준편차	t Value	Pr > |t|
9	4.2222222	5.0194068	2.52	0.0356

〈SAS 결과〉

해석 1

t 검정 유의 확률이 0.0356으로 저장기간에 대한 방부제 효과가 있음을 나타낸다.

5. 분산분석 (Analysis of Variance : ANOVA)

1) 분산분석의 개념

분산분석(analysis of variance, ANOVA)이란 실험설계에서 가장 많이 사용되는 데이터 분석방법으로 둘 이상의 표본을 취급하여 표본평균 간의 차이를 검정하는 데 주로 이용되는 방법이다.

- 셋 이상 처리군의 평균이 같은지 여부를 검증
- 실험계획에 따른 결과처리

2) 분산분석 절차

(1) 가설의 설정 및 유의수준의 결정

① 가설 : H_0 : $\mu_1 = \mu_2 = \cdots = \mu_c$ 혹은 H_0 : $\alpha_1 = \alpha_2 = \cdots = \alpha_c = 0$

H_1 : not H_0

② 유의수준 : $\alpha = 0.05$

(2) 데이터로부터 계산된 F값 〉 Fa-1, n-a, αd이면 귀무가설(Ho) 기각

$p-value > \alpha = 0.05$ H_0 선택
$p-value \leq \alpha = 0.05$ H_0 기각

(3) 다중비교(multiple comparisons)

분산분석 결과 처리군의 차이가 있는 경우, 평균들 간의 유의차 결정 - tukey, SNK, LSD, Duncan 등

표 13-3 일원배치 분산분석표

변동요인	자유도	제곱합	제곱평균	F 값	p-value
처리	$c-1$	$SSTR$	$MSTR = SSTR/(c-1)$	$F = MSTR/MSE$	
잔차	$c(n-1)$	SSE	$MSE = SSE/c(n-1)$		
계	$cn-1$	SST			

- 처리제곱합(SSTrt : treatment SS) : 총 제곱합에서 모형으로 설명 할 수 있는 부분
- 오차제곱합(SSE : error SS) : 모형으로 설명하지 못하는 나머지 부분
- 총 제곱합(SST : total SS) : 데이터들이 총 평균으로부터 떨어져 있는 정도

본문에서는 SAS 프로그램의 예를 들어 output 결과를 읽을 수 있는 방법의 일례를 설명하였다. 그러나 보통 결과 해석은 실험자 입장에서 강조하고 싶은 결과가 있으므로 예문처럼 꼭 읽어야 하는 것은 아니다. 주의할 점은 통계처리 범위 내에서 결론을 내리는 것이다.

〈SAS 프로그램 - 일원배치법〉

쿠키 제조 시 첨가제 세 종류에 따른 경도 비교

```
data cookie ; ①
input addition $ hard ; ②
cards ; ③
A 6556
A 6234
A 6041
A 6195
B 7291
B 7827
B 7002
B 6988
C 8231
C 7845
C 8826
C 7995
```

```
run ;
proc anova ; ④
class addition ; ⑤
MODEL hard=addition ; ⑥
MEANS addition/duncan tukey ; ⑦
RUN ;
```

〈프로그램 해설〉

① cookie라는 SAS DATASET을 생성.
② 변수의 명을 addition(독립변수), hard(종속변수)라 한다.
③ 자료 입력.
④ 분산분석을 하는 과정.
⑤ 요인이 addition임.
⑥ model이 $Y_{ij} == \mu + \alpha_i + \varepsilon_{ij}$를 의미한다.
⑦ 다중비교의 방법을 duncan, tukey를 사용

〈SAS 결과 - 일원배치법〉

The ANOVA Procedure
Class Level Information

The ANOVA Procedure		
Class Level Information		
Class	Levels	Values
Addition	3	A B C
Number of observations	12	

해석 1 The ANOVA Procedure

Dependent Variable : hard

Source	DF	Sum of Squares	Mean Square	F Value	Pr > F
Model	2	7747657.167	3873828.583	30.03	0.0001
Error	9	1160805.750	128978.417		
Corrected Total	11	89 08462.917			

R-Square	Coeff Var	Root MSE	score Mean
0.869696	4.951831	359.1357	7252.583

Source	DF	Anova SS	Mean Square	Value	Pr > F
addition	2	7747657.167	3873828.583	30.03	0.0001

일원배치 분산분석이므로 종속변수 hard에 대한 전체 모델 및 첨가수준에 대한 F값이 동일하다. 또한 F value가 30.03일 때 Pr>F 값은 0.0001이므로 유의차가 있다.

The ANOVA Procedure

Duncan's Multiple Range Test for score

NOTE : This test controls the Type I comparisonwise error rate, not the experimentwise error rate.

Alpha	0.05
Error Degrees of Freedom	9
Error Mean Square	128978.4

Number of Means	2	3
Critical Range	574.4	599.6

해석 2 **Means with the same letter are not significantly different.**

Duncan Grouping	Mean	N	addition
A	8224.3	4	C
B	7277.0	4	B
C	6256.5	4	A

모델이 유의차를 보이므로 평균값에 의한 Duncan test 결과 모든 시료 간에 유의차를 보였다. 첨가제 C를 넣은 쿠키가 8224.3으로 가장 경도가 강하게 평가되었으며 첨가제 A를 넣은 쿠키가 6256.5의 값으로 유의적으로 가장 낮은 경도를 나타내었다.

The ANOVA Procedure

Tukey's Studentized Range(HSD) Test for score

NOTE: This test controls the Type I experimentwise error rate, but it generally has a higher

Type II error rate than REGWQ.

Alpha	0.05
Error Degrees of Freedom	9
Error Mean Square	128978.4
Critical Value of Studentized Range	3.94850
Minimum Significant Difference	709.02

해석 3 **Means with the same letter are not significantly different.**

Tukey Grouping	Mean	N	addition
A	8224.3	4	C
B	7277.0	4	B
C	6256.5	4	A

Tukey grouping에서도 Duncan grouping과 같은 경향을 나타내었다.

표 13-4 일원분산분석표

변동요인	자유도	제곱합	제곱평균	F 값	p-value
첨230가제	2552	255 7747657.17	3873828.58	30.03	0.0001
잔차	9	1160805.75	128978.42		
계	11	8908462.92			

3) 반복이 없는 이원배치 분산분석

반복이 없는 이원배치 분산분석에서는 아래와 같이 패널요원과 김치의 종류의 두 실험 단위를 블록화하여 랜덤화 완전블록계획(Randomized complate block design, RCBD)으로 분석한다. 즉, 랜덤화 완전블록계획(RCBD)으로 반응변수에 영향을 미치는 두 개 인자(factor)에 대하여 영향을 분석한다.

(예제) **네 종류 김치의 아삭한 정도를 15cm 선척도를 이용하여 10명의 패널요원으로 평가한다. 패널요원들 간의 평가차이가 있을 수 있으므로 패널요원을 블록으로 잡아 각각 네 종류의 김치 모두의 아삭한 정도를 평가한다. 각 패널요원마다 김치의 평가순서는 랜덤으로 정하였다.**

표 13-5 김치의 아삭한 정도 관능검사 데이터

		김치의 종류			
		A	B	C	D
패널요원	1	6.70	9.65	11.00	13.00
	2	5.80	9.35	12.15	13.20
	3	4.90	8.80	11.40	13.40
	4	5.60	9.35	12.30	12.50
	5	5.20	9.90	12.85	12.70
	6	5.70	9.40	11.05	12.80
	7	5.80	8.90	11.80	13.40
	8	5.90	10.00	13.00	13.50
	9	6.60	8.00	11.70	12.90
	10	6.80	9.70	12.70	12.60

(1) 통계적 모형

$$Y_{ij} = \mu + \alpha_i + \beta_j + \varepsilon_{ij}$$

단, $i=1,\ 2,\ \cdots,\ a,\quad j=1,\ 2,\ \cdots,\ b$

u : 전체 평균

α_i : 김치의 종류에서의 처리 효과

β_j : 패널요원에서의 처리 효과

ε_{ij} : 오차항, 정규분포 $N(0, \sigma^2_E)$을 따르고 서로 독립

(2) 변동의 분해

$$Y_{ij} - \overline{\overline{Y}} = (\overline{Y}_{i.} - \overline{\overline{Y}}) + (\overline{Y}_{.j} - \overline{\overline{Y}}) + (Y_{ij} - \overline{Y}_{i.} - \overline{Y}_{.j} + \overline{\overline{Y}})$$

양쪽을 제곱시켜 합을 구하면

$$\sum_{i=1}^{a}\sum_{j=1}^{b}(Y_{ij} - \overline{\overline{Y}})^2 = \sum_{i=1}^{a}\sum_{j=1}^{b}(\overline{Y}_{i.} - \overline{\overline{Y}})^2 + \sum_{i=1}^{a}\sum_{j=1}^{b}(\overline{Y}_{.j} - \overline{\overline{Y}})^2 + \sum_{i=1}^{a}\sum_{j=1}^{b}(Y_{ij} - \overline{Y}_{i.} - \overline{Y}_{.j} - \overline{\overline{Y}})^2$$

$$\begin{array}{ccccccc} SST & = & SSA & + & SSB & + & SSE \\ (ab-1) & & (a-1) & & (b-1) & & (a-1)(b-1) \end{array}$$

총 제곱합 : 데이터들이 총 평균으로부터 떨어져 있는 정도.

$$SST = \sum_{i=1}^{a}\sum_{j=1}^{b}(Y_{ij} - \overline{\overline{Y}})^2 = \sum_{i=1}^{a}\sum_{j=1}^{b} Y_{ij}^2 - ab\,\overline{\overline{Y}}^2$$

A 처리제곱합 : 총 제곱합 중에서 김치의 종류로 설명할 수 있는 부분.

$$SSA = b\sum_{i=1}^{a}(\overline{Y}_{i.} - \overline{\overline{Y}})^2 = b\sum_{j=1}^{a}\overline{Y}_{i.}^2 - ab\,\overline{\overline{Y}}^2$$

B 처리제곱합 : 총 제곱합 중에서 패널요원으로 설명할 수 있는 부분.

$$SSB = a\sum_{j=1}^{b}(\overline{Y}_{.j} - \overline{\overline{Y}})^2 = a\sum_{j=1}^{b}\overline{Y}_{.j}^2 - ab\,\overline{\overline{Y}}^2$$

(3) 분산분석표

① 가설의 설정

ⓐ $H_0 :\ \alpha_1 = \alpha_2 = \cdots = \alpha_a$

$H_1 :\ not\ \ H_0$

ⓑ H_0 : $\beta_1 = \beta_2 = \cdots = \beta_b$

H_1 : $not \quad H_0$

② 유의수준 : $\alpha = 0.05$

③ 검정통계량

표 13-6 반복이 없는 이원배치 분산분석표

요인	자유도	제곱합	제곱평균	F 값	p-value
A	$a-1$	SSA	MSA	$Fa = MSA/MSE$	
B	$b-1$	SSB	MSB	$Fb = MSB/MSE$	
잔차	$(a-1)(b-1)$	SSE	MSE		
계	$ab-1$	SST			

$$Fa = \frac{SSA/(a-1)}{SSE/(a-1)(b-1)} = \frac{MSA}{MSE} \quad \sim \quad F_{(a-1),\,(a-1)(b-1)}$$

$$Fb = \frac{SSB/(b-1)}{SSE/(a-1)(b-1)} = \frac{MSB}{MSE} \quad \sim \quad F_{(b-1),\,(a-1)(b-1)}$$

④ p-value

⑤ 의사결정

표 13-7 반복이 없는 이원배치 분산분석표의 예

요인	자유도	제곱합	제곱평균	F 값	p-value
김치	3	302.63	100.88	291.63	0.0001
패널	9	3.37	0.37	1.08	0.4078
잔차	27	9.34	0.35		
계	39	315.34			

(4) SAS 프로그램 – 반복이 없는 이원배치법

```
DATA twoway;
input kimchi $ panel crisp ;
cards ;
A     01     6.70
A     02     5.80
A     03     4.90
 ⋮
A     09     6.60
A     10     6.80
B     01     9.65
B     02     9.35
 ⋮
D     09     12.90
D     10     12.60
run ;
PROC ANOVA ; ①
CLASS kimchi panel ; ②
MODEL crisp=kimchi panel ; ③
MEANS kimchi/DUNCAN TUKEY;RUN ; ④
```

〈프로그램 해설〉

① 분산분석을 하는 과정

② 요인의 명을 kimch panel이라 함.

③ model이 $Y_{ij} = \mu + \alpha_i + \beta_j + \varepsilon_{ij}$를 의미함

④ 다중비교의 방법을 kimchi의 평균값에 대하여 duncan, tukey를 사용

(5) SAS 결과 – 반복이 없는 이원배치법

The ANOVA Procedure

Class Level Information

Class	Levels	Values
kimchi	4	A B C D
panel	10	1 2 3 4 5 6 7 8 9 10

Number of observations 40

The ANOVA Procedure

Dependent Variable : crisp

해석 1

Source	DF	Sum of Squares	Mean Square	F Value	Pr > F
Model	12	305.9955000	25.4996250	73.72	<.0001
Error	27	9.3395000	0.3459074		
Corrected Total	39	315.3350000			

이원배치 분산분석 모델이 유의차 있음을 의미한다.

R-Square	Coeff Var	Root MSE	crisp Mean
0.970382	5.852129	0.588139	10.05000

해석 2

Source	DF	Anova SS	Mean Square	F Value	Pr > F
kimchi	3	302.6305000	100.8768333	291.63	<.0001
panel	9	3.3650000	0.3738889	1.08	0.4078

김치변수는 F값이 291.63으로 김치 종류에 따른 유의차가 있음을 의미한다. 패널변수의 F값은 1.08이며 이의 P value인 0.4078은 0.05보다 작지 않으므로 P〈 0.05에서 유의차 없다.

The ANOVA Procedure
Duncan's Multiple Range Test for crisp
NOTE : This test controls the Type I comparisonwise error rate, not the experimentwise error rate.

Alpha	0.05
Error Degrees of Freedom	27
Error Mean Square	0.345907

Number of Means	2	3	4
Critical Range	.5397	.5670	.5846

해석 3 **Means with the same letter are not significantly different.**

Duncan Grouping	Mean	N	kimchi
A	13.0000	10	D
B	11.9950	10	C
C	9.3050	10	B
D	5.9000	10	A

4가지 김치의 아삭한 정도에 대한 평균값을 Duncan test한 결과 모든 시료 간에 유의차를 보였다. 유의적으로 가장 아삭한 정도가 큰 김치는 13.0의 값을 보인 D시료이며 매우 아삭하다고 평가되었다. 시료 C는 11.99의 값으로 그 다음으로 유의적으로 높은 값을 보여 아삭한 정도가 높았다. 가장 유의적으로 아삭한 정도가 낮은 시료는 5.90의 값을 보인 시료 A이다.

The ANOVA Procedure
Tukey's Studentized Range (HSD) Test for crisp
NOTE : This test controls the Type I experimentwise error rate, but it generally has a higher
Type II error rate than REGWQ.

Alpha	0.05
Error Degrees of Freedom	27
Error Mean Square	0.345907
Critical Value of Studentized Range	3.87009
Minimum Significant Difference	0.7198

Means with the same letter are not significantly different.

Tukey Grouping	Mean	N	kimchi
A	13.0000	10	D
B	11.9950	10	C
C	9.3050	10	B
D	5.9000	10	A

4) 반복이 있는 이원배치 분산분석

반복이 있는 이원배치 분산분석은 반응변수에 영향을 미치는 두 개 인자(factor)에 대하여 동질적 실험단위끼리 블록화한 실험계획을 두 번 이상 반복할 때 랜덤화 완전블록계획(RCBD)으로 분석하는 방법이다.

다음의 표 13-1은 5명의 패널요원들이 3가지의 처리(1, 2, 3)를 15점 척도로 균일정도(cuni), 거친정도(crou), 부피(cvol), 고유맛(fori)을 각각 평가한 결과를 나타낸 실험결과의 일부이다. 이후 반복이 있는 모든 실험은 이 데이터를 기준으로 SAS프로그램을 설명하기로 한다. 이때 패널 요원이 블록이 된다. 각 패널 요원이 3가지의 처리를 2회씩 평가한 것으로 예를 들었다. 패널 요원 한 사람이 균일정도(cuni), 거친정도(crou), 부피(cvol), 고유맛(fori)에 대하여 각각 6번 평가하게 되는데, 각 패널요원마다 처리의 평가순서, 즉 시료의 제공순서는 완전히 랜덤 배치하였다.

표 13-8 반복이 있는 실험 데이터

panel	rep	trt	cuni	crou	cvol	fori
1	1	1	09	09	07	14
1	2	1	06	11	06	13
2	1	1	05	10	08	10
2	2	1	05	10	08	13
3	1	1	06	11	09	12
3	2	1	07	10	09	12
4	1	1	06	10	08	15
4	2	1	07	10	08	13
5	1	1	09	08	07	12
5	2	1	09	09	08	13
1	1	2	13	08	09	04
1	2	2	13	08	09	04
2	1	2	14	07	10	05
2	2	2	12	10	11	03
3	1	2	11	09	11	05
3	2	2	13	10	10	04
4	1	2	11	07	10	04
4	2	2	14	08	10	06
5	1	2	13	11	09	03
5	2	2	14	08	11	04
1	1	3	05	13	11	09
1	2	3	04	10	13	09
2	1	3	05	13	12	08
2	2	3	05	13	14	09
3	1	3	05	14	13	07
3	2	3	07	11	12	05
4	1	3	08	12	12	07
4	2	3	07	11	12	09
5	1	3	07	12	13	08
5	2	3	08	13	14	09

panel : 패널, rep : 반복, trt : 처리군, cuni : 균일 정도, crou : 거친 정도, cvol : 부피, fori : 고유 맛

(1) 통계적 모형

$$Y_{ijk} = \mu + \alpha_i + \beta_j + (\alpha\beta)_{ij} + \varepsilon_{ijk}$$

단, $i=1, 2, \cdots, a \quad j=1, 2, \cdots, b, \quad k=1, 2, \cdots, r$

u : 전체 평균

α_i : 처리 A_i 에서의 처리 효과

β_j : 처리 B_j 에서의 처리 효과

$(\alpha\beta)_{ij}$: 처리 A_i와 처리 B_j의 교호작용

ε_{ijk} : 오차항, 정규분포 $N(0, \sigma_E^2)$을 따르고 서로 독립

표 13-9 반복이 있는 이원배치 분산분석표

요인	자유도	제곱합	제곱평균	F 값	p-value
A	$a-1$	SSA	MSA	$Fa = MSA/MSE$	
B	$b-1$	SSB	MSB	$Fb = MSB/MSE$	
$A \times B$	$(a-1)(b-1)$	$SSAB$	$MSAB$	$Fab = MSAB/MSE$	
잔차	$ab(r-1)$	SSE	MSE		
계	$abr-1$	SST			

표 13-10 반복이 있는 이원배치 분산분석표의 예

요인	자유도	제곱합	제곱평균	F 값	p-value
처리	2	362.60	181.30	155.40	<0.0001
패널	4	9.13	2.28	1.96	0.1531
처리×패널	8	13.07	1.63	1.40	0.2733
잔차	15	17.50	1.17		
계	29	402.30			

(2) SAS 프로그램 – 반복이 있는 이원배치법

```
DATA twoway ;
INPUT panel rep trt cuni crou cvol fori ;
cards ;
1  1  01  09  09  07  14
1  2  01  06  11  06  13
2  1  01  05  10  08  10
2  2  01  05  10  08  13
 ⋮
4  2  03  07  11  12  09
5  1  03  07  12  13  08
5  2  03  08  13  14  09
RUN ;
PROC ANOVA ;
CLASS TRT PANEL ;
MODEL FORI=TRT PANEL TRT*PANEL ;
MEANS TRT PANEL/LSD TUKEY ; RUN ;
```

(3) SAS 결과 : 반복이 있는 이원배치법

```
The ANOVA Procedure
Class Level Information
Class          Levels     Values
trt              3         1 2 3
panel            4       1 2 3 4 5

Number of observations    30

The ANOVA Procedure
```

Dependent Variable : fori(고유 맛)

Source	DF	Sum of Squares	Mean Square	F Value	Pr > F
Model	14	384.8000000	27.4857143	23.56	<.0001
Error	15	17.5000000	1.1666667		
Corrected Total	29	402.3000000			

전체 모델에 유의차 있다.

R-Square	Coeff Var	Root MSE	fori Mean
0.956500	13.01354	1.080123	8.300000

Source	DF	Anova SS	Mean Square	F Value	Pr > F
trt	2	362.6000000	181.3000000	155.40	<.0001
panel	4	9.1333333	2.2833333	1.96	0.1531
trt*panel	8	13.0666667	1.6333333	1.40	0.2733

처리군(고유 맛)에는 유의차가 있고, 패널 간에는 유의차가 없으며, 교호작용의 유의차는 없다.

The ANOVA Procedure

t Tests (LSD) for fori

NOTE : This test controls the Type I comparisonwise error rate, not the experimentwise error rate.

Alpha	0.05
Error Degrees of Freedom	15
Error Mean Square	1.166667
Critical Value of t	2.13145
Least Significant Difference	1.0296

Means with the same letter are not significantly different.

t Grouping	Mean	N	trt
A	12.7000	10	1
B	8.0000	10	3
C	4.2000	10	2

Tukey's Studentized Range (HSD) Test for fori

NOTE: This test controls the Type I experimentwise error rate, but it generally has a higher Type II error rate than REGWQ.

Alpha	0.05
Error Degrees of Freedom	15
Error Mean Square	1.166667
Critical Value of Studentized Range	3.67338
Minimum Significant Difference	1.2547

Means with the same letter are not significantly different.

Tukey Grouping	Mean	N	trt
A	12.7000	10	1
B	8.0000	10	3
C	4.2000	10	2

시료 간 유의차 : LSD와 Tukey test에서 시료 1번의 고유 맛은 12.7로 유의적으로 고유한 맛이 강하게 평가되었고($p<0.05$), 시료 3은 8.0의 값으로 시료 1보다 유의적으로 낮은 고유의 유과 맛을 보였으며, 시료 2의 고유 맛은 4.2로 고유 맛이 약하게 평가되었다.

The ANOVA Procedure
t Tests (LSD) for fori

NOTE : This test controls the Type I comparisonwise error rate, not the experimentwise error rate.

Alpha	0.05
Error Degrees of Freedom	15
Error Mean Square	1.166667
Critical Value of t	2.13145
Least Significant Difference	1.3292

Means with the same letter are not significantly different.

t Grouping		Mean	N	panel
A		9.0000	6	4
	A	8.8333	6	1
B	A	8.1667	6	5
B	A	8.0000	6	2
B		7.5000	6	3

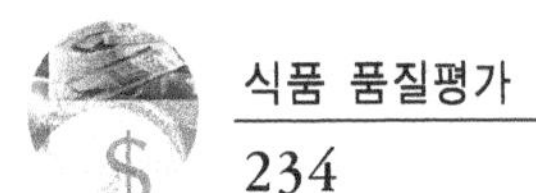

The ANOVA Procedure

Tukey's Studentized Range(HSD) Test for fori

NOTE : This test controls the Type I experimentwise error rate, but it generally has a higher Type II error rate than REGWQ.

Alpha	0.05
Error Degrees of Freedom	15
Error Mean Square	1.166667
Critical Value of Studentized Range	4.36699
Minimum Significant Difference	1.9257

Means with the same letter are not significantly different.

Tukey Grouping	Mean	N	panel
A	9.0000	6	4
A	8.8333	6	1
A	8.1667	6	5
A	8.0000	6	2
A	7.5000	6	3

패널 간의 유의차 : Tukey test에서는 패널 간의 유의차는 없었으나 LSD test에서는 패널 3과 패널 1이 유의차를 보였다($p<0.05$).

6. 분할법(split-plot design)

실험 전체를 완전 랜덤화하는 것이 곤란한 경우 실험 전체를 랜덤화하지 않고 몇 단계로 나누어서 랜덤화하는 방법으로 이원배치법과 구별을 하여야 한다. 분할법에서 블록으로 간주하는 요인(A)의 수준들을 주구(whole plot)라고 하며, 주구에서 독립적으로 랜덤 배치되는 요인(B)의 수준들을 세구(split-plots)라고 한다.

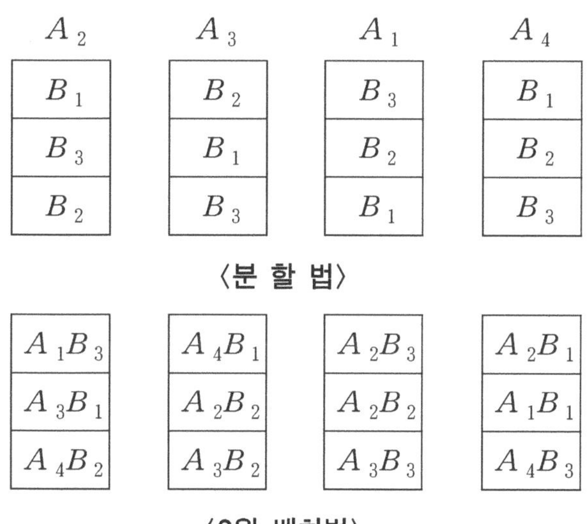

〈분 할 법〉

〈2원 배치법〉

1) 예제 1

A_1, A_2, A_3 및 A_4 4사의 압력밥솥으로 취반한 밥의 온전도에 대하여 평가하였다. 취반 조건은 B_1, B_2, B_3이다. 단, 압력밥솥 4가지 종류를 랜덤화하여 뽑은 후에 뽑혀진 순서대로 A_1, A_2, A_3, A_4라는 부호를 달았다. 우선 A_1사의 압력밥솥에 대하여 인자 B의 각 수준을 랜덤하여 실시하고 A_2, A_3, A_4사에 대하여 실험하였다. 이 실험 전체를 2회 반복하여 다음과 같은 결과를 얻었다.

표 13-11 분할법반복 I (R_1)

	A_1	A_2	A_3	A_4
B_1	14	18	25	25
B_2	15	20	24	23
B_3	22	22	21	11

표 13-12 분할법반복 II (R_2)

	A_1	A_2	A_3	A_4
B_1	16	19	24	25
B_2	17	22	22	21
B_3	23	20	19	s13

(1) 통계적 모형

$$Y_{ijk} = \mu + \alpha_i + r_k + \varepsilon_{(1)ik} + \beta_j + (\alpha\beta)_{ij} + \varepsilon_{(2)ijk}$$

1차 단위 (whole-plot)　　　2차 단위 (split-plot)

단, $i = 1, 2, \cdots, a, \quad j = 1, 2, \cdots, b, \quad k = 1, 2, \cdots, p$

u : 전체 평균

α_i : 밥솥의 종류에서의 처리 효과.

r_k : 반복에서의 처리 효과.

$\varepsilon_{(1)ik}$: 1차 단위의 오차항, $(\alpha r)_{ik}$가 교락되어 있음.

β_j : 취반조건에서의 처리 효과.

$(\alpha\beta)_{ij}$: 밥솥의 종류와 취반 조건의 교호작용.

$\varepsilon_{(2)ijk}$: 오차항으로 $(\alpha\beta r)_{ijk}$가 교락되어 있음.

표 13-13 분할법 분산분석표(분할법 이원배치 분산분석표)

요인	자유도	제곱합	제곱평균	F 값	p-value
A	$a-1$	SSA	MSA	$Fa = MSA/MSE_1$	
R	$p-1$	SSR	MSR	$Fr = MSR/MSE_1$	
E_1	$(a-1)(p-1)$	SSE_1	MSE_1	$Fe_1 = MSE_1/MSE_2$	
B	$b-1$	SSB	MSB	$Fb = MSB/MSE_2$	
$A \times B$	$(a-1)(b-1)$	$SSAB$	$MSAB$	$Fab = MSAB/MSE_2$	
E_2	$a(b-1)(p-1)$	SSE_2	MSE_2		
계	$abp-1$	SST			

(2) SAS 프로그램 : 분할구

```
DATA cookery;
INPUT source $ method $     rep $  score;
CARDS;
A1      B1      I       14
A1      B2      I       15
A1      B3      I       22
A2      B1      I       18
A2      B2      I       20
A2      B3      I       22
A3      B1      I       25
A3      B2      I       24
A3      B3      I       21
A4      B1      I       25
A4      B2      I       23
A4      B3      I       11
A1      B1      II      16
A1      B2      II      17
A1      B3      II      23
A2      B1      II      19
A2      B2      II      22
A2      B3      II      20
A3      B1      II      24
A3      B2      II      22
A3      B3      II      19
A4      B1      II      25
A4      B2      II      21
A4      B3      II      13
RUN;
PROC GLM;
class source method  rep;
model score=source rep source*rep method source*method;
TEST H=source E=source*rep;
TEST H=rep E=source*rep;
RUN;
```

〈프로그램 해설〉

① 밥솥 종류의 차이가 있는가를 검정하는 통계량이 $Fa = MSA/MSE_1$ 이고 source*rep는 $e_{(1)ik}$와 교락되어 있기 때문에 H=source E=source*rep로 표시한다. 즉 H는 분모, E는 분자를 의미하고 있다.

(3) SAS 결과 : 분할구

The GLM Procedure

Class Level Information

Class	Levels	Values
source	4	A_1 A_2 A_3 A_4
method	3	B_1 B_2 B_3
rep	2	Ⅰ Ⅱ

Number of observations 24

The GLM Procedure

Dependent Variable: score

해석 1

Source	DF	Sum of Squares	Mean Square	F Value	Pr 〉F
Model	15	355.9583333	23.7305556	21.09	〈.0001
Error	8	9.0000000	1.1250000		
Corrected Total	23	364.9583333			

R-Square	Coeff Var	Root MSE	score Mean
0.975340	5.292275	1.060660	20.04167

압력밥솥의 종류(주구)와 취반조건(세구)에 대한 전체적 모델의 유의차 있다.

해석 2

Source	DF	Type I SS	Mean Square	F Value	Pr > F
source	3	66.4583333	22.1527778	19.69	0.0005
rep	1	0.0416667	0.0416667	0.04	0.8522
source*rep	3	8.4583333	2.8194444	2.51	0.1329
method	2	16.5833333	8.2916667	7.37	0.0153
source*method	6	264.4166667	44.0694444	39.17	<.0001

Source	DF	Type III SS	Mean Square	F Value	Pr > F
source	3	66.4583333	22.1527778	19.69	0.0005
rep	1	0.0416667	0.0416667	0.04	0.8522
source*rep	3	8.4583333	2.8194444	2.51	0.1329
method	2	16.5833333	8.2916667	7.37	0.0153
source*method	6	264.4166667	44.0694444	39.17	<.0001

Tests of Hypotheses Using the Type III MS for source*rep as an Error Term

압력밥솥의 종류와 취반조건은 각각 밥알의 온전도에 대한 유의차를 보인다.

압력밥솥의 종류와 반복 간에는 교호작용이 없으나, 압력밥솥의 종류와 취반조건 간에는 교호작용이 있다.

해석 3

Source	DF	Type III SS	Mean Square	F Value	Pr > F
source	3	66.45833333	22.15277778	7.86	0.0622
rep	1	0.04166667	0.04166667	0.01	0.9109

압력밥솥의 종류와 취반조건 중에서 밥알의 온전도에 영향이 더 큰 것은 압력밥솥이다.

표 13-14 분할구 분산분석표의 예

요인	자유도	제곱합	제곱평균	F 값	p-value
밥솥종류	3	66.46	22.152	19.69	0.0005
반복	1	0.04	0.04	0.04	0.8522
1차 오차	3	8.46	2.81	2.51	0.1329
취반조건	2	16.58	8.29	7.37	0.0153
종류x 조건 교호	6	264.42	44.07	39.17	<.0001
1차 오차	8	9.00	23.73		
계	23	364.96			

7. 균형 불완전 블록계획

균형 불완전 블록계획(Balanced Incomplete Block Design, BIBD)은 한 블록에 모든 처리가 완전히 포함되어 있지 못한 경우에 이용할 수 있다.

1) 사례 1

5개의 처리방법을 10명의 패널요원이 비교해보고자 하는데 각각 3개의 처리 방법만이 실험 가능한 경우 균형불완전 블록계획을 적용할 수 있다.

2) 사례 2

4종류의 쿠키를 6명의 패널요원이 비교할 때 재료가 너무 비싸거나 다른 이유로 2종류만의 쿠키로만 실험이 가능한 경우에 균형불완전 블록계획을 적용할 수 있다.

(1) 통계적 모형

$$Y_{ijk} = \mu + \alpha_i + \beta_j + \varepsilon_{ijk}$$

단, $i = 1, 2, \cdots, a, \quad j = 1, 2, \cdots, b, \quad k = 0 \ or \ 1$

u : 전체 평균.

α_i : A_i에서의 처리 효과

β_j : B_j에서의 처리 효과

ε_{ijk} : 오차항, 정규분포 $N(0, \sigma_E^2)$을 따르고 서로 독립

위 모형에서 a개의 처리가 있고 b개의 블록이 있다. 이때 다음 조건이 만족되면 균형불완전블럭(BIBD)이라고 부른다.

① 모든 블록에는 p개의 처리 ($p < a$).

② 각 처리는 r개의 블록이 나타남 ($r < b$).

③ 어느 경우를 보아도 두 처리가 동시에 나타나는 블록의 수는 동일(λ).

④ 처리의 수는 블록보다 많지는 않음 ($a < b$).

위의 조건을 만족하면 다음의 식이 성립된다.

$\lambda(a-1) = r(p-1)$

균형 불완전 블록계획에서 $a=5$, $b=10$, $r=6$, $\lambda=3$, $p=3$의 예는 표 13-15와 같다.

표 13-15 균형 불완전 블록계획

	처리번호				
	1	2	3	4	5
1	○	○	○		
2	○	○			○
3	○			○	○
4		○	○	○	
5			○	○	○
6	○	○		○	
7	○		○	○	
8	○		○		
9		○	○		○
10		○		○	○

균형 불완전 블록계획 $a=4$, $b=6$, $r=2$, $\lambda=1$, $p=3$의 예는 표 13-16과 같다.

균형 불완전 블록계획을 이용하여 4종류의 쿠키에 대한 단맛 특성을 비교하기 위해 6명의 패널 요원(블럭)을 동원하여 한 사람 당 한 번에 두 종류의 쿠키를 평가하게 하였다.

표 13-16 균형 불완전 블록계획을 이용한 쿠키 실험 결과

패널	쿠 키			
	1	2	3	4
1	2	6		
2		6		10
3		5	4	
4	3			11
5	2		5	
6			4	10

이 경우 $a=4$, $b=6$, $r=2$, $p=3$, $\lambda=1$이다.

표 13-17 균형 불완전 블록계획 분산분석표

요인	자유도	제곱합	제곱평균	F 값	p-value
블록	$b-1$	SSB	MSA		
보정된 처리	$a-1$	$SSTrt(adj)$	$MSTrt(adj)$	$F=MSTrt(adj)/MSE$	
오차	$N-a-b+1$	SSE	MSE_1		
계	$N-1$	SST			

(2) SAS 프로그램 : BIBD

```
DATA bibd ;
INPUT cookie panel sweetness ;
CARDS ;
1    1  2
1    4  3
1    5  2
2    1  6
2    2  6
2    3  5
3    3  4
3    5  5
3    6  4
4    2  10
4    4  11
4    6  10
RUN ;
PROC GLM ;
CLASS cookie panel ;
MODEL sweetness = cookie panel ;
RUN ;
```

표 13-18 균형 불완전 블록계획 분산분석표의 예

요인	자유도	제곱합	제곱평균	F 값	p-value
블록	3	104.00	434.67	416.00	0.0002
보정된 처리	5	2.42	0.48	5.80	0.0894
오차	3	0.25	0.08		
계	11	106.67			

(3) SAS 결과 : BIBD

The GLM Procedure

Class Level Information

Class	Levels	Values
cookie	4	1 2 3 4
panel	6	1 2 3 4 5 6

Number of observations 12

The GLM Procedure

Dependent Variable : sweetness

해석 1

Source	DF	Sum of Squares	Mean Square	F Value	Pr 〉F
Model	8	106.4166667	13.3020833	159.62	0.0007
Error	3	0.2500000	0.0833333		
Corrected Total	11	106.6666667			

R-Square	Coeff Var	Root MSE	sweetness Mean
0.997656	5.094267	0.288675	5.666667

균형 불완전 블록계획에 따른 쿠키의 단맛특성에 대한 전체 모델에 유의차 있다.

해석 2

Source	DF	Type I SS	Mean Square	F Value	Pr 〉F
cookie	3	104.0000000	434.6666667	416.00	0.0002
panel	5	2.4166667	0.4833333	5.80	0.0894

Source	DF	Type III SS	Mean Square	F Value	Pr 〉F
cookie	3	70.75000000	23.58333333	283.00	0.0004
panel	5	2.41666667	0.48333333	5.80	0.0894

모델에 대한 쿠키의 유의차가 있으며, 패널 간의 유의차는 없다.

8. 상관분석

상관분석은 두 연속형 변수 X, Y의 n개 쌍 $(X_1,\ Y_1),\ (X_2, Y_2),\ \cdots,\ (X_n,\ Y_n)$의 관측값을 이용하여 두 변수 사이 관계의 선형관련성을 구하는 통계량이다.

상관계수의 범위는 $-1 \leq \rho \leq 1$이다.

1) 상관계수의 해석

두 변수의 선형정도를 나타내는 측도로, 중심축을 그릴 때 상관계수 r은 산포도가 중심축을 중심으로 흩어진 정도를 측정한다. 상관계수 r의 부호는 중심축의 방향이 양이면 +, 음이면 -이다. 또한 |r|값은 산포도가 중심축에 가까이 분포되어 있을수록 1에 가깝다. (X, Y)의 관계가 완전선형 Y=a+bX(b≠0)인 경우에는 r=1(b>0) 또는 r=-1(b<0)이다.

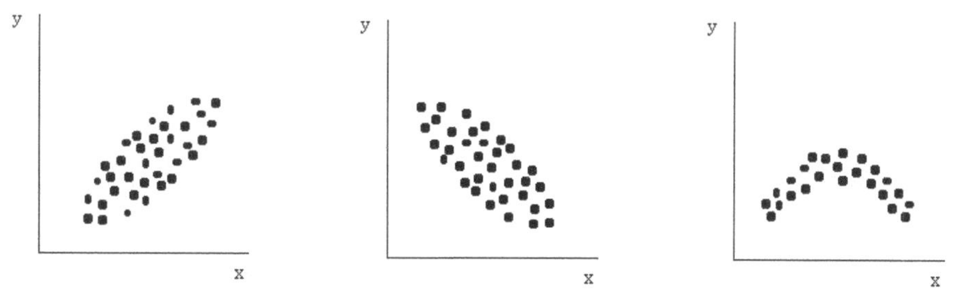

그림 13-1 양의 상관 그림 13-2 음의 상관 그림 13-3 곡선상관

(1) 상관계수의 검정

① 귀무가설 : H_0: $\rho_{XY}=0$

대립가설 : H_0: $\rho_{XY}\neq 0$

② α=0.05

③ 검정통계량

$$T=\frac{r_{XY}}{\sqrt{(1-r_{XY}^2)/(n-2)}}=r_{XY}\frac{\sqrt{n-2}}{\sqrt{1-r_{XY}^2}} \quad \sim \quad t(n-2)$$

④ p-value

⑤ 의사결정

(2) SAS 프로그램

상관계수를 위한 데이터는 228쪽(표 13-8)의 유과 데이터를 이용하여 데이터를 입력한다.

```
DATA corr ;
INPUT panel rep trt cuni crou cvol fori ;
cards ;
1  1  01  09  09  07  14
1  2  01  06  11  06  13
2  1  01  05  10  08  10
2  2  01  05  10  08  13
 ⋮
4  2  03  07  11  12  09
5  1  03  07  12  13  08
5  2  03  08  13  14  09
RUN ;
PROC CORR PEARSON SPEARMAN ;
VAR cuni crou cvol fori ;
PROC CORR ;
VAR cuni crou cvol ;
```

```
WITH fori ; RUN ;
PROC CORR ;
VAR cuni crou cvol ;
PARTIAL fori ; RUN ;
```

(3) SAS 결과 : 상관계수

CORR 프로시저

4 변수 : cuni crou cvol fori

단순 통계량

변수	N	평균	표준편차	중간값	최소값	최대값
cuni	30	8.60000	3.32804	7.50000	4.00000	14.00000
crou	30	10.20000	1.90100	10.00000	7.00000	14.00000
cvol	30	10.16667	2.22963	10.00000	6.00000	14.00000
fori	30	8.30000	3.72457	8.50000	3.00000	15.00000

피어슨 상관계수, N = 30
H_0 : Rho=0 검정에 대한 Prob > |r|

	cuni	crou	cvol	fori
cuni	1.00000	-0.67367	-0.16729	-0.66042
		<.0001	0.3769	<.0001
crou	-0.67367	1.00000	0.55322	0.17630
	<.0001		0.0015	0.3514
cvol	-0.16729	0.55322	1.00000	-0.43392
	0.3769	0.0015		0.0166

fori	-0.66042	0.17630	-0.43392	1.00000
	<.0001	0.3514	0.0166	

스피어만 상관계수, N = 30
H_0 : Rho=0 검정에 대한 Prob > |r|

	cuni	crou	cvol	fori
cuni	1.00000	-0.66505	-0.16140	-0.59559
		<.0001	0.3942	0.0005
crou	-0.66505	1.00000	0.51529	0.17932
	<.0001		0.0036	0.3430
cvol	-0.16140	0.51529	1.00000	-0.44301
	0.3942	0.0036		0.0142
fori	-0.59559	0.17932	-0.44301	1.00000
	0.0005	0.3430	0.0142	

SAS 시스템
CORR 프로시저

1 조합 변수 : fori
3 변수 : cuni crou cvol

단순 통계량

변수	N	평균	표준편차	합	최소값	최대값
fori	30	8.30000	3.72457	249.00000	3.00000	15.00000
cuni	30	8.60000	3.32804	258.00000	4.00000	14.00000
crou	30	10.20000	1.90100	306.00000	7.00000	14.00000
cvol	30	10.16667	2.22963	305.00000	6.00000	14.00000

피어슨 상관계수, N = 30
H_0 : Rho=0 검정에 대한 Prob > |r|

	cuni	crou	cvol
fori	-0.66042	0.17630	-0.43392
	<.0001	0.3514	0.0166

SAS 시스템
CORR 프로시저

1 부분 변수 : fori
3 변수 : cuni crou cvol

단순 통계량

변수	N	평균	표준편차	합	최소값	최대값
fori	30	8.30000	3.72457	249.00000	3.00000	15.00000
cuni	30	8.60000	3.32804	258.00000	4.00000	14.00000
crou	30	10.20000	1.90100	306.00000	7.00000	14.00000
cvol	30	10.16667	2.22963	305.00000	6.00000	14.00000

피어슨 부분 상관계수, N = 30
H_0 : 부분 Rho=0 검정에 대한 Prob > |r|

	cuni	crou	cvol
cuni	1.00000	-0.75391	-0.67087
		<.0001	<.0001
crou	-0.75391	1.00000	0.71007
	<.0001		<.0001
cvol	-0.67087	0.71007	1.00000
	<.0001	<.0001	

9. 주성분 분석

1) 다변량 분석의 기초

(1) 다변량 분석의 목적은 다음과 같다.

① 변수집단 간의 의존관계(Dependence) 파악
정준상관분석(canonical correlation analysis)

② 차원축소(Dimension Reduction)
주성분분석(principal component analysis)
인자분석(factor analysis)

③ 개체들의 분류 및 할당
군집분석(cluster analysis)
판별분석(discriminant analysis)

주성분 분석은 서로 상관관계가 있는 변수들 사이의 복잡한 구조를 간편하고 이해하기 쉽게 설명하기 위하여 사용하는 분석방법이다.

변수들의 선형결합을 통하여 변수들이 가지고 있는 전체정보를 최대한 설명할 수 있도록 서로 독립적인 새로운 인공변수를 도출한다.

(2) 주성분 분석개요

① 반응변수의 선형결합으로 p개의 주성분을 생성한다.
p개의 주성분의 전체변이는 원래 반응변수의 전체변이와 같다.

② 전체변이를 대부분 설명할 수 있는 소수 몇 개($k \ll p$)의 주성분만 선택한다. 즉, p차원 자료를 k차원으로 자료를 축소하여 설명한다.

2) SAS 프로그램 : 주성분 분석의 예

다음은 유과의 고유 향(aori), 기름 향(aoil), 균일 정도(cuni), 거친 정도(crou), 부피(cvol), 고유 맛(fori)에 대하여 패널요원이 평가한 평

균자료의 일부이다. 이를 이용하여 주성분 분석을 한다.

표 13-19 유과의 고유 향의 평균값

	AORI	AOIL	CUNI	CROU	CVOL	FORI
1	11.2500	9.875	6.4375	10.7500	8.3125	11.9375
2	7.1250	7.375	10.8750	8.0000	9.6875	6.7500
3	8.1875	6.875	8.4375	10.0000	11.1250	7.5625
4	7.9375	9.375	9.3125	10.4375	11.5625	6.6875
5	7.9375	8.125	9.8750	10.8750	10.0000	6.2500

고유 향 : AORI, 기름 향 : AOIL, 균일 정도 : CUNI, 거친 정도 : CROU
부피 : CVOL, 고유 맛 : FORI

3) SAS 프로그램 : 주성분 분석

```
data prin5 ;
input trt aori aoil cuni crou cvol fori ;
cards ;
A   11.2500   9.875    6.4375   10.7500    8.3125   11.9375
B    7.1250   7.375   10.8750    8.0000    9.6875    6.7500
C    8.1875   6.875    8.4375   10.0000   11.1250    7.5625
D    7.9375   9.375    9.3125   10.4375   11.5625    6.6875
E    7.9375   8.125    9.8750   10.8750   10.0000    6.2500
run ;
PROC PRINCOMP OUT=TWO ;
VAR  aori aoil cuni crou cvol fori ;
RUN ;
PROC PRINT DATA=TWO ;
VAR aori aoil cuni crou cvol fori  PRIN1 PRIN2 ;
RUN ;
```

4) SAS 결과 : 주성분 분석

The PRINCOMP Procedure

Observations	5
Variables	6

해석 1

Simple Statistics

	aori	aoil	cuni	crou	cvol	fori
Mean	8.487500000	8.325000000	8.987500000	10.01250000	10.13750000	7.837500000
StD	1.595525971	1.279648389	1.677866018	1.17460100	1.28041131	2.340456019

Correlation Matrix

해석 2

	aori	aoil	cuni	crou	cvol	fori
aori	1.0000	0.6788	-.9449	0.5436	-.6648	0.9638
aoil	0.6788	1.0000	-.5571	0.5567	-.3524	0.5757
cuni	-.9449	-.5571	1.0000	-.6049	0.4192	-.9001
crou	0.5436	0.5567	-.6049	1.0000	0.0057	0.3054
cvol	-.6648	-.3524	0.4192	0.0057	1.0000	-.7245
fori	0.9638	0.5757	-.9001	0.3054	-.7245	1.0000

해석 3

1	4.05826774	2.90683989	0.6764	0.6764
2	1.15142785	0.64638038	0.1919	0.8683
3	0.50504747	0.21979052	0.0842	0.9525
4	0.28525695	0.28525695	0.0475	1.0000
5	0.00000000	0.00000000	0.0000	1.0000
6	0.00000000		0.0000	1.0000

Eigenvectors

해석 4 **각 특성의 주성분에 대한 아에겐 벡터 값**

	Prin1	Prin2	Prin3	Prin4	Prin5	Prin6
aori	0.493562	-.054040	-.125466	0.016807	0.858750	0.000000
aoil	0.371458	0.259647	0.801808	0.363630	-.087124	-.109038
cuni	-.459504	-.108280	0.47492	-.234650	0.331264	0.621916
crou	0.292197	0.687617	-.063814	-.612564	-.122002	0.218204
cvol	-.323032	0.613520	-.275761	0.605864	0.172121	0.215643
fori	0.466416	-.262134	-.188919	0.264810	-.317350	0.712191

해석 5 **시료들의 처리군에 대한 특성과 주성분**

Obs	aori	aoil	cuni	crou	cvol	fori	Prin1	Prin2
1	11.2500	9.875	6.4375	10.7500	8.3125	11.9375	3.46379	-0.51643
2	7.1250	7.375	10.8750	8.0000	9.6875	6.7500	-1.81799	-1.54037
3	8.1875	6.875	8.4375	10.0000	11.1250	7.5625	-0.67013	0.24809
4	7.9375	9.375	9.3125	10.4375	11.5625	6.6875	-0.43731	1.27110
5	7.9375	8.125	9.8750	10.8750	10.0000	6.2500	-0.53836	0.53760

5) SAS 결과 해석

해석 1

각 변수들에 대한 기초 통계량 값

해석 2

각 변수들 간의 상관행렬

해석 3

상관행렬의 고유값들(Eigenvalues)로 출력결과를 보면 고유값의 누적 점유율이 제 1 주성분은 67.64%, 제 2 주성분은 19.19%로서 두 개의 주성분이 총 86.83%의 누적점유율을 갖는다. 두 개의 주성분이 1 이상의 고유값을 가지므로 이 자료의 경우에는 2차원 축소가 적절하다고 판단된다.

해석 4

고유벡터를 통하여 각 주성분을 해석할 수 있다. 제 1 주성분은 aori(고유 향)와 cuni(균일 정도)의 성분에 영향을 많이 받고 있으며, 제 2 주성분은 crou(거친 정도)와 cvol(부피)의 성분이라고 볼 수 있다.

해석 5

처리군에 대한 변수와 주성분 점수를 보여준다.

각각 특성의 주성분에 대한 아에겐 벡터 값으로 그래프를 그려 도식화 할 수 있다. 또한 시료들의 처리군에 대한 주성분의 아에겐 벡터 값으로 그래프를 그려 도식화 할 수 있다.

10. 회귀분석

둘 또는 그 이상의 변수들 간에 존재하는 관련성을 분석하기 위하여, 관측된 자료에서 이들 간의 함수적 관계식을 통계적 방법으로 추정하는 분석이다.

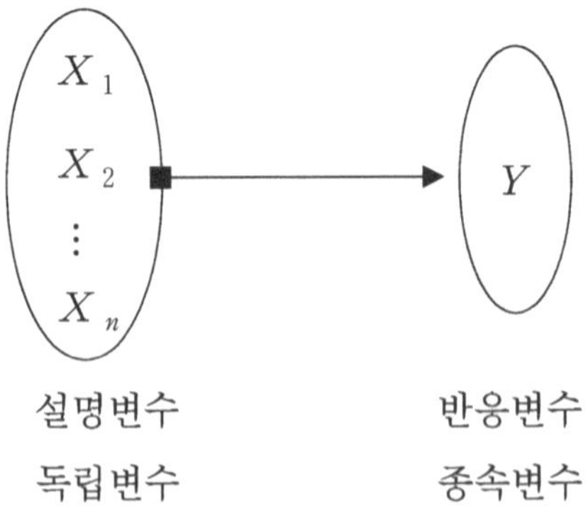

1) 단순회귀분석

(1) 단순회귀모형의 설정

$$Y_i = \beta_0 + \beta_1 X_i + \varepsilon_i, \quad i=1,2,3,\cdots,n$$

단, Y_i : 종속변수

β_0, β_1 : 모집단 회귀계수

X_i: 독립변수

ε_i: 확률오차항, 교란항

※ ε_i의 필요성

① 누락변수의 영향

② 측정오차의 영향

③ 선형관계가 아닌 경우 발생하는 영향

(2) 모형에 대한 가정

① $E(\varepsilon_i) = 0$

② $V(\varepsilon_i) = \sigma^2$

③ $COV(\varepsilon_i, \varepsilon_j) = 0$

④ $\varepsilon_i \sim N(0, \sigma^2)$

(3) 단순 회귀분석의 예

슈퍼마켓에서 고객이 구입하는 상품의 구매와 카운터에서 값을 치르는데 걸리는 시간 사이에 회귀함수가 존재하는가를 알아보기 위하여 10명의 고객을 임의로 추출하여 다음의 결과를 얻었다.

표 13-20 단순 회귀분석 결과

구입금액(X)	6.4	16.1	42.1	2.1	30.7	32.1	7.2	3.4	20.8	1.5
소요시간(Y)	1.7	2.7	4.9	0.3	3.9	4.1	1.2	0.5	3.3	0.2

(4) SAS 프로그램 : 회귀분석

```
DATA regression;
INPUT x y ;
CARDS ;
```

```
  6.4        1.7
 16.1        2.7
 42.1        4.9
  2.1        0.3
 30.7        3.9
 32.1        4.1
7.2 1.2
3.4 0.5
20.8 3.3
1.5 0.2
RUN;
PROC REG ;
MODEL Y=X ;
RUN;
```

(5) SAS 프로그램 : 단순회귀분석

The REG Procedure
Model : MODEL1
Dependent Variable : y

Analysis of Variance

해석 3

Source	DF	Sum of Squares	Mean Square	F Value	Pr > F
Model	1	25.70360	25.70360	166.85	<.0001
Error	8	1.23240	0.15405		
Corrected Total	9	26.93600			

해석 2

Root MSE	0.39249	R-Square	0.9542
Dependent Mean	2.28000	Adj R-Sq	0.9485
Coeff Var	17.21458		

Parameter Estimates

해석 1 **해석 4**

Variable	DF	Estimate	Parameter Error	Standard t Value	Pr > |t|
intercept	1	0.39646	0.19149	2.07	0.0722
x	1	0.11598	0.00898	12.92	<.0001

(6) SAS 결과 해석

① 추정된 회귀식은 $\hat{y}= 0.39646 + 0.11598x$이다.

② 추정된 회귀식의 정도는 0.9542이다. 즉, 회귀식이 데이터를 약 95.42% 설명하고 있다는 것을 의미한다.

표 13-21 단순 회귀분석 분산분석표

변동의 요인	제곱합	자유도	제곱평균	F	p-value
회귀	25.70	1	25.70	166.85	<.0001
잔차	1.23	8	0.15		
총합	26.93	7			

분산분석표에서 귀무가설에 대한 p-value가 <.0001이므로 유의수준 0.01에서 귀무가설을 기각한다. 즉 설명변수 X는 반응변수 Y에 대하여 유의하다고 할 수 있다.

③ H_0 : $\beta_1 = 0$에 대한 t-분포의 p-value가 <.0001이므로 설명변수 X는 반응변수 Y에 대하여 유의하다고 할 수 있다.

2) 중회귀분석

(1) 중회귀모형의 설정 : 독립변수가 2개 이상 포함된 모형

$$Y_j = \beta_0 + \beta_1 X_{1j} + \beta_2 X_{2j} + \cdots + \beta_k X_{kj} + \varepsilon_j, \quad j = 1,\ 2,\ \cdots, n$$

← 독립변수가 k개 존재할 때의 회귀모형

(2) 모형에 대한 가정

① $E(\varepsilon_j) = 0$

② $V(\varepsilon_j) = \sigma^2$

③ $COV(\varepsilon_{i,}\ \varepsilon_j) = 0$

④ $\varepsilon_j \sim N(0, \sigma^2)$

⑤ 설명변수들은 서로 독립이다.

(3) 중회귀모형에서의 분산분석

① 가설검정 $H_0: \beta_1 = \beta_2 = \cdots = \beta_k = 0 \quad H_1:\ not\ \ H_0$

② 유의수준 결정 $\alpha = 0.05$

③ 검정통계량

$$\mathrm{F} = \frac{\mathrm{SSRG/k}}{\mathrm{SSR/n-k-1}} = \frac{\mathrm{MSRG}}{\mathrm{MSR}} \sim \mathrm{F}-\text{분포}(\mathrm{df} = \mathrm{k}, \mathrm{n-k-1})$$

④ p-value의 계산

⑤ 의사결정

표 13-22 중회귀 분산분석표

변동의 요인	제곱합	자유도	제곱평균	F	p-value
회귀	SSRG	k	MSRG	F = MSRG/MSR	
잔차	SSR	n-k-1	MSR		
총합	TSS	n-1			

(4) 단계별 변수선택방법

종속변수와 가장 상관이 높은 설명변수를 선정하여 회귀모형을 설정한 후 남아있는 변수들 가운데 부분 상관이 높은 변수를 추가하여 R^2이 증가하는지를 검토하면서 차례로 변수를 추가 또는 제거하며 회귀모형에 적합한 모형을 선정하는 방법.

(5) SAS 프로그램 : 회귀분석

유과의 관능검사자료에서설명변수는 균일정도(cuni), 거친정도(crou), 부피(cvol)로 하고 반응변수는 고유맛(fori)으로 하여 회귀분석을 한다.

```
DATA corr ;
INPUT panel rep trt cuni crou cvol fori ;
cards ;
1  1  01  09  09  07  14
1  2  01  06  11  06  13
2  1  01  05  10  08  10
2  2  01  05  10  08  13
 ⋮
4  2  03  07  11  12  09
5  1  03  07  12  13  08
5  2  03  08  13  14  09
RUN ;
PROC REG ;
MODEL FORI= CUNI CROU CVOL ;
PROC REG  ;
MODEL FORI= CUNI CROU
CVOL/SELECTION=STEPWISE ; RUN ;
```

```
                The REG Procedure
                 Model : MODEL1
             Dependent Variable : fori

               Analysis of Variance
```

해석 3

Source	DF	Sum of Squares	Mean Square	F Value	Pr > F
Model	3	298.68382	99.56127	24.98	<.0001
Error	26	103.61618	3.98524		
Corrected Total	29	402.30000			

해석 2

Root MSE	1.99631	R-Square	0.7424
Dependent Mean	8.30000	Adj R-Sq	0.7127
Coeff Var	24.05188		

Parameter Estimates

해석 1 **해석 4**

Variable	DF	Parameter Estimate	Standard Error	t Value	Pr > |t|
Intercept	1	26.20939	3.72549	7.04	<.0001
cuni	1	-0.88622	0.15988	-5.54	<.0001
crou	1	-0.12372	0.33127	-0.37	0.7118
cvol	1	-0.88780	0.21172	-4.19	0.0003

The REG Procedure

Model : MODEL1

Dependent Variable: fori

Stepwise Selection: Step 1

Variable cuni Entered: R-Square = 0.4361 and C(p) = 30.9193

Analysis of Variance

Source	DF	Sum of Squares	Mean Square	F Value	Pr > F
Model	1	175.46314	175.46314	21.66	<.0001

Error	28	226.83686	8.10132
Corrected Total	29	402.30000	

해석 5

Variable	Parameter Estimate	Standard Error	Type II SS	F Value	Pr > F
Intercept	14.65629	1.46132	814.91274	100.59	<.0001
cuni	-0.73910	0.15881	175.46314	21.66	<.0001

Bounds on condition number: 1, 1

Stepwise Selection : Step 2

Variable cvol Entered: R-Square = 0.7411 and C(p) = 2.1395

Analysis of Variance

Source	DF	Sum of Squares	Mean Square	F Value	Pr > F
Model	2	298.12791	149.06395	38.64	<.0001
Error	27	104.17209	3.85823		
Corrected Total	29	402.30000			

해석 6

Variable	Parameter Estimate	Standard Error	Type II SS	F Value	Pr > F
Intercept	25.07007	2.10429	547.63112	141.94	<.0001
cuni	-0.84397	0.11117	222.38051	57.64	<.0001
cvol	-0.93560	0.16593	122.66477	31.79	<.0001

Bounds on condition number : 1.0288, 4.1152

All variables left in the model are significant at the 0.1500 level.
No other variable met the 0.1500 significance level for entry into the model.

SAS 시스템

The REG Procedure
Model : MODEL1
Dependent Variable: fori
Summary of Stepwise Selection

Step	Variable Entered	Variable Removed	Number Vars In	Partial R-Square	Model R-Square	C(p)	F Value	Pr 〉 F
1	cuni		1	0.4361	0.4361	30.9193	21.66	〈.0001
2	cvol		2	0.3049	0.7411	2.1395	31.79	〈.0001

(6) SAS 결과 해석

해석 1

추정된 회귀식은 다음과 같다.

$$\widehat{\text{고유맛}} = 26.20 - 0.88\text{균일정도} - 0.13\text{거친정도} - 0.89\text{부피}$$

$$\widehat{\text{for}\,i} = 26.20 - 0.88cuni - 0.13crou - 0.89cvol$$

해석 2

추정된 회귀식의 정도는 0.7424이며, 보정된 정도는 0.7127이다. 즉, 회귀식이 데이터를 약 71% 설명하고 있다는 것을 의미한다.

해석 3

분산분석표는 다음과 같다.

표 13-23 분산분석표

변동의 요인	제곱합	자유도	제곱평균	F	p-value
회귀	298.68	3	99.56	24.98	<.0001
잔차	103.62	26	3.91		
총합	402.30	29			

분산분석표에서 귀무가설에 대한 p-value가 <.0001이므로 유의수준 0.01에서 귀무가설을 기각한다.

즉, 귀무가설 H_0 : $\beta_1 = \beta_2 = \beta_3 = 0$을 기각한다.

해석 4

H_0 : $\beta_1 = 0$에 대한 t-분포의 p-value는 0.0001.

H_0 : $\beta_2 = 0$에 대한 t-분포의 p-value는 0.7118.

H_0 : $\beta_3 = 0$에 대한 t-분포의 p-value는 0.0003.

따라서 변수 거친정도(*crou*)는 종속변수 고유향미(for *i*)에 영향을 미치지 않는다는 결론을 유의수준 5%에서 내릴 수 있다.

해석 5

변수 *cuni*이 선택되었다.

해석 6

변수 최종으로 *cvol*이 선택되었으며, R^2는 0.7411이다.

고유향미(for *i*) = 25.07 − 0.844균일정도(cuni) − 0.238부피(cvol)

관능검사 실험

제1절 관능검사 실험 실습 개요

1. 실험실 사용 규칙

① 실험실의 토론용 테이블과 개인검사대(Booth) 내에서는 소음이 없도록 정숙해야 하며 시료 평가 시 옆 booth의 panel과 상의하지 않는다.

② 시료를 준비하기 전에 반드시 손을 씻고 임한다.

③ 시료를 제시할 때 시료를 맨손으로 만지지 않으며 용기 속에 손가락이 닫지 않도록 한다.

④ 결과를 펜으로 검사지에 정확히 기입한다.

⑤ 실험실은 청결하도록 한다.

2. 실험 보고서 작성

관능검사 실험 실습 보고서는 아래의 순서로 정리하여 보고한다.

1) 이론적 배경

관능검사에 적용된 검사 방법과 시료에 대한 이론적 배경을 조사하여 설명한다.

2) 실험 목적(시나리오)

기업체의 연구개발 팀이나 현장에서는 관능검사의 목적을 정확히 설명한다. 학교 등의 가상 환경에서 관능검사 실험을 할 경우는 현장 가상 시나리오를 작성하고 이에 따른 실험 목적을 설정한다.

3) 재료 및 방법

(1) 실험 설계(experimental design)

(2) 관능검사 방법(sensory method)

(3) 패널(panel)

① 숫자
② 훈련 여부 및 정도

(4) 검사 환경(condition of the test)

① 검사장 환경(test area)
② 시료 준비(sample preparation)
③ 시료 제시 방법(sample presentation)

(5) 통계분석

4) 결 과

실험 결과를 정리하고 통계 분석 결과를 해석한다.

5) 결론 및 고찰

시나리오에 따른 실험 목적과 실험 결과를 연결하여 고찰
결과를 어떻게 시나리오에 설정한 상황에 이용할 것인지 고찰

3. 실험 보고서 작성 예

참고 : Larmond, E. Better reports of sensory evaluation. Tech. Q. master Brew. Assoc. Am., 18, 7, 1981.

• 5가지 맥주의 호프 특성 비교 실험 •

	목 적
• project 목적 • test 목적 • 실험 전 목적 합의	맥주회사는 5군데 공급자로부터 5가지 시료를 공급받고 있다. 그 중 호프의 특성을 가장 잘 낼 수 있는 것을 한 가지 선택하고자 한다. 따라서 본 실험의 목적은 5개 시료로 양조된 맥주를 관능검사하여 호프의 맛을 내는 정도를 점수로 나타낸 후 비교하고 실험 결과의 신뢰성에 대해 검증하고자 한다.
	실 험
• 실험 목적에 맞는 디자인 설정	실험디자인 - 5개의 시료가 14BU의 표준 쓴맛을 갖도록 양조한다. 실험 맥주는 맥주회사의 선정된 20명의 패널이 검사하며 3회의 반복실험을 3일에 걸쳐 시행한다. 시료 1, 2, 3, 4 및 5는 bbl당 각각 0.32lb, 0.38lb, 0.35lb, 0.36lb 및 0.34lb의 호프가 첨가되었다. 또한 각 시료는 생산 원가가 다르며, 파운드 당 각각 $1.00 $1.20, $1.40, $1.60 및 $1.80 이다.
• 사용되는 관능검사 방법 설명	관능검사 - 맥주의 호프 맛에 대하여 0~9점 척도를 이용한다. 표준 물질은 호프의 농도가 1.0mg/L=3점, 3mg/L=6점을 주도록 표시하였다.
• panel 설명 - 인원 - 훈련	패널 - 관능검사원 20명은 과거 호프 특성을 관능평가한 경험이 있는가의 여부에 따라서 선정하였고 20명 모두 5개의 시료에 대하여 3번 반복 실험을 시행하였다.
• 실험 조건 설명 - 시료 screening - 패널에 제공되는 정보 - panel area - 시료 준비	시료 준비 및 제시 - 실험 맥주는 버틀링하여 12℃에 저장하면서 7~10일 되는 날에 평가하였다. 시료의 선정은 두 명의 맛평가 전문가에 의하여 선정되었다. 호프의 색과 거품 및 향미에는 차이가 없으나 맥주의 맛을 대표적으로 나타낼 수 있다고 생각되는 맥주가 검색되었다. 시험용 맥주는 다른 호프를 이용하였지만 각각의 시료 이름은 밝히지 않았다. 검사원은 부스에서 각자 독립적으로 평가하며 상의하지 않도록 하였다. 12℃에 보관된 시험용 맥주 70ml를 8oz 유리잔에 부어서 제공하였다. 5개 시료는 동시에 제공되며 시료는 균형된 배치와 무작위로 순서를 정해 제시하였다.
• 통계분석 방법	실험 결과는 분산분석의 split-plot에 따라서 한다.

	결과 및 고찰
• 결과는 명확하게 제시한다.	다섯 가지 시료의 평균 점수를 표 1로 나타내었고 통계 분석되어진 결과는 표 2에 있다.

표 1. 5가지 맥주의 호프 특성에 대한 점수

Sample	1	2	3	4	5
Hope used, lb/bbl	0.32	0.38	0.35	0.36	0.34
Mean	2.1^{d*}	3.0^{b}	1.4^{e}	3.9^{a}	2.9^{c}

*Samples with different superscripts are significantly different at the 5% significance level.

표 2. ANOVA 표

Source of variation	Degrees of freedom	Sum of squares	Mean squares	F
Total	299	975.64		
Replications	2	8.89		
Samples	4	221.52	55.38	41.88a
Error(A)	8	10.58	1.32	
Subjects	19	412.30	21.70	17.79a
Sample x subject	76	89.81	1.18	0.97
Error(B)	190	232.53	1.22	

Note : Error(A) is calculated as would be the Rep X Sample interaction.

Error(B) is calated subtraction. aSignificant at the 1% level.

	시료 4는 3.9점을 받아서 다른 4개의 시료보다 호프의 특성이 유의적으로 크다는 것을 알 수 있다. 시료 2와 5는 3.0과 2.9점을 얻어서 시료 4보다 호프 특성이 훨씬 덜하지만 시료 1과 3보다는 유의적으로 높은 것을 알 수 있다. 표 2의 통계분석결과에서 시료와 패널 간의 상호 작용(Sample x subject)은 유의성($p<0.001$)이 없다는 것을 알 수 있다. 이러한 사실은 패널 자신들이 느낀 감각을 각자의 단위로 잘 표시하였음을 알 수 있다. 이와 같이 상호작용은 없지만 subject-subject 간의 차이는 있는 것을 알 수 있다. 시료 사이의 차이는 HSD multiple comparisons를 사용하였는데 HSD5%=0.7은 표 1의 줄친 점수로 보여진 차이이다. 호프 특성의 차이는 14BU의 쓴맛을 갖는 호프 양의 차이 강도를 비교하기에는 작았다.
결 론	
명확한 결론 설명	시험된 5가지 시료 가운데 시료 4($1.60/lb)는 유의적으로 높은 호프 특성을 나타내었다. 시료 2($1.20)는 4에 비하여는 호프특성이 적으나 저렴한 가격이 장점이다.
요 약	
• 실험목적은? • 어떤 실험을 했나? • 결과는 어떠했나? • 결론은 무엇인가?	5개 공급처를 가진 맥주회사에서 호프의 특성이 많은 맥주를 선택하고자 한다. 각 시료는 생산원가가 다르며, 시료 1, 2, 3, 4 및 5에 대하여 파운드 당 각각 $1.00, $1.20, $1.40, $1.60 및 $1.80이다. 시료를 이용하여 양조된 맥주를 20명의 훈련된 패널이 각 3번 반복하여 시험하여 0~9점 척도로 평가하였다. 시료 4는 3.9점을 받아서 3.0과 2.9를 받은 시료 2와 5보다 유의적으로 높았고 시료 1과 3은 2.1과 1.4를 받아서 가장 유의적으로 낮은 평가를 받았다. 따라서 시료 4와 2는 나머지 시료에 비하여 달러 당 호프의 특성이 더욱 잘 나타난다고 결론지을 수 있다.

제2절 맛과 냄새

2-1 맛 및 통각 시험

1. 목 적

화학적 감각인 맛과 통각을 제공하는 물질을 용액에 용해하여 각 맛을 경험하고 강도의 특성을 비교한다. 또한 각 패널들의 감각 수용의 차이를 비교한다.

2. 방 법

1) 용액의 제조

아래의 시료를 증류수에 용해하여 용액을 제조하고 패널들이 평가하도록 한다.

(1) 단 맛

Sucrose : 0.5%, 1%, 3%

maltose : 1%, 3%

(2) 신 맛

Citric acid : 0.01%, 0.03%

(3) 짠 맛

NaCl : 0.05%, 0.1%, 0.3%

(4) 쓴 맛

Caffeine : 0.01%, 0.05%

Baking soda : 0.2%, 2%, PTC paper

(5) 우마미(Umami) 맛

MSG : 0.02%, 0.05%

(6) trigeminal sensation

Mentol : mentol candy 조각

hot pepper 에센스 : 에센스 1%, 에센스 3%

2) 유의점

① 시료의 온도와 실험실의 온도 등에 민감하게 영향을 받으므로 실내 온도와 시료의 온도를 정확히 기입하여 이에 따른 비교 고찰을 한다.

② 검사 시료가 많을 경우 감각의 둔화 현상이 오므로 검사 용액의 수를 제한한다.

③ 각 용액의 검사와 검사 사이에 입안을 씻는 물과 짠맛이 없는 빵 또는 떡 등을 제공한다.

④ 본 실험의 목적은 맛의 식별에 대한 경험이므로 한계 농도를 결정하는 실험과 같이 용액의 농도에 따른 검사 순서를 제하지 않아도 된다.

3) 검사 용지

제시된 용액의 맛을 검사한 다음 맛의 이름을 아래의 칸에 표시하세요.
제시한 시료의 이름이 만약 설탕용액이라면, 설탕이라고 답하면 5점, 단맛이라고 하면 3점, 틀릴 경우에는 0점으로 표시하시오. 용액은 순서 없이 검사하지만 각각 용액을 맛 본 후에는 반드시 입안을 물로 헹군 후에 검사하시오.

이름 : 날짜 :

실험실 온도 :

시료번호	검사자가 감지한 맛의 이름	정답	점수
1			
2			
3			
4			
5			
6			
총점			

3. 결 과

1) 각 패널의 검사지를 정리하여 아래의 표를 작성한다.

용액 \ panel	1	2	3	4	5	6	7	8	9	10	총점
1											
2											
3											
4											
5											
6											
Total											

4. 보고서 작성

① 맛 성분의 이론적 배경과 실험 결과의 표를 정리하여 맛 성분들의 특성을 고찰한다.

② 실험실 또는 용액의 온도에 따른 맛의 감지 특성을 비교한다.

③ 각 패널들의 맛 감지능을 비교한다.

2-2 냄새 감각 실험

1. 목 적

화학적 감각인 냄새 화합물을 식별하는 감각을 시험하고 각 패널들의 감각 수용의 차이를 비교한다.

2. 방 법

1) 시료의 제조

시중에서 구입하거나 실험실에서 제조된 다음의 향들을 솜에 묻힌 후 뚜껑 있는 갈색 병에 넣고 밀봉하여 시료를 준비하며, 패널은 검사 직전에 병을 열어 코로 숨을 들이쉬면서 각 시료의 냄새를 식별하도록 한다.

냄새물질 : wintergreen(ethyl salicylate), oregano, garlic, pep-permint(menthol), vanilla, clove(eugenol), raspberry, roasted barley 등의 향 추출물

2) 검사 용지

제시된 시료의 향을 검사한 후에 향의 이름을 아래의 칸에 표시하세요.
제시한 시료의 이름이 만약 커피 향이라면, 커피 향이라고 답하면 5점, 볶은 고소한 맛이라고 하면 3점, 틀릴 경우에는 0점으로 표시하세요.

이름 : ____________________ 날짜 : ____________________

시료번호	검사자가 감지한 향의 이름	정답	점수
1			
2			
3			
4			
총점			

3. 결 과

1) 각 패널의 검사지를 정리하여 아래의 표를 작성한다.

panel	wintergreen	oregano	garlic	peppermint	vanilla	clove	raspberry	roasted barley	total
1									
2									
3									
4									
5									
Total									

4. 보고서 작성

① 냄새를 감지하는 기전과 성분의 특성 등 이론적 배경을 조사하고 실험 결과의 표를 정리하여 냄새 성분들의 특성을 고찰한다.

② 각 패널들의 냄새 감지능을 비교한다.

2-3 기본 맛의 감각 결정

1. 목 적

짠맛, 신맛, 단맛, 쓴맛을 내는 미각을 결정한다.
각 패널들의 감각 수용의 차이를 비교한다.

2. 방 법

1) 시 료

10% 설탕 용액
5% 소금 용액(정제염 89%)
2% 시트르산 용액
0.01% 카페인 용액(또는 0.5% 커피 용액)
초시계

2) 방 법

① 학생들은 2인 1조로 짝을 지어 실험한다.

한 사람은 실험자로서 면봉에 용액을 찍어 상대방의(피험자, 즉 패널요원) 혀에 닿게 하고 피험자는 초시계를 작동하여 본인이 감지 할 때까지의 시간과 강도를 측정한다.

② 실험이 끝나면 역할을 바꾸어 두 사람 모두 실험자와 패널요원으로서의 역할을 수행한다.

③ 물로 혀를 헹군 후, 적은 양의 설탕 용액을 면봉으로 혀의 뒷면, 측면, 앞, 중간에 닿게 한다(실험 결과는 용액을 혀에 닿게 하고 기록한다).

기 록 : (a) 단맛이 감지되는 혀의 부분(위치)

(b) 닿게 한 후의 감지 속도

(c) 각 위치에서의 감각의 강도

강도크기 : 1 = 약　　2 = 중간　　3 = 강

④ 물(25℃)로 혀를 씻고, 다음 용액으로 실험을 반복한다.

⑤ 혀의 위치에 따라 느낀 강도를 다음의 표에 기록한다.

3. 결 과

각 패널의 검사지를 정리하여 아래의 표를 작성한다.

감지속도 : 초

맛의 종류 / 혀의 부위	쓴 맛		신 맛		단 맛		짠 맛	
	강도	반응속도	강도	반응속도	강도	반응속도	강도	반응속도
앞								
가운데								
옆								
뒤								

4. 보고서 작성

① 맛을 감지하는 기전과 성분의 특성 등 이론적 배경을 조사하고 실험 결과의 표를 정리한다.

② 각 패널들의 기본 맛 감지능을 비교한다.

2-4 맛에 대한 온도의 영향

1. 목 적

설탕용액의 단맛에 미치는 온도의 영향을 알아본다.

2. 방 법

1) 시 료

설탕용액(100 g/L)

2) 방 법

설탕용액을 3개의 컵에 나누어 부은 후에 4℃, 30℃, 49℃로 각각 온도를 조절한다. 각각의 시료를 맛본 후에 단맛에 대하여 순위를 매기고 느낀 강도를 5점 만점(1점 : 매우 약하다 ⇒ 5점 : 매우 강하다)으로 표시한다. 시료 사이에는 반드시 입을 물로 헹군다.

3. 결 과

각 패널별로 검사지를 정리하여 아래의 표를 작성한다.

	4℃		30℃		49℃	
	순위	강도	순위	강도	순위	강도
패널1						
패널2						
패널3						

4. 보고서 작성

온도별 패널들의 맛 감지능을 비교한다.

2-5 맛에 대한 냄새의 영향

1. 목 적

물질의 맛을 감지하는 데 있어서 냄새의 중요성을 알아본다.

2. 방 법

1) 시 료

양파 조각 또는 마늘 조각, 사과 조각

2) 방 법

엄지손가락과 검지손가락으로 코를 막고 입안에 사과 조각을 넣는다. 처음 15초 동안에 느껴지는 혀의 감각을 기록하고 손을 떼서 코를 연 후 느껴지는 감각을 기록한다. 새로운 감각이 느껴지면 적당한 용어로 설명한다. 양파 또는 마늘 조각도 동일한 실험을 반복한다.

3. 결 과

각 패널별로 검사지를 정리하여 아래의 표를 작성한다.

	양파		사과		마늘	
	코 막을 때	코 열 때	코 막을 때	코 열 때	코 막을 때	코 열 때
패널1						
패널2						
패널3						

4. 보고서 작성

냄새가 맛에 미치는 영향을 비교한다.

2-6 감각기관의 둔화

1. 목 적

둔화(adaptation)는 주어진 자극을 감각기관에 일정하게 가함으로써 기인되는 신경자극 수의 감소로 정의되는 것으로, 본 실험에서는 후각기관과 미각기관의 둔화(adaptation)를 알아본다.

2. 방 법

1) 시 료

3% 소금(정제염 89%)

5% 커피
초시계

2) 방 법

① 소량의 소금용액을 입에 넣고 짠맛이 느껴지지 않을 때까지의 시간을 기록한다.

② 뜨거운 커피(70℃)가 담긴 컵을 코에서 7.5cm 정도 떨어지게 갖다 대고 강하게 들여 마신 후 내쉬며 냄새의 강도를 0에서 5까지(0 : 못 느낀다, 5 : 매우 강하다) 기록하는데, 흡입과 내쉬기를 10회 반복하고 매번 냄새의 강도를 기록한다. 완전히 순응될 때까지 계속하며 총시간을 기록한다.

3. 결 과

각 패널별로 검사지를 정리하여 아래의 표를 작성한다.

	둔화시간		커피냄새둔화강도									
	짠맛	커피냄새	1회	2회	3회	4회	5회	6회	7회	8회	9회	10회
패널1												
패널2												
패널3												
패널4												
패널5												
패널6												

4. 보고서 작성

냄새와 맛의 둔화현상을 비교 고찰한다.

제3절 차이식별검사

3-1 이점비교검사와 삼점검사 비교 실험

1. 목 적

단순차이검사에서 삼점법과 일-이점검사를 실습하고 두 검사 간의 장단점과 차이점을 이해하며 비교한다.

2. 방 법

1) 시료의 준비

시중에서 판매되는 두 회사의 콜라를 구입하여 동일한 온도에서 냉장보관한다. 실험 직전에 유리컵에 50ml를 부어 검사 시료로 한다.

A 시료 : C콜라

B 시료 : P콜라

2) 검사지 작성

이점비교검사

이름 :

날짜 :

시료를 시험하기 전에 입안을 물로 헹구어 주십시오.
가장 왼쪽의 시료, "R"이라고 표시된 시료가 비교 시료입니다.
다른 두 개의 시료 가운데 비교 시료와 같은 것을 선택하여 시료의 번호에 표시하여 주십시오.
비교 시료 "R"을 먼저 맛 본 후에 R과 같은 시료를 골라서 표시해 주십시오.

시료 번호: R 375 743

삼점검사

이름 : ____________________ 날짜 : ____________________

번호가 적힌 3개의 검사물들로 이루어진 2개의 검사물 세트가 있습니다. 3개 중 두 개는 같은 검사물이고 나머지 1개는 다른 것입니다. 각 세트에서 종류가 다르다고 생각되는 검사물을 골라 해당된 번호에 표시하십시오. 검사는 왼쪽 것부터 시작하시오.

347 624 456

3) 시료의 제시

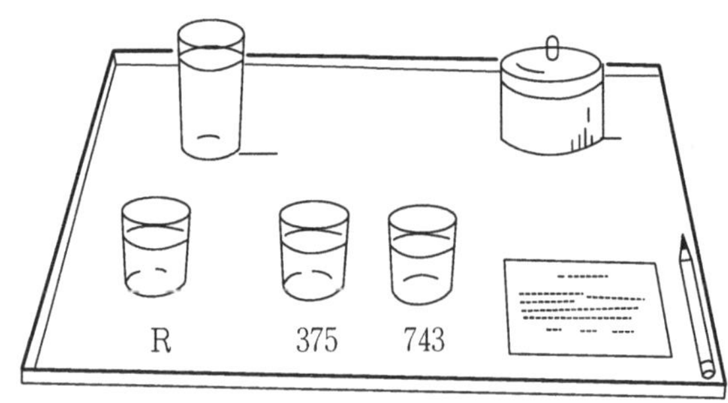

〈이점비교검사〉

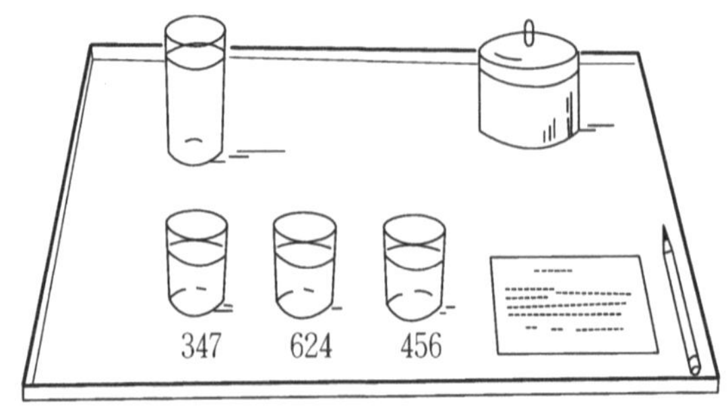

〈삼점검사〉

3. 결 과

1) 시험 결과표 작성하기

① 이점비교검사

codes : group 1 : A : 375, B : 743 / group 2 : A : 336, B : 598

Reference group 1: A group 2: B

Response 컬럼에 답한 시료의 번호를 기입하고 맞으면 O, 틀리면 X표 한다.

예)

Server	Booth	Panelist	Ref	order	Response	Correct
group 1						
홍길동	1	박금자	A	AB	743	X
김말순	2	김미혜	A	BA	375	O
김영희	3	신동수	A	AB	375	O
이영희	4	안혜영	A	BA	743	X
group 2						
박금자	1	홍길동	B	AB	336	X
김미혜	2	김말순	B	BA	336	X
신동수	3	김영희	B	AB	336	X
안혜영	4	이영희	B	BA	598	O

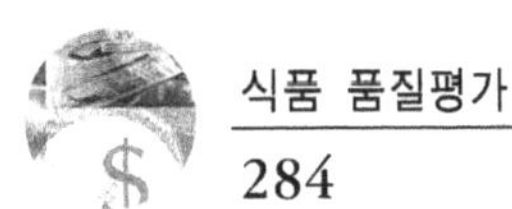

② 삼점검사

6가지의 제시 방법이 있을 수 있다.
AAB, ABA, ABB, BAA, BAB, BBA

codes : group 1 group 2
A : 358, B : 129 A : 624, B : 347

response 컬럼에 답한 시료의 번호를 기입한다.

Server	Booth	Panelist	Order	Odd Sample#	Response	Correct
group 1						
홍길동	1	박금자	BAB	358	358	O
김말순	2	김미혜	ABB	358	129	X
김영희	3	신동수	BBA	358	358	O
이영희	4	안혜영	AAB	129	358	X
김미수	5	김말자	BAA	129	129	O
김희원	6	홍영희	ABA	129	129	O
group 2						
박금자	1	홍길동	AAB	347	347	O
김미혜	2	김말순	BBA	624	347	X
신동수	3	김영희	ABA	347	347	O
안혜영	4	이영희	BAB	624	624	O
김말자	5	김미수	BAA	347	347	O
홍영희	6	김희원	ABB	624	347	X

2) 결과의 통계처리

두 검사법 모두 비연속 데이터로서 답을 맞출 확률이 1/2과 1/3이므로 카이스퀘어 검증을 하여 결과를 분석하거나, 부록에 있는 두 검사의 각각의 유의성 표를 이용하여 신속하게 분석할 수 있다.

4. 보고서 작성

① 여러분이 회사의 연구개발팀의 일원이라 생각하고 가상의 시나리오를 작성하여 이에 따른 실험목적을 설정하고 실험보고서를 작성하시오.

② 실험한 결과가 어떤 결론을 제시하며 회사의 제품생산에 어떻게 조언할지를 설명하시오.

③ 두 가지 차이식별검사로부터 얻은 결과를 비교하시오. 어느 시험이 두 가지 시료의 차이를 설명하는 데 더 나은 방법일까요?

④ 실험 결과를 토대로, 실제로 시료에 대하여 관능검사를 할 기회가 있다면 실험 디자인을 어떻게 변경할지 생각해 보시오.

3-2 특성차이검사와 순위법

1. 목 적

① 식품의 물성 가운데 점도를 관능검사에 의하여 측정하는 방법을 학습한다.

② 차이식별검사 가운데 특성・차이식별검사에 대하여 학습하고, 순위법을 이용하는 실습을 한다.

③ 기계적 측정에 의한 식품의 점성 측정을 학습한다.

④ 관능검사와 기계적 측정에 의한 검사 간의 상호 연관성을 실습한다.

2. 방 법

1) 시료의 준비

시중에 판매되는 세 가지 다른 종류의 전분을 시중에서 구입한다.

시료 1 : 옥수수 전분(제조회사, 지역)

시료 2 : 감자 전분(제조회사, 지역)

시료 3 : 고구마 전분(제조회사, 지역)

소금, 설탕, 물, 계량컵, 계량 스푼, 작은 냄비, 시료 제시용 작은 용기, 컵, 스푼, 쟁반, 검사용지, 펜

2) 전분 paste 제조

소금물(물 1C+ 소금 1t) 15T + 전분 5t +설탕 2t

세 가지 전분 paste를 같은 세기의 불에서 동일한 시간 끓여 paste를 만든 후 실온으로 동일한 시간 동안 동일한 조건에서 식힌 후 검사한다.

3) 관능검사 검사지 작성

이름 : ________________ 날짜 : ________________

주어진 시료의 점도에 대하여 순위를 정하시오. 점도가 가장 높은 것에 1, 가장 낮은 것에 3의 순위로 놓고, 시료의 순위를 해당시료 번호의 선 위에 적으십시오. 검사는 왼쪽 것부터 시작하십시오.

시료번호 : 511 683 354
순위 : ________ ________ ________

4) 시료의 제시

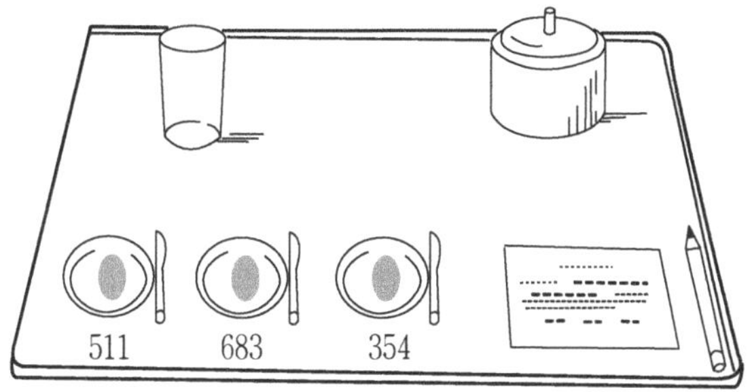

5) 점도계에 의한 점도 측정

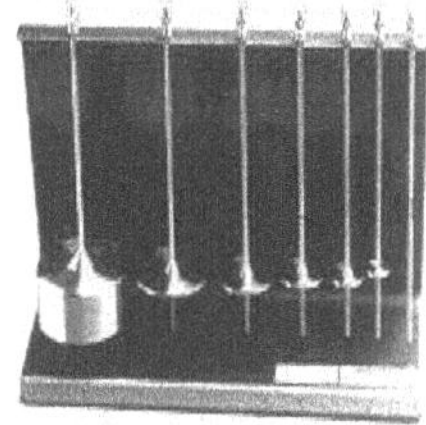

관능검사 시료와 동일한 전분 paste를 지름 3cm의 100ml 컵에 각각의 전분을 50ml 담아서 Brookfield viscometer(원통회전식 점도계)에

서 회전자(spindle) #4를 이용하여 점도를 측정한다. 다이알 리딩이 안정되면 눈금을 읽고 아래의 식에 따라서 점도 cP값을 얻고 결과를 표로 작성한다(rpm, spindle #, dial reading 값 기록).

cP(centipose) = constant × dial reading

전분 종류	dial reading	costant	cP

6) 유의점

전분을 끓이는 온도와 시간 등의 조리 방법에 따라서 점도의 차이가 있으므로 세 가지 시료는 반드시 동일 조건에서 동시에 조리해야 한다. 또한 검사 시료의 준비도 세 가지를 동일한 시간에 준비하고 검사하여 조리 방법, 온도 등의 실험 오차에 따른 시료 간 오차가 없도록 시료의 준비와 제시에 세심한 주의를 기울여야 하며, 점도계에 의한 점도의 측정도 세 가지에 유의하여 측정해야 한다.

7) 결과 분석 방법

순위법을 이용한 실험의 결과는 최소-최대 비유의적 순위합 검정표와 Basker의 순위합의 차이값 검정표를 이용하거나 시료가 많을 경우 순위를 연속변수로 간주하여 분산분석(ANOVA)에 의하여 결과를 분석할 수 있다.

예 ANOVA program

```
data starch;
input starch$ rank@@;
cards;

;
proc anova;
class starch;
model rank=starch;
means starch/lsd;
means starch;
run;
```

3. 결 과

1) 패널에 의한 관능검사 결과

panel	검사물 순위		
	고구마 전분	옥수수 전분	감자 전분
1			
2			
3			
4			
5			
순위합계			

2) ANOVA 표

전분 종류	순위 평균	표준편차	T grouping
감자			
고구마			
옥수수			
p value			

3) 전분 paste의 점도 순위

전분 종류	관능검사 순위 평균	cP
감자		
고구마		
옥수수		

4. 보고서 작성

① 여러분이 회사의 연구개발팀의 일원이라 생각하고 가상의 시나리오를 작성하여 이에 따른 실험목적을 설정하고 실험보고서를 작성하시오.

② 실험한 결과가 어떤 결론을 제시하며 회사의 제품생산에 어떻게 조언할 지를 설명하시오.

③ 관능검사 방법과 기계적 측정에 의한 분석 결과와의 상관관계를 비교하시오. 두 가지 실험 결과가 일치합니까? 일치한다면, 또는 일치하지 않는다면 그 원인에 대하여 고찰해 보고 두 방법의 장단점에 대하여 설명해보시오.

④ 실험 결과를 토대로, 실제로 시료에 대하여 관능검사를 할 기회가 있다면 실험 디자인을 어떻게 변경할지 생각해 보시오.

3-3 방향차이식별검사(Directional test)와 선척도 이용

1. 목 적

식품의 특정 관능 특성을 검사하는 데 방향차이식별검사와 선척도를 이용하여 실험해보고 두 방법의 특성과 장단점에 대하여 알아본다.

2. 방 법

1) 시 료

A= A사 피넛버터
B= 경쟁사 피넛버터

2) 관능검사 검사지 작성

방향차이식별검사

이름 : ______________ 날짜: ______________

1. 어느 시료의 단맛이 더 강합니까?
2. 어느 시료의 짠맛이 더 강합니까?
3. 어느 시료의 고소한 땅콩 향이 더 강합니까?
4. 어느 시료의 overall flavor가 더 큽니까?

선척도(Line scale)

이름 :__________

날짜 :__________

각각의 시료를 검사하기 전에 입을 물로 헹구시오.

왼쪽시료부터 차례로 검사하시오.

선에 각 특성의 강도를 표시하시오.

시료번호

단맛

약한 강한

짠맛

약한 강한

고소한 땅콩 향미(peanut flavor)

약한 강한

전체 향미(overall flavor)

약한 강한

3. 결 과

〈방향차이식별검사〉

패널	Order	sweeter	saltier	more peanut flavor	more overall flavor
홍길동	AB	A	A	B	B
	BA				
	AB				
	BA				
	AB				
	AB				
	BA				
	AB				

〈선척도〉

		RESULTS (cm)							
		sweet		salty		peanut flavor		overall flavor	
패널	order	A	B	A	B	A	B	A	B
홍길동	AB	3.6	5.8	5.6	4.3	7.0	5.0	6.0	5.8
	BA								
	AB								
	BA								
	AB								
	BA								
	AB								
	BA								

(1) 방향차이검사 통계분석

두 가지 피넛버터 간의 차이를 비교하는 실험이므로 t-test한다. 이때 검증의 가설은 Ho : A=B이고 Ha : A〉B or A〈B이므로 단측검증 한다. 이점검사의 유의성 검정표를 이용하여 차이를 검정한다.

(2) 선척도 통계분석

두 가지 피넛버터 간의 차이를 비교하는 실험이므로 t-test 한다. 이때 검증의 가설은 Ho : A=B이고 Ha : A≠B 이므로 양측검증을 하여야 한다.

```
Data butter;
input butter$  sweet salty pflavor oflavor@@;
cards;
A 3.6 5.6 7.0 6.0 B 5.8 4.3 5.0 5.8


;
proc ttest;
class butter;
var sweet salty pflavor oflavor;
run;
```

4. 실험 보고서 작성

① 여러분이 회사의 연구개발팀의 일원이라 생각하고 가상의 시나리오를 작성하여 이에 따른 실험목적을 설정하고 실험보고서를 작성하시오.

② 실험한 결과가 어떤 결론을 제시하며 회사의 제품 생산에 어떻게 조언할지를 설명하시오.

③ 방향차이식별검사와 선척도를 비교하시오.

④ 어떤 이유로 두 시험 가운데 하나를 선택하였나요?

⑤ 실험 결과를 토대로, 실제로 시료에 대하여 관능검사를 할 기회가 있다면 실험 디자인을 어떻게 변경할지 생각해 보시오.

제4절 한계값

4-1 농도의 증가에 의한 감지 한계값 측정

1. 목 적

① 냄새나 맛의 한계값을 측정하는 빠른 방법을 학습한다.

② 화학적 탐지감각의 예민도에 대한 개인차를 학습한다.

③ ASTM(American Society for Testing and Materials) E-679-79 방법과 강제차이식별검사(3-AFC test)를 이용한 그룹의 한계값 추정을 학습한다.

2. 방 법

1) 시료의 준비

Sucrose octaacetate(SOA)를 물에 희석하여 다음 7개의 농도 단계를 만든다.

1단계: $10^{-7.0}$ M(0.00007 g/L)
2단계: $10^{-6.5}$ M (0.00021 g/L)
3단계: $10^{-6.0}$ M (0.00068 g/L)
4단계: $10^{-5.5}$ M (0.00215 g/L)
5단계: $10^{-5.0}$ M (0.00679 g/L)
6단계: $10^{-4.5}$ M (0.02146 g/L)
7단계: $10^{-4.0}$ M (0.06746 g/L)

(SOA의 준비가 어려울 때에는 153쪽(표 10-1)의 한계값 실험을 위한 농도표에서 농도를 선택하여 이용한다.)

2) 방 법

1. 학생들은 2인 1조로 짝을 지어 실험한다.

2. 예비실험에서 한 사람은 실험자의 역할을, 또 한 사람은 패널요원을 하며 예비 실험이 끝나면 역할을 바꾸어 두 사람 모두 실험자와 패널요원으로의 역할을 수행한다.

3. 모든 학생은 자신의 7단계 세트에 다른 3자리 무작위 번호를 준비하여 실험자로서 패널요원에게 자신의 코드로 준비된 시료를 실험하게 한다. 이에 따라 실험자가 패널요원이 되어도 코드 번호를 기억하지 않게 할 수 있다.

4. 본 실험을 위해 다음의 시료를 준비한다.

- 두 세트의 14개의 10 ml 물(blank) 시료와 위의 7단계 농도 시료에 3자리 무작위 코드로 준비하여 각각 삼점검사와 3-AFC검사 set를 만든다. : 21개의 시료는 삼점검사용 7단계 농도 시료 세트이며, 다른 21개는 3-AFC검사를 위한 농도 시료 세트이다.

5. 농도가 증가하는 7단계의 삼점검사와 3-AFC검사를 실시한다. 검사 사이에 입안을 물로 헹군다.

6. 기타 헹굼용 물, 뱉는 컵, 냅킨, 크래커를 준비한다.

3) 관능검사 검사지 작성

삼점검사에 의한 감지한계값 조사

날짜__________ 성명__________

다음 시료에서 다른 시료를 고르시오. 검사는 왼쪽에서 오른쪽으로 하시오.

1. 775_____ 237_____ 459_____
2. 929_____ 743_____ 876_____
3. 599_____ 595_____ 533_____
4. 701_____ 412_____ 898_____
5. 679_____ 310_____ 136_____
6. 263_____ 582_____ 635_____
7. 819_____ 486_____ 689_____

3-AFC검사에 의한 감지한계값 조사

날짜__________ 성명__________

다음 시료에서 특성이 강한 시료를 고르시오. 검사는 왼쪽에서 오른쪽으로 하시오.

1. 564_____ 311_____ 886_____
2. 243_____ 978_____ 191_____
3. 170_____ 573_____ 456_____
4. 280_____ 955_____ 262_____
5. 829_____ 538_____ 767_____
6. 598_____ 355_____ 766_____
7. 469_____ 282_____ 668_____

3. 결 과

1) 결과 표 작성법

이름	삼점검사에 의한 감지한계값 결과 (정답: 1, 오답: 0)									3-AFC검사에 의한 감지한계값 결과 (정답: 1, 오답: 0)								
	SOA농도 F.W. 678.6 (log Molar Conc.)							개인 한계값		SOA농도 F.W. 678.6 (log Molar Conc.)							개인 한계값	
	-7	-6.5	-6	-5.5	-5	-4.5	-4	로그 농도	정수 농도	-7	-6.5	-6	-5.5	-5	-4.5	-4	로그 농도	정수 농도
이인선	0	0	0	0	1	1	1	-5.25										
이연경	1	1	1	1	1	1	1	-7.25										
이승민	0	1	1	0	1	1	1	-5.25										
이지현																		
백수련																		
고은정																		
박선빈																		
정답수								그룹 평균	그룹 평균								그룹 평균	그룹 평균
정답률																		

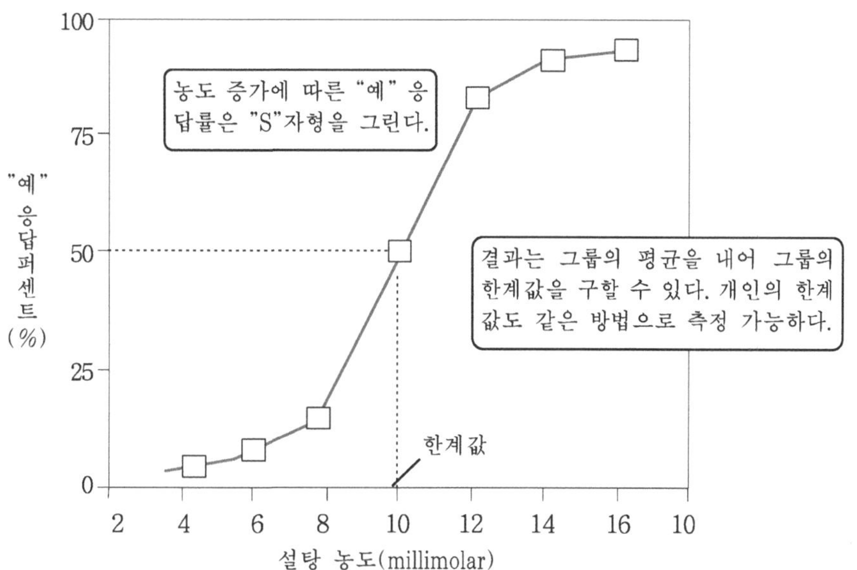

• ASTM method E-679-79에 의한 한계값 측정 •

① 로그 결과 기하평균 내는 방법 : 〔-5.25-7.25-5.25 + -5.75 +…〕/n = -4.25. 가상의 평균 -4.25로 비교해도 되고, 로그의 한계값 농도로 환산하여 10-4.25 = 56.23 mM/liter로 바꾸어 결과를 비교해도 된다.

② Y축에는 그룹의 퍼센트 정답률, X축에는 SOA농도로 하여 그래프를 그리시오. 자극 강도에 대한 비율을 나타내는 점을 찍어 점들의 최적곡선(best fit)을 그린다. 이때 X축은 milli molar농도로 할 필요는 없으며 -5.25-7.25-5.25 + -5.75 + ...등의 농도를 그대로 하면 된다.

③ Y축에서 50% 정답률로부터 최적곡선을 지나 X축에 평행선을 긋고 곡선과 만나는 점에서 Y축에 평행선을 그어 X축과 만나는 점을 찾으면 그 점이 이 농도의 감지 한계값이다.

④ 반복 실험의 경우 그룹 한계값이 20% 범위에서 틀려지면 안정된 한계값이 나올 때까지 실험을 반복한다.

4. 보고서 작성

① 위 실험 목적과 방법 및 실험 결과 보고서를 작성하시오.

② 삼점검사와 3-AFC검사 방법의 그룹 한계값을 비교하고, 두 방법이 한계값 측정에 적당한지 또는 어느 방법이 더 예민한 방법인지 고찰하시오.

4-2 기본 맛의 한계값(threshold)

1. 목 적

4가지의 기본 맛에 대하여 최소 역치(detection threshold, stimulation threshold)와 최소감미량(recognition threshold, identification threshold)을 관능검사를 통하여 측정함으로써 각각의 맛에 대한 한계값(threshold)과 각 개인의 예민도의 차이를 비교한다.

2. 방 법

1) 시료 및 기구

16% 설탕 용액	100ml
2% 소금 용액(정제염 89%)	100ml
2% 구연산 용액	100ml
2% 카페인(or 5% 커피)	100ml
비커 또는 투명 플라스틱 컵(100ml)	48개
냄비(대)	1개
전자저울	
메스실린더(100ml)	4개
일반 조리 용구	

2) 방 법

① 16% 설탕 용액(A), 2% 소금 용액(B), 2% 구연산 용액(C), 2% 카페인 용액(D)을 각각 100 ml씩 준비한다.

② 비커 48개에 A_1-12, B_1-12, C_1-12, D_1-12까지 번호를 붙인다.

③ 16 % 설탕 용액 100 ml를 비커 A_{11}과 A_{12}에 50 ml 씩 나누어 붓고 A_{11}에는 다시 증류수 50ml를 넣은 다음 흔들어 희석한다.

④ 비커 A_{11} 내의 용액 100ml에서 50ml를 비커 A_{10}에다 붓고 다시 증류수 50ml을 넣고 흔들어 희석하며, 또 비커 A_{10}에서 50ml을 A_9로 옮기고 50ml의 증류수를 넣어서 100ml로 만든다. 이와 같은 방법으로 A_1까지 희석 용액을 만든다.

⑤ B, C, D에 대하여도 같은 방법으로 희석 용액을 제조하여 총 48개의 시료를 만들고, 각각의 농도를 계산한다.

⑥ 관능검사원들에게 질문지를 배부하고 No.1에서 No.12까지 맛보게 한 다음 각 용액의 맛이 물과는 좀 다르다는 것을 느낄 때와 그 맛이 무슨 맛이라는 것을 정확하게 알 때의 시료 번호를 질문지(양식1)에 기록하게 하고 동시에 검사를 중단시킨다.

3. 결 과

4가지 기본 맛의 역치 검사표

성　　명 ________________

일　　시 ____년____월____일

검사 번호 ________________

실시 방법 ________________

1. 검사 용액은 A, B, C, D의 4가지 맛에 대하여 각각 No.1에서 No.12까지이다.
2. 물로 입을 잘 가셔 낸다.
3. 검사 용액을 맛볼 때에는 용액을 입 속에서 휘돌려서 혀의 표면에 충분히 닿게 한다.
4. 다음과 같은 요령으로 강도를 숫자로 표시한다

(0) .... 아무 맛도 느끼지 못한다.
(1) .... 대단히 희미하다.
(2) .... 느낄 수 있다.
(3) .... 쉽게 느낄 수 있다.
(4) .... 강하다.
(5) .... 대단히 강하다.

맛	시료번호											
	1	2	3	4	5	6	7	8	9	10	11	12
단맛												
짠맛												
신맛												
쓴맛												

4. 보고서 작성

① 제일 먼저 느낄 수 있었던 것은 어느 맛이며 알아내기에 가장 어려운 것은 어느 맛이었는지 고찰하시오.

② 각 검사원들 중에서 누가 각각의 기본 맛에 대하여 가장 민감하며, 또 그 순서는 어떠한지 비교하시오.

③ 모든 맛의 경우에 대하여 가장 민감한 사람은 매번 똑같은 사람이었는지 결과를 비교하시오.

제5절 신호탐지이론

1. 목 적

① 신호탐지이론을 익숙하도록 학습한다.

② 반응오차, 패널의 포상에 의한 동기유발에 따른 예민도를 비교 학습한다.

③ 신호탐지이론이 한계값 측정의 다른 방법의 하나로 쓰일 수 있음을 학습한다. 특히 실험 목적이 비교실험군이 기준시료 혹은 블랭크시료와 차이가 있는지를 아는 실험일 때에는 한계값 실험 대신 신호탐지방법을 쓸 수 있음을 학습한다.

④ 신호탐지이론으로 패널 개인 차이식별에 대한 분해 능력 측정을 할 수 있음을 학습한다.

2. 이론의 배경

신호탐지이론(signal detection theory)은 신호(signal)와 잡음(noise)으로부터의 자극이 정규분포 한다는 가정을 한다. 이 가정 하에 제시되는 신호와 잡음 자극에 대한 적중(hit)반응과 오경보(false alarm)반응의 평균으로부터의 거리에 의해 식별도(d′)를 계산한다. P(적중: hit)는 신호에 대한 표준정규분포곡선 아래의 면적비율이며 P(오경보: false alarm)는 잡음에 대한 표준정규분포곡선 아래의 면적비율이다. 신호탐지이론의 마지막 계산 단계는 신호와 잡음 분산의 분리 정도를 알기 위한 곡선 하 면적을 거리로 전환하는 것으로 이는 적중과 오경보의 정답비율을 z값(p-and z scores표 참조)을 구하여 산수 계산하면 된다.

$$d' = Z(\text{적중}) - Z(\text{오경보})$$

3. 방 법

1) 시료의 준비

① 1조 당 갈색이나 색이 있는 주스 병 2개를 마련한다.

② 한 병에는 200g, 다른 한 병에는 208g의 소금이나 설탕을 담아 놓는다. 200g 시료 병 바닥에는 S(잡음(noise)시료 혹은 기준시료), 208g 시료 병 바닥에는 H(신호(signal)시료 혹은 무거운 시료)의 표시를 한다.

③ 각 조별 동전 30개

④ 실험자와 패널요원 사이에 가리개로 쓸 서류철이 각 조별 1개

2) 방 법

① 학생들은 2인 1조로 짝을 지어 실험한다.

② 한 사람은 실험자의 역할을, 또 한 사람은 패널요원을 하며 예비실험과 본 실험이 모두 끝나면 역할을 바꾸어 두 사람 모두 실험자와 패널요원으로의 역할을 수행한다.

(1) 예비실험(10번)

① 10번의 예비실험에서 5번은 S시료, 5번은 H시료를 실험자가 패널요원에게 제시한다. 순서는 무작위로 한다(예 S - S- H- H- H- S- H- S- S- H).

② 예비실험에서 무작위순서로 S를 제시할 때마다 실험자는 패널요원에게 '기준 시료'라고 말해주며 잠시 동안 그 무게(자극)를 외우게 한다. 마찬가지로 H시료를 제시할 때에는 '무거운 시료'라고 말해주며 그 무게를 외우게 한다.

(2) 본 실험

① 엄격한 기준 : strict criterion과 너그러운 기준 : lax criterion을 각각 50번씩 2세트 실험을 한다.

② 전체 조의 반은 먼저 엄격한 기준을 위한 지불 방법표를 보고 25번의 S와 25번의 H시료를 실험한 후 너그러운 기준 실험을 한다. 다른 반은 너그러운 기준을 먼저 실험한 후 엄격한 기준을 실험한다.

③ 실험실시 전 실험자는 패널요원에게 동전 10개를 주고 20개를 가지고 있으며, 엄격한 기준 지불 방법표와 너그러운 기준 지불 방법표에 의해 각각의 반응 대가를 지불한다.

④ 실험자는 패널의 실험평가결과 기록표와 기준에 따른 지불 방법표, 동전, S와 H 시료 병을 가지고, 가리개를 사이에 두고 패널 앞에 앉는다. 평가표의 위쪽에 무작위로 S와 H 시료 병의 제시 순서를 정하여 적어 놓는다(예 S- S- H- H- H- S- S- S- H- H- S- S- H- H- S- S- S- S- H- H- H- H- H- S- H- S- H- H- S- S- S- H- H- S- S- S- H- H- S- S- H- S- S- H- H- H- S- S- H- H).

⑤ 엄격한 실험을 먼저 하는 경우 실험자는 예비실험과 같은 무작위 방법으로 S와 H 시료를 패널 요원에게 제시한다. 이번에는 정답을 알리지 않고 패널 요원의 반응을 묻는다. 패널 요원에게 엄격한 실험기준에 따른 지불 방법표에 따라 지불하고 결과를 결과 기록표에 작성한다.

3) 관능검사 검사지 작성

(1) 엄격한 기준(Strict criterion) 실험

① 엄격한 기준 지불 기준표

패널반응 / 실제 제시	반응(response)			
	신호(signal)/ 무거운 시료	잡음(noise)/ 기준 시료	P(적중)	P(오경보)
신호(signal)제시 : 무거운 시료	적중(Hit) : 동전 1개 지불	놓침(Miss) : 동전 5개 회수	=	=
잡음(noise) 제시 : 기준 시료	오경보(False alarm) : 동전 1개 회수	옳은 기각(Correct rejection) : 동전 5개 지불	/25	/25

② 결과기록표

제시 순서	S	H	H	H	H	S	S	S	H	H	S	S	H	H	S	S	S	H	H	H	S	S	H	S	S
반응 결과																									
제시 순서	H	S	H	S	S	H	H	S	S	H	H	H	S	S	S	H	S	H	H	H	S	S	S	H	H
반응 결과																									

(2) 너그러운 기준(Lax criterion) 실험

① 너그러운 기준 지불 기준표

패널반응 / 실제 제시	반응(response)			
	신호(signal)/ 무거운 시료	잡음(noise)/ 기준 시료	P(적중)	P(오경보)
신호(signal) 제시 : 무거운 시료	적중(Hit) : 동전 5개 지불	놓침(Miss) : 동전 1개 회수	=	=
잡음(noise) 제시 : 기준 시료	오경보(False alarm) : 동전 5개 회수	옳은 기각(Correct rejection) : 동전 1개 지불	/25	/25

② 결과기록표

제시 순서	H	S	H	H	S	H	S	S	H	H	S	S	H	H	S	H	S	H	H	H	S	S	H	S	S
반응 결과																									
제시 순서	S	H	H	S	H	S	H	S	S	H	H	H	S	S	H	S	S	H	H	H	S	S	S	H	S
반응 결과																									

4. 결 과

① P(적중) 비율은 P(적중) 결과수를 25개의 P(적중) 제시개수로 나누어 계산하며 P(오경보) 비율은 P(오경보) 결과수를 25개의 P(오경보) 제시개수로 나누어 계산한다.

P(적중) = /25와 P(오경보) = /25

② Z(적중)와 Z(오경보) 비율은 d′ 계산을 위한 P-Z 값 표를 이용하여 d′를 계산한다.

Z(적중) =____________ Z(오경보) = ____________

d′ = Z(적중) - Z(오경보) = ____________

5. 보고서 작성

① 위의 결과표를 작성하고 표를 보고서와 함께 낸다.

② 개개인의 기준에 따른 적중과 오경보 비율을 비교하고 반의 적중비율과 오경보 비율을 비교한다.

〈d' 결과〉						
	엄격한 기준			너그러운 기준		
이름	Z(적중)	Z(오경보)	d'	Z(적중)	Z(오경보)	d'
이인선						
이연경						
이승민						
이지현						
백수련						
고은정						
박선빈						
평균						

d' 계산을 위한 P-Z 값 표 (p- and Z-scores for calculation of d')							
p	Z-score	p	Z-score	p	Z-score	p	Z-score
0.01	***-2.33***	*0.26*	***-0.64***	*0.51*	***+0.03***	*0.76*	***+0.71***
0.02	***-2.05***	*0.27*	***-0.61***	*0.52*	***+0.05***	*0.77*	***+0.74***
0.03	***-1.88***	*0.28*	***-0.58***	*0.53*	***+0.08***	*0.78*	***+0.77***
0.04	***-1.75***	*0.29*	***-0.55***	*0.54*	***+0.10***	*0.79*	***+0.81***
0.05	***-1.64***	*0.30*	***-0.52***	*0.55*	***+0.13***	*0.80*	***+0.84***
0.06	***-1.55***	*0.31*	***-0.50***	*0.56*	***+0.15***	*0.81*	***+0.88***
0.07	***-1.48***	*0.32*	***-0.47***	*0.57*	***+0.18***	*0.82*	***+0.92***
0.08	***-1.41***	*0.33*	***-0.44***	*0.58*	***+0.20***	*0.83*	***+0.95***
0.09	***-1.34***	*0.34*	***-0.41***	*0.59*	***+0.23***	*0.84*	***+0.99***
0.10	***-1.28***	*0.35*	***-0.39***	*0.60*	***+0.25***	*0.85*	***+1.04***
0.11	***-1.23***	*0.36*	***-0.36***	*0.61*	***+0.28***	*0.86*	***+1.08***
0.12	***-1.18***	*0.37*	***-0.33***	*0.62*	***+0.31***	*0.87*	***+1.13***
0.13	***-1.13***	*0.38*	***-0.31***	*0.63*	***+0.33***	*0.88*	***+1.18***
0.14	***-1.08***	*0.39*	***-0.28***	*0.64*	***+0.36***	*0.89*	***+1.23***
0.15	***-1.04***	*0.40*	***-0.25***	*0.65*	***+0.39***	*0.90*	***+1.28***
0.16	***-0.99***	*0.41*	***-0.23***	*0.66*	***+0.41***	*0.91*	***+1.34***
0.17	***-0.95***	*0.42*	***-0.20***	*0.67*	***+0.44***	*0.92*	***+1.41***
0.18	***-0.92***	*0.43*	***-0.18***	*0.68*	***+0.47***	*0.93*	***+1.48***
0.19	***-0.88***	*0.44*	***-0.15***	*0.69*	***+0.50***	*0.94*	***+1.55***
0.20	***-0.84***	*0.45*	***-0.13***	*0.70*	***+0.52***	*0.95*	***+1.64***
0.21	***-0.81***	*0.46*	***-0.10***	*0.71*	***+0.55***	*0.96*	***+1.75***
0.22	***-0.77***	*0.47*	***-0.08***	*0.72*	***+0.58***	*0.97*	***+1.88***
0.23	***-0.74***	*0.48*	***-0.05***	*0.73*	***+0.61***	*0.98*	***+2.05***
0.24	***-0.71***	*0.49*	***-0.03***	*0.74*	***+0.64***	*0.99*	***+2.33***
0.25	***-0.67***	*0.50*	***0.00***	*0.75*	***+0.67***	*0.995*	***+2.58***

제6절 묘사분석

6-1 향미프로필(Flavor profile)

1. 목 적

① 식품분석에서 향미프로필에 의한 묘사분석 기초를 학습한다.

② 분석적 관능검사 방법의 기초를 학습한다.

③ 분석적 관능검사에서 표준시료의 사용방법을 학습한다.

④ 패널요원은 최종복합식품을 개개의 맛과 향미 구성성분으로 분류해내는 학습을 한다.

2. 이론 배경

향미프로필은 1940년 Arthur D. Little 컨설팅회사에서 만든 방법이다. 그 당시에 이 방법은 혼합식품의 향미 특성을 밝히는 도구로 쓰였으며 훈련된 패널보다는 맛 전문가를 이용한 방법이었다. 맛 전문가들의 향미프로필은 재료의 기능이나 가공공정에서 향미의 변화를 조사하는 데 유용하게 이용되었다.

현재 묘사분석 방법은 반복실험과 통계분석을 통하여 결과를 해석하는 반면 향미프로필 방법은 검사자들의 의견의 일치과정으로 결과를 요약하며 훈련된 검사자들에 의해 개발된 용어들에 어떤 점수들을 줄지 의견의 일치과정을 통해 결정한다. 공개토론과 개인 검사를 반복하여 검사 식품의 특성을 개발하고 의견의 일치로 최종 평가한다.

현대의 묘사분석에서는 반복실험과 통계분석을 통하여 결과를 해석하는 것이 향미프로필 방법보다는 선호되는 방법이나 회사 연구실에서는 아직도 향미프로필 방법을 유용하게 사용하는 곳도 있다.

본 연구에서는 V-8주스를 이용하여 향미프로필을 연습한다.

3. 방 법

1) 시 료

① 아래와 같은 V-8주스와 그 구성성분들을 표준시료로 준비한다.

V-8주스	토마토주스
비트(beets) 퓨레(신선한 것, 익힌 것)	당근 퓨레(신선한 것, 익힌 것)
시금치 퓨레(신선한 것, 익힌 것)	셀러리 퓨레(신선한 것)
파슬리 퓨레(신선한 것)	양상추 퓨레(신선한 것)
물냉이(watercress) 퓨레(신선한 것)	소금

② 시료용 컵, 수저, 입가심용 물, 뱉는 컵, 냅킨, 크래커

2) 방 법

① 한 조당 4~5명으로 구성한다.

② V-8주스의 각각 구성성분을 개인용 표준시료 컵에 담아 각자 맛을 보고 표준시료 익히는 연습을 하면서 필요하면 묘사특성을 기록한다. 이때 V-8주스는 맛보지 않는다.

③ 향미프로필을 위해 V-8주스를 맛본다. 개인이 의논하지 않으며, 먼저 V-8주스에서 인지하는 모든 향미특성을 특성이 출현하는 순서대로 적는다.

④ 다음의 평점척도를 이용하여 각각의 인지된 특성강도를 평가한다.

)(: 한계값, 겨우 인지 가능한

1 : 약한

1-2

2 : 보통

2-3

3 : 강한

⑤ 패널요원 각자의 평가가 끝나면 토론테이블(보통 round table)에 모여 의견일치과정을 진행한다. 진행을 위해 사회자와 기록자 및 발표자를 선정한다.

⑥ 조별 토론을 통한 의견을 모으는 과정에서 패널요원들의 각각의 특성강도의 값을 단순히 평균하면 안 되며(평균을 계산한다는 것은 현대적인 통계방법의 적용이 된다는 것이다), 그 특성에 특정 강도 값을 부여하기 위해 모든 조원이 참여한 토론을 거쳐 의견이 일치된 점수를 부여하도록 한다.

⑦ 조별 만장일치의 의견에 도달하면 조별 향미프로필을 완성한다.

4. 결 과

◎ 관능검사 검사지 작성법

향미	1조	2조	3조	4조	5조
익힌 토마토					
소금	3	3	3		
신선한 당근	3	2.5	3		
셀러리	1	1			
시금치	2		2		
익힌 당근	)(	)(	1.5		
물냉이		)(	2.5		
시금치		1	2		
파슬리			0.5		
양상추			1		
신선한 토마토					

5. 보고서 작성

① 조별 의견일치과정을 위한 토론에서 개개인이 V-8주스의 주요 향미를 공통적으로 선택했었는지 설명하시오.

② 조원들이 최종 향미 특성의 상대적 강도 부여에 동의하는 정도를 설명하시오.

③ 조별 의견일치과정에서 특히 주스에서 발견된 강한 향미와 약한 향미는 어떤 것이 있는지 설명하시오.

④ 조별 결과를 제시하시오.

6-2 묘사분석을 위한 용어와 평가지 개발과 분석방법

1. 목 적

① 묘사분석에서 용어개발과 평가지 개발 방법 기초를 학습한다.
② 조별 프로젝트 실험을 위한 준비를 한다.

2. 방 법

1) 시료 준비

① 같은 종류의 3가지 시료(3가지 사과주스, 3회사별 우유 등)

② 시료용 컵, 수저, 입가심용 물, 뱉는 컵, 냅킨, 크래커.

③ 2조로 나누어 조별로 시료들을 3개의 무작위번호로 코딩하여 개인별 3반복 실험 분량을 준비한다.

④ A조 준비 시료는 B조가 실험하도록 A조원이 실험 준비자가 되며, B조 준비 시료는 A조가 실험하도록 B조원이 실험 준비자가 된다.

2) 방 법

① 한 조당 4~5명으로 구성한다.

② 첫 번째 시료를 맛보고 종이에 냄새(aroma), 향미(flavor) 등으로 구분하여 감지한 향미특성을 특성이 출현하는 순서대로 적는다.

③ 실험자가 모든 종이를 걷어 칠판에 냄새(aroma), 향미(flavor) 등 항목별 특성을 적되, 비슷한 특성, 반복되는 특성 및 애매모호한 특성, 주관적인 기호 특성들은 제외한다.

④ 두 번째 시료로 ②와 ③의 순서를 반복한다. 두 번째 시료에 대한 새

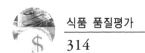

로운 정보들로 용어를 보강하고 다듬는다.

⑤ 사용 가능한 척도표를 의논하여 평가지를 완성한다.

3. 결 과

1) 관능검사 검사지

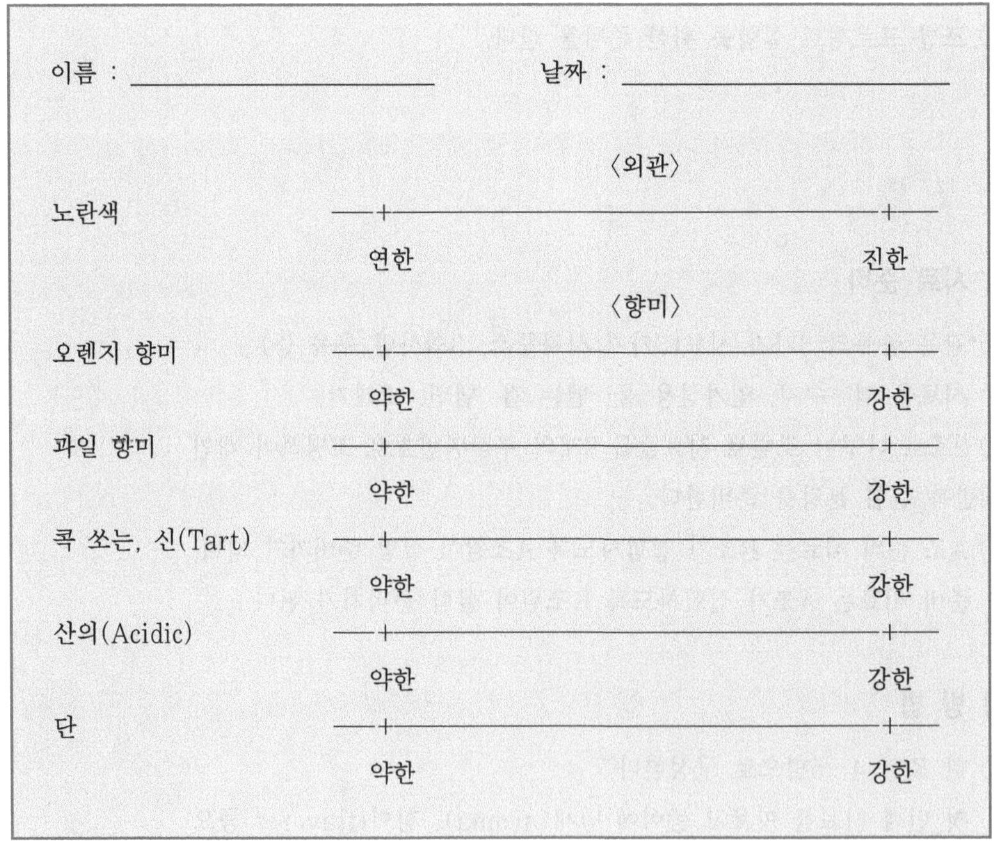

이름 : ____________________ 날짜 : ____________________

〈외관〉

노란색 —+————————————————+—
연한 진한

〈향미〉

오렌지 향미 —+————————————————+—
약한 강한

과일 향미 —+————————————————+—
약한 강한

콕 쏘는, 신(Tart) —+————————————————+—
약한 강한

산의(Acidic) —+————————————————+—
약한 강한

단 —+————————————————+—
약한 강한

2) 통계분석

개별 검사대에서 준비된 시료와 평가지를 이용하여 묘사분석을 실시 후 다음과 같이 통계분석표에 의한 분산분석을 한다.

```
Data QDA;
input panel rep trt color sweet sour apple floral;
cards;
1 1 1 5 9 3 3 7 8

;
proc anova;
class panel trt;
model color sweet sour apple floral =trt;
means trt/duncan;
run;
```

4. 보고서 작성

① QDA 평가지와 ANOVA분석결과를 내시오.

② 위 결과의 거미줄 그래프(spider plot)를 그리고 고찰하시오.

6-3 묘사분석과 9점 척도 연습

1. 목 적

① 묘사분석의 실험 절차에 따라서 용어의 개발과 선택 및 검사지의 작성 등을 연습한다.

② 자극의 강도는 반드시 아래의 9점 척도 이용실습을 하도록 한다.

2. 방 법

① 시료 : 시중에 판매되는 4가지 상표의 식혜를 구입하여 실험에 사용한다.

② 용어 개발

각 실험 조는 토론이 가능한 테이블에서 4가지 상표의 식혜를 200ml 유리컵에 부어 시나리오의 목적에 맞는 용어를 선택할 수 있도록 조원 각자가 식혜의 맛, 색, texture 등을 검사하고 적합한 용어를 선택하여 각자 아래 표에 정리한다.

식혜의 특성 묘사
외관(Appreance) : 식혜의 외적 요소들(색, 표면 점도, 고형물 크기의 균일함 정도 등)
Aroma :
Taste/Textur :
After Taste :

③ 조의 대표는 개별 조원의 용어를 수합하여 적고, 이를 토론을 통하여 실험 목적에 맞는 용어를 선택하여 flavor profile 또는 texture profile을 작성한다. 검사 용지의 attribute 순서는 눈으로 보고, 냄새를 맡거나 손으로 촉감을 느끼고, 입에서 씹을 때의 순서와 촉감, 맛 그리고 후미 등 감각이 느끼는 순서에 따라서 작성한다.

④ 선택된 용어를 아래의 검사 용지에 적고 9점 척도로 검사 용지를 작성하여 패널에게 관능검사를 하도록 한다.

3. 결 과

1) 관능검사 검사지

이름 : ____________________ 날짜 : ____________________

네 가지 음료수를 시음한 후에 주어진 척도에 따라서 Attribute column 항목에 대하여 각각의 점수를 기입하여 주십시오. 각각의 시료를 검사할 때는 반드시 입을 헹군 후에 검사해 주십시오.

점수

1 : 극도로 약하다
2 : 매우 약하다
3 : 보통 약하다
4 : 약간 약하다
5 : 약하지도 강하지도 않다
6 : 약간 강하다
7 : 보통 강하다
8 : 매우 강하다
9 : 극도로 강하다

Attribute(관능특성)	425	398	761	825

Comment :
____
____

2) 통계분석

9점 척도의 각 값을 연속변수로 간주하여 분산분석의 방법으로 각 시료 간의 관능특성 차이의 유의성을 분산분석(ANOVA)으로 검증한다.

```
Data drink;
input sample$ att1 att2 att3 att4@@;
cards ;
A 2 2 2 3 B 4 1 1 2 C 3 1 4 1 D 6 2 6 4

;
proc anova;
class sample;
model att1 att2 att3 att4=sample;
means sample/lsd;
means sample;
run;
```

3) 패널에 의한 관능검사 결과

패널	attribute 1				attribute 2				attribute 3				attribute 4			
	A 식혜	B 식혜	C 식혜	D 식혜	A 식혜	B 식혜	C 식혜	D 식혜	A 식혜	B 식혜	C 식혜	D 식혜	A 식혜	B 식혜	C 식혜	D 식혜
1																
2																
3																
4																
5																
6																
7																
8																
9																
10																

4) 식혜의 관능 특성에 대한 평균 및 표준편차와 유의도 검증

식혜 종류	attribute 1	attribute 2	attribute 3	attribute 4
A				
B				
C				
D				
p value				

significantly different $p<0.05$ with LSD

4. 보고서 작성

① 여러분은 회사 연구개발팀의 일원이라 생각하고 가상의 시나리오를 작성하여 이에 따른 실험목적을 설정하고 실험보고서를 작성하시오. 묘사분석의 실험 절차에 따른 본 실습의 내용을 순서에 따라서 체계적으로 작성하시오.

② 실험한 결과가 어떤 결론을 제시하며 회사의 제품생산에 어떻게 조언할지를 설명하시오.

③ 9점 척도 대신 선척도를 본 실험에 이용한다면 어떠한 절차가 필요한지 생각하여 보시오.

④ 실험 결과를 토대로, 실제로 시료에 대하여 관능검사를 할 기회가 있다면 실험 디자인을 어떻게 변경할지 생각해 보시오.

6-4 스펙트럼 묘사분석

1. 목 적

스펙트럼 묘사척도를 이용하여 제품의 특성을 척도로 기록하는 스펙트럼 묘사분석 실험 방법을 이해한다.

2. 방 법

1) 시료의 준비

시중에 판매되는 세 가지 상표의 마요네즈를 구입하여 비교 시료로 이용한다.

표준 시료로 이용될 스펙트럼 시료를 증류수에 아래의 농도로 제조하여 검사 시료와 함께 제공한다.

강도	짠맛		강도	신맛	
	농도	coding		농도	coding
2.5	NaCl 0.20%	sol. A1	2.0	citric acid 0.05%	sol. B1
5.0	NaCl 0.35%	sol. A2	5.0	citric acid 0.08%	sol. B2
8.5	NaCl 0.50%	sol. A3	10.0	citric acid 0.15%	sol. B3

2) 스펙트럼 척도표

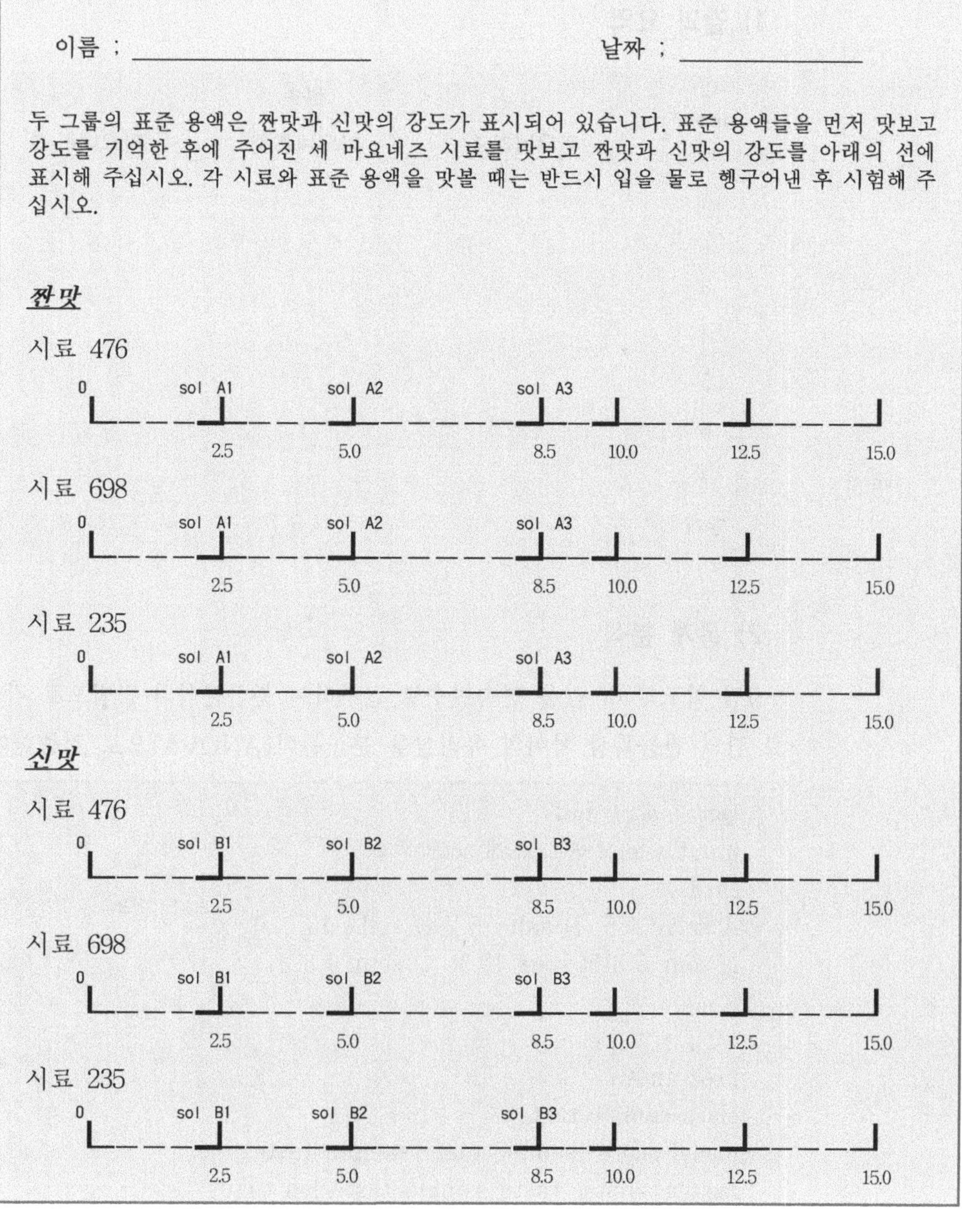

이름 ; ____________________　　　　날짜 ; ______________

두 그룹의 표준 용액은 짠맛과 신맛의 강도가 표시되어 있습니다. 표준 용액들을 먼저 맛보고 강도를 기억한 후에 주어진 세 마요네즈 시료를 맛보고 짠맛과 신맛의 강도를 아래의 선에 표시해 주십시오. 각 시료와 표준 용액을 맛볼 때는 반드시 입을 물로 헹구어낸 후 시험해 주십시오.

짠맛

시료 476

0　sol A1　sol A2　sol A3

2.5　5.0　8.5　10.0　12.5　15.0

시료 698

0　sol A1　sol A2　sol A3

2.5　5.0　8.5　10.0　12.5　15.0

시료 235

0　sol A1　sol A2　sol A3

2.5　5.0　8.5　10.0　12.5　15.0

신맛

시료 476

0　sol B1　sol B2　sol B3

2.5　5.0　8.5　10.0　12.5　15.0

시료 698

0　sol B1　sol B2　sol B3

2.5　5.0　8.5　10.0　12.5　15.0

시료 235

0　sol B1　sol B2　sol B3

2.5　5.0　8.5　10.0　12.5　15.0

3. 결 과

1) 결과 요약

panel	점수		
	마요네즈 1	마요네즈 2	마요네즈 3
1			
2			
3			
4			
5			
6			
7			
합계			

2) 통계 분석

9점 척도의 각 값을 연속변수로 간주하여 분산분석의 방법으로 각 시료 간의 관능특성 차이의 유의성을 분산분석(ANOVA)으로 검증한다.

```
Data spectrum;
input sample$ taste$ score@@:
cards;
A salty 4.6  H salty 5.2 O salty 10.0
A sour 5.3 H sour 10.1  O sour 4.8

;
proc anova;
class sample taste;
model score=sample taste sample×taste;
means sample taste sample×taste/lsd tukey;
means sample taste sample×taste;
run;
```

3) 분산분석표

전분 종류	평균	표준편차	T grouping
마요네즈 1			
마요네즈 2			
마요네즈 3			

4. 보고서 작성

① 여러분이 회사의 연구개발팀의 일원이라 생각하고 가상의 시나리오를 작성하여 이에 따른 실험목적을 설정하고 실험보고서를 작성하시오.

② 실험한 결과가 어떤 결론을 제시하며 회사의 제품생산에 어떻게 조언할지를 설명하시오.

③ 스펙트럼방법의 장단점에 대하여 설명해보시오.

④ 실험 결과를 토대로, 실제로 시료에 대하여 관능검사를 할 기회가 있다면 실험 디자인을 어떻게 변경할지 생각해 보시오.

제7절 소비자검사

7-1 기호도검사와 선호도검사

기호도검사와 선호도검사는 소비자의 제품에 대한 주관적인 판단을 알아 볼 수 있는 방법이다. 두 제품 중 어느 것을 더 선호하는지를 검사하는 선호도검사가 제품의 좋아하는 정도를 평점으로 평가하는 기호도 조사보다 더 예민한 방법으로 알려져 있다. 그러나 기호도는 소비자가 검사제품을 얼마나 많이 혹은 어느 정도 좋아하는지를 측정 할 수 있는 반면, 선호도검사는 이러한 진단보다는 선택된 실험 세트 중에 더 선호하는 제품만을 알 수 있다는 단점이 있다.

기호도검사는 9점기호척도(9-point hedonic scale)를 쓰는데 이 방법은 미국 군대의 한 장교가 개발한 척도로 양극단에 '극도로 싫은'과 '극도로 좋은'의 용어를 쓰는 척도이다. 선호도검사에는 두 제품 간의 이점비교, 강제 선택 선호도검사와 선호순위검사가 있으며, 두 시료 혹은 여러 시료 사이에서 가장 선호하는 시료를 꼭 선택해야 하는 강제 선택방법이 있고, 기호도검사처럼 평점 척도에 선호 정도를 표시하는 방법이 있다.

1. 목 적

① 기호도검사 방법을 학습한다.
② 선호도검사 방법을 학습한다.

2. 방 법

1) 시료의 준비

3자리 무작위코드로 준비된 아래의 품목을 세트별로 2종류씩 준비한다.

- 오렌지주스 세트
- 포테토칩 세트
- 치즈 세트

시료군	코드	제조회사
오렌지주스 세트	548	
	391	
포테토칩 세트	686	
	273	
치즈 세트	085	
	164	

2) 방 법

① 각각의 세트별 헤도닉 스케일을 이용한 기호도검사를 먼저 실시한다.

② 기호도검사 후 선호도검사를 한다.

③ 다른 식품 세트 사이에는 1분의 휴식을 한다. 검사 사이에 크래커를 먹고 물로 입을 헹구어도 된다.

④ 기호도검사는 9점기호척도를 이용하여 1점에는 '극도로 싫어하는'을, 9점에는 '극도로 좋아하는'의 코드를 쓴다. 그 사이에는 동일 간격을 두어 기호도를 측정한다. 선호 정도 검사는 1에서 7점까지의 평점척도를 이용한다. 두 시료 중 큰 숫자코드의 시료가 더 강하게 선호 될 때엔 7쪽의 점수를 쓰며, 작은 숫자코드의 시료가 더 강하게 선호될 때에는 1쪽의 점수를 쓴다.

⑤ 두 시료 간에 더 선호하는 시료가 없는 경우 '선호도 없음(np: no preference)'의 의미로 'np'로 표시한다.

3. 결 과

1) 검사지 작성

패널 이름	오렌지주스 세트				포테토칩 세트				치즈 세트			
	기호도		선호도		기호도		선호도		기호도		선호도	
	548	391	평점	제품	686	273	평점	제품	085	164	평점	제품
평균												
편차												

2) 통계 분석

기호도검사는 9점 척도의 각 값을 연속변수로 간주하여 분산분석의 방법으로 각 시료 간의 관능특성 차이의 유의성을 분산분석(ANOVA)하거나 t-test한다.

선호도검사는 t-test혹은 맞힐 확률 1/2의 이점 비교검사에 의한 검정표로 검정한다.

4. 보고서 작성

① 각 제품 세트별로 기호도와 선호도 히스토그램을 그리시오.

② 기호도와 선호도 데이터로 t-test를 하여 두 제품 간의 유의차를 비교하시오.

7-2 조정에 의한 최적화 (Optimization by adjustment)

1. 목 적

조정에 의한 최적조건 결정하는 방법을 학습한다.

기호도에 의한 최적조건 결정 시 발생하는 contextual effect를 학습한다.

2. 이론의 배경

조정에 의한 최적화 방법은 표준화된 맛 혹은 최적의 맛이 나올 때까지 구성재료를 더하거나 빼는 방법이다. 보통은 음료수와 같은 균일한 식품 시료에 설탕이나 산을 더하거나 빼면서 최적의 맛 혹은 표준화된 맛을 결정할 때 이용한다. 최적조건 혹은 표준화 조건에 도달하였다고 생각될 때 굴절 당도계, pH meter, 적정에 의한 산도 측정 등에 의해 최적조건을 결정한다.

이 방법은 contextual effect가 있음을 고려한다. 낮은 농도에서 높은 농도로 최적조건을 맞추어 표준화시키는 경우 적정수준에 도달하기 전에 최적조건이라고 결정할 확률이 있다. 또한 높은 농도에서 낮은 농도로 희석하면서 최적조건을 찾아가는 경우엔 충분히 낮은 농도에 도달하기 전에 최적조건으로 결정할 확률이 있음을 고려한다.

3. 방 법

1) 시 료

패널 1인당 아래의 시료가 담긴 4개의 컵을 준비한다.

① '희석'이라고 표시된 무설탕 차 음료 60mL

② '농축'이라고 표시된 설탕농도가 매우 높은 차 음료 60mL

③ '--'라고 표시된 희석된 무설탕 차 음료 250mL

④ '++'라고 표시된 설탕농도가 매우 높은 차 음료 250mL

2) 방 법

① '희석'이라고 표시된 컵의 음료를 먼저 맛 본 경우 '++'라고 표시된 설탕 농도가 매우 높은 차 음료를 약간 더한다.

② 다시 '희석'(농축)이라고 표시된 컵의 음료를 맛본 후 '++'라고 표시된 설탕 농도가 매우 높은 차 음료로 농도를 맞춘다.

③ 최적 수준의 단맛에 도달 할 때까지 ①과 ②의 방법을 계속한다.

④ '농축'이라고 표시된 음료로 시작한 경우는 '--'라고 표시된 무설탕 시료로 위의 과정을 반복하여 최적수준의 농도를 찾는다.

⑤ 패널들은 각각 '희석' 시료와 '농축' 시료로 만든 최적 조건의 음료를 둘 다 만든다.

⑥ 1인당 2개의 최적조건 음료에 대한 당도를 당도계로 읽는다.

4. 결 과

패널 이름	조정에 의한 최적화 당도(brix)	
	농도의 오름차순	농도의 내림차순

5. 보고서 작성

① 조별 농도의 오름차순과 내림차순 방법으로 만든 최적당도 음료에 대한 평균과 표준편차를 구한다.

② 농도의 오름차순과 내림차순 방법으로 만든 최적당도 음료에 대한 t-test를 실시하고 결과를 비교한다.

③ 두 방법의 유의차가 있다면 그 이유를 설명하시오.

7-3 적당한 정도 척도(JAR scale)에 의한 최적화

1. 목 적

적당한 척도에 의한 최적화 방법을 학습한다.

2. 이론의 배경

적당한 정도 척도는 '골디락(Goldilocks)' 척도라고도 한다. 척도의 중심에 적당한 정도(just-about-right)의 점수를 두며 왼쪽에는 '너무 약한'의 평점을, 오른쪽에는 '너무 강한'의 평점을 둔다. 일련의 농도가 증가하거나 감소하는 시료 세트에서는 마치 중간 정도의 농도가 '적당한 정도'라고 선택될 오류(중심화 편견 : centering bias)를 범할 수 있으므로 주의한다. 따라서 직당한 정도 척도는 진정한 '적당한 정도' 보다는 중간 정도의 농도가 최적조건으로 뽑히지 않는지를 조심한다.

3. 방 법

1) 시 료

무설탕 차 음료로 다음의 '희석'시리즈 세트와 '농축'시리즈 세트를 만든다.

'희석'시리즈

① 2% w/v 설탕(sucrose)

② 5% w/v 설탕(sucrose)

③ 8% w/v 설탕(sucrose)

'농축'시리즈

① 8% w/v 설탕(sucrose)

② 12% w/v 설탕(sucrose)

③ 16% w/v 설탕(sucrose)

2) 방 법

① 위 시료들을 3자리 무작위 번호로만 코딩한다.

② 적당한 정도 척도는 중심의 적당한 정도를 포함하여 1~7의 평점으로 왼쪽으로 갈수록 단맛이 너무 약해지며 중심이 가장 적당하고, 오른쪽으로 갈수록 단맛이 너무 강해지는 척도를 이용한다.

③ 패널요원은 위 2 세트를 모두 실험하며 어느 세트를 먼저 시작 할지는 조교의 지시에 따른다.

④ 각 세트에서 3번째 시료를 평가하기 전에는 3분 정도 휴식하며 크래커 등을 먹고 입가심을 해둔다.

적당한 정도 척도(Just-about-right scale)

4. 결 과

① 패널 개인 결과 작성표

희석세트(농도의 오름차순)		농축세트(농도의 내림차순)	
2%		8%	
5%		12%	
8%		16%	

② 개인별 두 농도 세트에 대하여 X축에는 농도, Y축에는 적당한 정도 척도로 하여 그래프를 그리고 최적 농도를 구한다.

다음 그래프는 희석세트에서 최적 농도를 구한 예제 그래프이다.

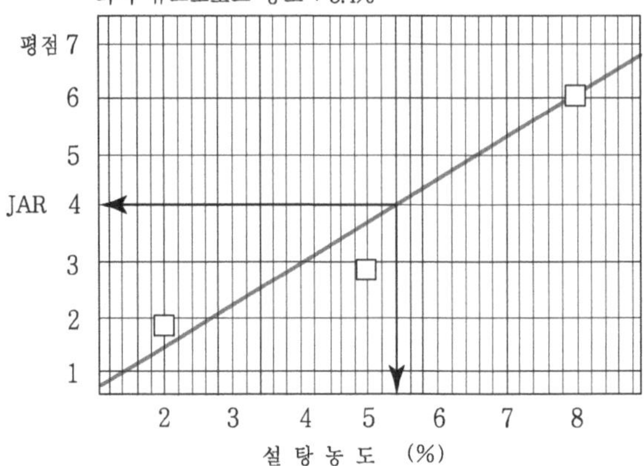
최적 슈크로오즈 농도 : 5.4%
평점 7
6
5
JAR 4
3
2
1
2 3 4 5 6 7 8
설 탕 농 도 (%)

희석시리즈

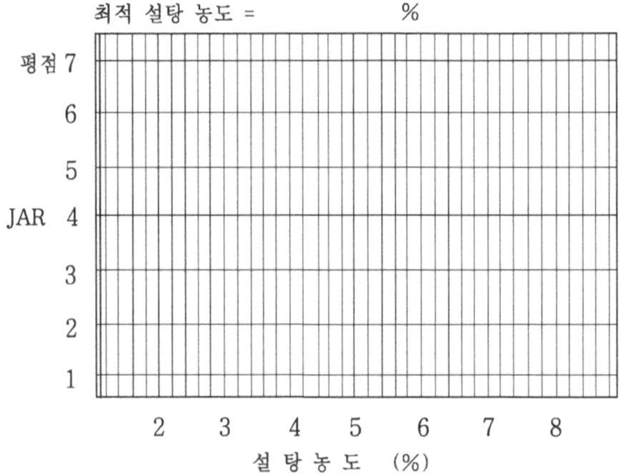
최적 설탕 농도 = %
평점 7
6
5
JAR 4
3
2
1
2 3 4 5 6 7 8
설 탕 농 도 (%)

농축시리즈

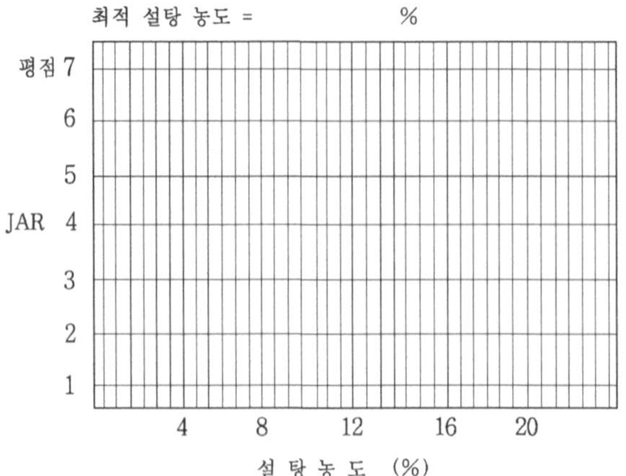
최적 설탕 농도 = %
평점 7
6
5
JAR 4
3
2
1
4 8 12 16 20
설 탕 농 도 (%)

③ 전체 패널요원 개인 결과표를 다음과 같이 작성한다.

패널 이름	2%	5%	8%	8%	12%	16%
평균						
표준편차						

④ 클래스 전체에 대한 아래의 표를 작성한다.

패널 이름	적당한 정도 척도에 의한 최적화 농도(%)	
	희석세트	농축세트
평균		
표준편차		

5. 보고서 작성

① 결과 작성에서 설명한 모든 자료를 보고서에 포함한다.

② 희석과 농축 시리즈에 의한 최적농도에 대한 t-test를 실시하고 유의차 분석을 한다.

③ 조정에 의한 최적화 방법과 적당한 정도 척도에 의한 최적화 방법을 비교한다.

표 A 난수표

	00-04	05-09	10-14	15-19	20-24	25-29	30-34	35-39	40-44	45-49
00	54463	22662	65905	70639	79365	67382	29085	69831	47058	08186
01	15389	85205	18850	39226	42249	90669	96325	23248	60933	26927
02	85941	40756	82414	02015	13858	78030	16269	65978	01385	15345
03	61149	69440	11286	88218	58925	03638	52862	62733	33451	77455
04	05219	81619	10651	67079	92511	59888	84502	72095	83463	75577
05	41417	98326	87719	92294	46614	50948	64886	20002	97365	30976
06	28357	94070	20652	35774	16249	75019	21145	05217	47286	76305
07	17783	00015	10806	83091	91530	36466	39981	62481	499177	75779
08	40950	84820	29881	85966	62800	70326	84740	62660	77379	90279
09	82995	64157	66164	41180	10089	41757	78258	96488	88629	37231
10	96754	17676	55659	44105	47361	34833	86679	23930	53249	27083
11	34357	88040	53364	71726	45690	66334	60332	22554	90600	71113
12	06318	37403	49927	57715	50423	67372	63116	48888	21505	80182
13	62111	52820	07243	79931	89292	84767	85693	73947	22278	11551
14	47534	09243	67879	00544	23410	12740	02540	54440	32949	13491
15	98614	75993	84460	62846	59844	14922	48730	73443	48167	34770
16	24856	03648	44898	09351	98795	18644	39765	71058	90368	44104
17	96887	12479	80621	66223	86085	78285	02432	53342	42846	94771
18	90801	21472	42815	77408	37390	76766	52615	32141	30268	18106
19	55165	77312	83666	36028	28420	70219	81369	41943	47366	41067

표 A 난수표(계속)

	00-04	05-09	10-14	15-19	20-24	25-29	30-34	35-39	40-44	45-49
20	75884	12952	84318	95108	72305	64620	91318	89872	45375	85436
21	16777	37116	58550	42958	21460	43910	01175	87894	81378	10620
22	46230	43877	80207	88877	89380	32992	91380	03164	98656	59337
23	42902	66892	46134	01432	94710	23474	20423	60137	60609	13119
24	81007	00333	39693	28039	10154	95425	39220	19774	31782	49037
25	68089	01122	51111	72373	06902	74373	96199	97017	41273	21546
26	20411	67081	89950	16944	93054	87687	96693	87236	77054	33848
27	58212	13160	06468	15718	82627	76999	05999	58680	96739	63700
28	70577	42866	24969	61210	76046	67699	42054	12696	93758	03283
29	94522	74358	71659	62038	79643	79169	44741	05437	39038	13163
30	42626	86819	85651	88678	17401	03252	99547	32404	17918	62880
31	16051	33763	57194	16752	54450	19031	58580	47629	54132	60631
32	08244	37647	33851	44705	94211	46716	11738	55784	95374	72655
33	59497	04392	09419	89964	51211	04894	72882	17805	21896	83864
34	97155	13428	40293	09985	58434	01412	69124	82171	59058	82859
35	98409	66162	95763	47420	20792	61527	20441	39435	11859	41567
36	45476	84882	65109	96597	25930	66790	65706	61203	53634	22557
37	89300	69700	50741	30329	11658	23166	05400	66669	78708	03887
38	50051	95137	91631	66315	91428	12275	24816	68091	71710	33258
39	31753	85178	31310	89642	98364	02306	24617	09609	83942	22716
40	79152	53829	77250	20190	56535	18760	69942	77448	33278	48805
41	44560	38750	83635	56540	64900	42912	13953	79149	18710	68618
42	68328	83378	63369	71381	39564	05615	42451	64559	97501	65747
43	46939	38689	58625	08342	30459	85863	20781	09284	26333	91777
44	83544	86141	15707	96256	23068	13782	08467	89469	93842	55349
45	91621	00881	04900	54224	46177	55309	17852	27491	89415	23466
46	91896	67126	04151	03795	59077	11848	12630	98375	52068	60142
47	55751	62515	21108	808030	02263	29303	37204	96926	30506	09808
48	85156	87689	95493	88842	00664	55017	55539	17771	69448	87530
49	07521	56898	12236	60277	39102	62315	12239	07105	11844	01117

표 A 난수표(계속)

	50-54	55-59	60-64	65-69	70-74	75-79	80-84	85-89	90-94	95-99
00	59391	58030	52098	82718	87024	82848	04190	96574	90464	29065
01	99567	76364	77204	04615	27062	96621	43918	01896	83991	51141
02	10363	97518	51400	25670	98342	61891	27101	37855	06235	33316
03	86859	19558	64432	16706	99612	59798	32803	67708	15297	28612
04	11258	24591	36863	55368	31721	94335	34936	02566	80972	08188
05	95068	88628	35911	14530	33020	80428	39936	31855	34334	64865
06	54463	47237	73800	91017	36239	71824	83671	39892	60518	37092
07	16874	62677	57412	13215	31389	62233	80827	73917	82802	84420
08	92494	63157	76593	91316	03505	72389	96363	52887	01087	66091
09	15669	56689	35682	40844	53256	81872	35213	09840	34471	74441
10	99116	75486	84989	23476	52967	67104	39495	39100	17217	74073
11	15696	10703	65178	0637	63110	17622	53988	71087	84148	11670
12	97720	15369	51269	69620	03388	13699	33423	67453	43269	56720
13	11666	13841	71681	98000	35979	39719	81899	07449	47985	46967
14	71628	73130	78783	75691	41632	09847	61547	18707	85489	69944
15	540501	51089	99943	91843	41995	88931	73631	69361	05375	15417
16	22518	55576	98215	82068	10798	86211	36584	67466	69373	40054
17	75112	30485	62173	02132	14878	92879	22281	16783	86352	00077
18	80327	02671	98191	84342	90813	49268	95441	15496	20168	19271
19	60251	45548	02146	05597	48228	81366	34598	72856	66762	17002
20	57430	82270	10421	00540	43648	75888	66049	215511	47676	33444
21	73528	39559	34434	88596	54086	71693	43132	14414	79949	85193
22	25991	65959	70769	64721	86413	33475	42740	06175	82758	66248
23	78388	16638	09134	59980	63806	48472	39318	35434	24057	74739
24	12477	09965	96657	57994	59439	76330	24596	77515	09577	91871
25	83266	32883	42451	15579	38155	27793	40914	65990	16255	17777
26	76970	80876	10237	39515	79152	74798	39357	09054	73579	92359
27	37074	65198	44785	68624	98336	84481	97610	78735	46703	98265
28	83712	06514	30101	78295	54656	85417	43189	60048	72781	72606
29	20287	56862	69727	94443	64936	08366	27227	05158	50326	59566

표 A 난수표(계속)

	50-54	55-59	60-64	65-69	70-74	75-79	80-84	85-89	90-94	95-99
30	74261	32592	86538	27041	65172	85532	07571	80609	39285	65340
31	64081	49863	08478	96001	18888	14810	70545	89755	59064	07210
32	05617	75818	47750	67814	29575	10526	66192	44464	27058	40467
33	26793	74951	95466	74307	13330	42664	85515	20632	05497	33625
34	65988	72850	48737	54719	52056	01596	03845	35067	03134	70322
35	27366	42271	44300	73399	21105	03280	73457	43093	05192	48657
36	56760	10909	98147	34736	33863	95256	12731	66598	50771	83665
37	72880	43338	93643	58904	59543	23943	11231	83268	65938	81581
38	77888	38100	03062	58103	47961	83841	25878	23746	55903	44115
39	28440	07819	21580	51459	47971	29882	13990	29226	23608	15873
40	63525	94441	77033	12147	51054	19955	58312	76923	96071	05813
41	47606	93410	16359	89033	89696	47231	64498	31776	05383	39902
42	52669	45030	96279	14709	52372	87832	02735	50803	72744	88208
43	16738	60159	07425	62369	07515	82721	37875	71153	21315	00132
44	59348	11695	45751	15865	74739	05572	32688	20271	65128	14551
45	12900	71775	29845	60774	94924	21810	38636	33717	67598	82521
46	75086	23537	49939	33595	13484	97588	28617	17979	70749	35234
47	99495	51434	29181	09993	38190	42553	68922	52125	91077	40197
48	26075	31671	45386	36583	93459	48599	52022	41330	60651	91321
49	13636	93596	23377	51133	95126	61496	42474	45141	46660	42338

표 B x^2 분포표

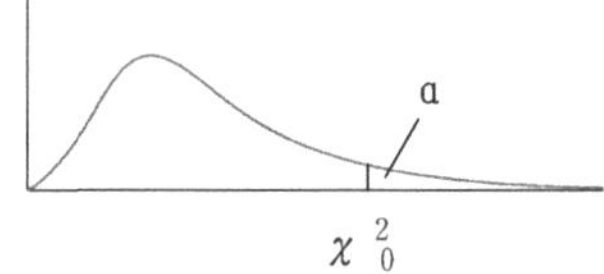

d.f.	α								
v	.990	.950	.900	.500	.100	.050	.025	.010	.005
1	.0002	.004	.02	.45	2.71	3.84	5.02	6.63	7.88
2	.02	.10	.21	1.39	4.61	5.99	7.38	9.21	10.60
3	.11	.35	.58	2.37	6.25	7.81	9.35	11.34	12.84
4	.30	.71	1.06	3.36	7.78	9.49	11.14	13.28	14.86
5	.55	1.15	1.61	4.35	9.24	11.07	12.83	15.09	16.75
6	.87	1.64	2.20	5.35	10.64	12.59	14.45	16.81	18.55
7	1.24	2.17	2.83	6.35	12.02	14.07	16.01	18.48	20.28
8	1.65	2.73	3.49	7.34	13.36	15.51	17.53	20.09	21.95
9	2.09	3.33	4.17	8.34	14.68	16.92	19.02	21.67	23.95
10	2.56	3.94	4.87	9.34	15.99	18.31	20.48	23.21	25.19
11	3.05	4.57	5.58	10.34	17.28	19.68	21.92	24.72	26.76
12	3.57	5.23	6.30	11.34	18.55	21.03	23.34	26.22	28.30
13	4.11	5.89	7.04	12.34	19.81	22.36	24.74	27.69	29.82
14	4.66	6.57	7.79	13.34	21.06	23.68	26.12	29.14	31.32
15	5.23	7.26	8.55	14.34	22.31	25.00	27.49	30.58	32.80
16	5.81	7.96	9.31	15.34	23.54	26.30	28.85	32.00	34.27
17	6.41	8.67	10.09	16.34	24.77	27.59	30.19	33.41	35.72
18	7.01	9.39	10.86	17.34	25.99	28.87	31.53	34.81	37.16
19	7.63	10.12	11.65	18.34	27.20	30.14	32.85	36.19	38.58
20	8.26	10.85	12.44	19.34	28.41	31.41	34.17	37.57	40.00
21	8.90	11.59	13.24	20.34	29.62	32.67	35.48	38.93	41.40
22	9.54	12.34	14.04	21.34	30.81	33.92	36.78	40.29	42.80
23	10.20	13.09	14.85	22.34	32.01	35.17	38.08	41.64	44.18
24	10.86	13.85	15.66	23.34	33.20	36.42	39.36	42.98	45.56
25	11.52	14.61	16.47	24.34	34.38	37.65	40.65	44.31	46.93
26	12.20	15.38	17.29	25.34	34.56	38.89	41.92	45.64	48.29
27	12.88	16.15	18.11	26.34	36.74	40.11	43.19	46.96	49.64
28	13.56	16.93	18.94	27.34	37.92	41.34	44.46	48.28	50.99
29	14.26	17.71	19.77	28.34	39.09	42.56	45.72	49.59	52.34
30	14.95	18.49	20.60	29.34	40.26	43.77	46.98	50.89	53.67
40	22.16	26.51	29.05	39.34	51.81	55.76	59.34	63.69	66.77
50	29.71	34.76	37.69	49.33	63.17	67.50	71.42	76.15	79.49
60	37.48	43.19	46.46	59.33	74.40	79.08	83.30	88.38	91.95
70	45.44	51.74	55.33	69.33	85.53	90.53	95.02	100.43	104.21
80	53.54	60.39	64.28	79.33	96.58	101.88	106.63	112.33	116.32
90	61.75	69.13	73.29	89.33	107.57	113.15	118.14	124.12	128.30
100	70.06	77.93	82.36	99.33	118.50	124.34	129.56	135.81	140.17

표 C-1 순위법 유의성 검정표(5%)

네 개의 숫자는 최소 비유의적 순위합-최대 비유의적 순위합(표준시료가 없는 경우).
최소 비유외적 순위합-최대 비유의적 순위합(표준시료가 있는 경우)을 나타낸다.

반복수	처 리 수								
	2	3	4	5	6	7	8	9	10
2	-	-	-	-	-	-	-	-	-
	-	-	-	3-9	3-11	3-13	4-14	4-16	4-18
3	-	-	-	4-14	4-17	4-20	4-23	5-25	5-28
	-	4-8	4-11	5-13	6-15	6-18	7-20	8-22	8-25
4	-	5-11	5-15	6-18	6-22	7-25	7-29	8-32	8-36
	-	5-11	6-14	7-17	8-20	9-23	10-26	11-29	13-31
5	-	6-14	7-18	8-22	9-26	9-31	10-35	11-39	12-43
	6-9	7-13	8-17	10-20	11-24	13-27	14-31	15-35	17-38
6	7-11	8-16	9-21	10-6	11-31	12-36	13-41	14-46	15-51
	7-11	9-15	11-19	12-24	14-28	16-32	18-36	20-40	21-45
7	8-13	10-18	11-24	12-30	14-35	15-41	17-46	18-52	19-58
	8-13	10-18	13-22	15-27	17-32	19-37	22-41	24-46	26-51
8	9-15	11-21	13-27	15-33	17-39	18-46	20-52	22-58	24-64
	10-15	12-20	15-25	17-31	20-36	23-41	25-47	28-52	31-57
9	11-16	13-23	15-30	17-37	19-44	22-50	24-57	26-64	28-71
	11-16	14-22	17-28	20-34	23-40	26-46	29-52	32-58	35-64
10	12-18	15-25	17-33	20-40	22-48	25-55	27-63	30-70	32-78
	12-18	16 24	19-31	23-37	26-44	30-50	33-57	37-63	40-70
11	13-20	16-28	19-36	22-44	25-52	28-60	31-68	34-76	36-85
	14-19	18-26	21-34	25-1	29-48	33-55	37-62	41-69	45-76
12	15-21	18-30	21-39	25-47	28-56	31-65	34-74	38-82	41-91
	15-21	19-29	24-36	28-44	32-52	37-59	41-67	45-75	50-82
13	16-23	20-32	24-41	27-51	31-60	35-69	38-79	42-88	45-98
	17-22	21-31	21-39	31-47	35-56	40-64	45-72	50-80	54-89
14	17-25	22-34	26-44	30-54	34-64	38-74	42-84	46-94	50-104
	18-24	23-33	28-42	33-51	38-60	44-68	49-77	54-86	59-95
15	19-26	23-37	28-47	32-58	37-68	41-79	46-89	50-100	54-111
	19-26	25-35	30-45	36-54	42-63	47-73	53-82	59-61	64-101
16	20-28	25-39	30-50	35-61	40-2	45-83	49-95	54-106	59-117
	21-27	27-37	33-47	39-57	45-67	51-77	57-87	63-97	69-107
17	22-29	27-41	32-53	38-64	43-76	48-88	53-100	58-112	63-124
	22-29	28-40	35-50	41-61	48-71	54-82	61-92	67-103	74-113
18	23-31	29-43	34-56	40-68	46-80	51-93	57-105	62-118	68-130
	24-30	30-42	37-53	44-64	51-75	58-86	65-97	72-108	79-119
19	24-33	30-46	37-58	43-71	49-84	55-97	61-110	67-123	73-136
	25-32	32-44	39-56	47-67	54-79	62-90	69-102	76-114	84-125
20	26-34	32-48	39-61	45-75	52-88	58-102	65-115	71-129	77-143
	26-34	34-46	42-58	50-70	57-83	65-95	73-107	81-119	89-131

표 C-1 순위법 유의성 검정표(5%)-계속

반복수	처 리 수								
	2	3	4	5	6	7	8	9	10
21	27-36 28-35	34-50 36-48	41-64 44-61	48-78 52-74	55-92 61-86	62-106 69-99	68-121 77-112	75-135 86-124	82-149 94-137
22	28-38 29-37	36-52 38-50	43-67 46-64	51-81 55-77	58-96 64-90	65-111 73-103	72-126 81-117	80-140 90-130	87-155 99-143
23	30-39 31-38	38-54 40-52	46-69 49-66	53-85 58-80	61-100 76-94	69-115 786-108	76-131 84-122	84-146 95-135	91-162 104-149
24	31-41 32-40	40-56 41-55	48-72 51-69	56-88 61-83	64-104 70-98	72-120 80-112	80-136 90-126	88-152 99-141	96-168 109-155
25	33-42 33-42	41-59 43-57	50-75 53-72	59-91 63-87	67-108 73-102	76-124 84-116	84-141 94-131	92-158 104-146	101-174 114-161
26	34-44 35-43	43-61 45-59	52-78 56-74	61-95 66-90	70-112 77-105	79-129 87-121	88-146 98-136	97-163 108-152	106-180 119-167
27	35-46 36-45	45-63 47-61	55-80 58-77	64-98 69-93	73-116 80-109	83-133 91-125	92-151 102-141	101-169 113-157	110-187 124-173
28	37-47 38-46	47-65 49-63	57-83 60-80	67-101 72-96	76-120 83-113	86-138 95-129	96-156 106-146	106-174 118-162	115-193 129-179
29	38-49 39-48	49-67 51-65	59-86 63-82	69-105 74-100	80-123 86-117	90-142 98-134	100-161 110-151	110-180 122-168	120-199 134-185
30	40-50 41-49	51-69 53-67	61-89 65-85	72-108 77-103	83-127 90-120	93-147 102-138	104-166 114-156	114-186 127-173	125-205 130-191
31	41-52 42-51	52-72 55-69	64-91 67-88	75-111 80-106	86-131 93-124	97-151 106-142	108-171 119-160	119-191 131-179	130-211 144-197
32	42-54 43-53	54-74 56-72	66-94 70-90	77-115 83-109	89-135 96-128	100-156 109-147	112-176 123-165	123-197 136-184	134-218 149-203
33	44-55 45-54	56-76 58-74	68-97 72-93	80-118 86-112	92-139 99-132	104-160 113-151	116-181 127-170	128-202 141-189	139-224 154-209
34	45-57 46-56	58-78 60-76	70-100 74-96	83-121 88-116	985-143 103-135	108-164 117-155	120-186 131-175	132-208 145-195	144-230 159-215
35	47-58 48-57	60-80 62-78	73-102 77-98	86-124 91-119	98-147 106-139	111-169+ 121-159	124-191 135-180	136-214 150-200	149-236 165-220
36	48-60 49-59	62-82 64-80	75-105 79-101	88-128 94-122	102-150 109-143	115-173 124-164	128-196 139-185	141-219 155-205	154-242 170-226
37	50-61 51-60	63-85 66-82	77-108 81-104	91-131 97-125	105-154 112-147	118-178 128-168	132-201 144-189	145-225 159-211	159-248 175-232
38	51-63 52-62	65-87 68-84	80-110 84-106	94-134 100-128	108-158 116-150	122-182 132-172	136-206 148-194	150-230 164-216	164-254 180-238
39	52-65 53-64	67-89 70-86	82-113 86-109	97-137 102-132	111-162 119-154	126-186 135-177	140-211 152-199	154-236 168-222	169-260 185-244
40	54-66 55-65	69-91 72-88	84-116 88-112	99-141 105-135	114-166 122-158	129-191 139-181	144-216 156-204	159-241 173-227	173-267 190-250

표 C-1 순위법 유의성 검정표(5%)-계속

반복수	처리 수								
	2	3	4	5	6	7	8	9	10
41	55-68	71-93	87-118	102-144	117-170	133-195	148-221	163-247	178-273
	56-67	73-91	91-114	108-138	126-161	143-185	160-209	178-232	198-256
42	57-69	73-95	89-121	105-148	121-173	136-200	152-226	168-252	183-279
	58-68	75-93	93-117	111-141	129-165	147-189	165-213	182-238	200-262
43	58-71	75-97	91-124	108-150	124-177	140-204	156-231	172-258	188-285
	59-70	77-95	95-120	114-144	132-169	150-194	169-218	187-243	206-267
44	60-72	77-99	93-127	110-154	127-181	144-208	160-236	177-263	193-291
	61-71	79-97	98-122	117-147	135-173	154-198	173-223	192-248	211-273
45	61-74	78-102	96-129	113-157	130-185	147-213	164-241	181-269	198-297
	62-73	81-99	100-125	119-151	139-176	158-202	177-228	197-253	216-279
46	62-76	80-104	98-132	116-160	133-189	151-217	168-246	186-274	203-303
	63-75	83-101	103-127	122-154	142-180	162-206	181-233	201-259	221-285
47	64-77	82-106	100-135	119-163	137-192	155-221	172-251	190-280	208-309
	65-76	85-103	105-130	125-157	145-184	165-211	186-237	206-264	226-291
48	65-79	84-108	103-137	121-167	140-196	158-226	176-256	195-285	213-315
	66-78	87-105	107-133	128-160	149-187	169-215	190-242	211-269	231-297
49	67-80	86-10	105-140	124-170	143-200	162-230	181-260	199-291	218-321
	68-79	89-107	110-135	131-163	152-191	172-219	194-247	215-275	236-303
50	68-82	88-112	107-143	127-173	146-204	165-235	185-265	204-296	223-327
	69-81	91-109	112-138	134-166	155-195	177-223	198-252	220-280	242-308
51	70-83	90-114	110-145	130-176	149-208	169-239	189-270	208-302	228-333
	71-82	92-112	114-141	136-170	158-199	181-227	203-256	225-285	247-314
52	71-85	92-116	112-48	132-180	153-211	173-243	193-275	213-307	233-339
	72-84	94-114	117-143	139-173	162-202	184-232	207-261	229-291	252-320
53	72-87	93-119	114-151	135-183	156-215	176-248	197-280	217-313	238-345
	74-85	96-116	119-146	142-176	165-206	188-236	211-266	234-296	257-326
54	74-88	95-125	117-153	138-186	159-219	180-252	201-285	222-318	243-351
	75-87	98-118	121-149	145-179	168-210	192-240	215-271	239-301	262-332
55	75-90	97-123	119-156	141-189	162-223	184-256	205-290	227-323	248-357
	76-89	100-120	124-151	148-182	172-213	196-244	220-275	243-307	267-338
56	77-91	99-121	121-159	143-193	165-227	187-261	209-295	231-329	253-363
	89-90	102-122	126-154	151-185	175-217	199-249	224-280	248-312	273-343
57	89-93	101-127	124-61	146-196	169-230	191-265	213-300	236-334	258-369
	79-92	104-124	129-156	153-189	178-221	203-253	228-285	253-317	278-349
58	80-94	103-129	126-164	149-199	172-234	195-269	218-304	240-340	263-275
	81-93	106-126	131-159	156-192	182-224	207-257	232-290	258-322	283-355
59	81-96	105-131	128-167	152-202	175-238	198-274	222-309	245-345	268-381
	82-95	108-128	133-162	159-195	185-228	211-261	237-294	262-328	288-361
60	82-98	107-133	131-169	155-205	178-242	202-278	226-314	240-351	273-387
	84-96	110-130	136-164	162-198	188-232	215-265	241-299	267-333	293-367

표 C-1 순위법 유의성 검정표(5%)-계속

반복수	처 리 수-								
	2	3	4	5	6	7	8	9	10
61	84-99	108-136	133-172	157-209	182-245	206-282	230-319	254-356	278-393
	85-98	112-132	138-167	165-201	192-235	218-270	245-304	272-338	299-372
62	85-101	110-138	135-175	160-212	185-249	210-286	234-324	259-361	283-399
	87-99	133-135	141-169	168-204	195-239	222-274	249-309	277-343	304-378
63	87-102	112-140	138-177	162-215	188-253	213-291	238-329	263-367	288-405
	88-101	115-137	143-172	171-207	198-243	226-278	254-313	291-349	309-384
64	88-104	114-142	140-180	166-218	191-257	217-295	242-334	268-372	293-411
	89-103	117-139	145-175	173-211	202-246	230-282	258-318	286-354	314-390
65	90-105	116-144	142-183	169-221	195-260	221-299	246-339	272-378	298-417
	91-104	119-141	148-177	176-214	205-250	233-287	262-323	291-359	319-396
66	91-107	118-146	145-185	171-225	198-264	224-304	251-343	277-383	303-423
	92-106	121-143	150-180	179-217	208-254	237-291	266-328	295-365	325-401
67	93-108	120-148	147-188	174-228	201-268	228-308	255-348	281-389	308-429
	94-107	123-145	152-183	182-220	212-257	241-295	271-332	300-370	330-407
68	94-110	122-150	149-191	177-231	204-272	232-312	259-353	286-394	313-435
	95-109	125-147	155-185	185-223	215-261	245-299	275-337	305-375	335-413
69	95-112	124-152	152-193	180-234	208-275	235-317	263-358	291-399	318-441
	97-110	127-149	157-188	188-226	218-265	249-303	279-342	310-380	340-419
70	97-113	125-155	154-196	183-237	211-279	239-321	267-363	295-405	323-447
	98-112	129-161	160-190	191-229	221-269	252-308	283-347	314-386	345-425
71	98-115	127-157	156-199	185-241	214-283	243-325	271-368	300-410	328-453
	100-113	131-153	162-193	193-233	225-272	256-312	288-351	319-391	351-430
72	100-116	129-159	159-201	188-244	217-287	247-329	276-382	305-415	333-459
	101-115	133-155	164-196	196-236	228-276	260-316	296-356	324-396	356-436
73	101-118	131-161	161-204	191-247	221-290	250-334	280-377	309-421	338-465
	102-117	135-157	167-198	199-239	231-280	264-320	296-361	329-401	361-442
74	103-119	133-163	163-207	194-250	224-294	254-334	284-382	314-426	344-470
	104-118	136-160	169-201	202-242	235-283	267-324	301-365	333-407	366-448
75	104-121	135-165	166-209	197-253	227-298	258-342	288-387	318-432	349-476
	105-120	138-162	172-203	205-245	238-287	272-328	305-370	338-412	372-453

표 C-2 순위법 유의성 검정표(1%)

네 개의 숫자는 최소 비유의적 순위합-최대 비유의적 순위합(표준시료가 없는 경우).
최소 비유외적 순위합-최대 비유의적 순위합(표준시료가 있는 경우)을 나타낸다.

반복수	처 리 수								
	2	3	4	5	6	7	8	9	10
2	– –	– –	– –	– –	– –	– –	– –	– –	– 3-19
3	– –	– –	– –	– 4-14	– 4-17	– 4-20	– 5-22	– 5-25	4-29 6-27
4	– –	– –	– 5-15	5-19 6-18	5-23 6-22	5-27 7-25	6-30 8-28	6-34 8-32	6-38 9-35
5	– –	– 6-14	6-19 7-18	7-23 8-22	7-28 9-26	8-32 10-30	8-37 11-34	9-41 12-38	9-46 13-42
6	– –	7-17 8-16	8-22 9-21	9-27 10-26	9-33 12-30	10-38 13-35	11-43 14-40	12-48 16-44	13-53 17-49
7	– 8-13	8-20 9-19	10-25 11-24	11-32 12-30	12-37 14-35	13-43 16-40	14-49 18-45	15-55 19-51	16-61 21-56
8	9-15 9-15	10-22 11-21	11-29 13-27	13-35 15-33	14-42 17-39	16-48 19-45	17-55 21-51	19-61 23-57	20-68 25-63
9	10-17 10-17	12-24 12-24	13-32 15-30	15-39 17-37	17-46 20-43	19-53 22-50	21-60 25-56	22-68 27-63	24-75 30-69
10	11-19 11-19	13-27 14-26	15-35 17-35	18-42 20-40	20-50 23-47	22-58 25-55	24-66 28-62	26-74 31-69	28-82 34-76
11	12-21 13-20	15-29 16-28	17-38 19-36	20-46 22-44	22-55 25-52	25-63 29-59	27-72 32-67	30-80 35-75	32-89 39-82
12	14-22 14-22	17-31 18-30	19-41 21-39	22-50 25-47	25-59 28-56	28-68 32-61	31-77 36-72	33-87 39-81	36-96 43-89
13	15-24 15-24	18-34 19-33	21-44 23-42	25-53 27-51	28-63 31-60	31-73 35-69	34-83 39-78	37-93 44-86	40-103 48-95
14	16-26 17-25	20-36 21-35	24-46 25-45	27-57 30-54	31-67 34-64	34-78 39-73	38-88 43-83	41-99 48-92	45-109 52-102
15	18-27 18-27	22-38 23-37	26-49 28-47	30-60 32-58	34-71 37-68	37-83 42-78	41-94 47-88	45-105 52-98	49-116 57-108
16	19-29 19-29	23-41 25-39	28-52 30-50	32-64 35-61	36-76 40-72	41-87 46-82	45-99 51-93	49-111 56-104	53-123 61-115
17	20-31 21-30	25-43 26-42	30-55 32-53	35-67 38-64	39-80 43-76	44-92 49-87	49-104 55-98	53-117 60-110	58-129 66-121
18	22-32 22-32	27-45 28-44	32-58 34-56	37-71 40-68	42-84 46-80	57-97 52-92	52-110 59-103	57-123 65-115	62-36 71-127
19	23-34 24-33	29-47 30-46	34-61 36-59	40-74 43-71	45-88 49-84	50-102 56-96	56-115 62-109	61-129 69-121	67-142 76-133
20	24-36 25-35	30-50 32-48	36-64 38-62	42-78 45-75	48-92 52-88	54-106 59-101	60-120 66-114	65-135 73-127	71-149 80-140

표 C-2 순위법 유의성 검정표(1%)-계속

반복수	처 리 수								
	2	3	4	5	6	7	8	9	10
21	26-37 26-37	32-52 33-51	38-67 41-64	45-81 48-78	51-96 55-92	57-111 63-105	63-126 70-119	69-141 78-132	75-156 75-146
22	27-39 28-38	34-54 35-53	40-70 43-67	47-85 51-81	54-100 58-96	60-116 66-110	67-131 74-124	74-146 82-138	80-162 90-152
23	28-41 29-40	36-56 37-55	43-72 45-70	50-88 53-85	57-104 62-99	64-120 70-114	71-136 78-129	78-152 86-144	85-168 95-158
24	30-42 30-42	37-59 39-57	45-75 47-73	52-92 56-88	60-108 65-103	67-125 73-119	75-141 82-134	82-158 91-149	89-175 99-165
25	31-44 32-43	39-61 41-59	47-78 50-75	55-95 59-91	63-112 68-107	71-129 77-123	78-147 86-139	86-164 95-155	94-181 104-171
26	33-45 33-45	41-63 42-62	49-81 52-78	57-99 61-95	66-16 71-111	74-134 80-128	82-152 90-144	90-170 100-166	98-188 109-177
27	34-47 35-46	43-65 44-64	51-84 54-81	60-102 64-98	69-120 74-115	77-139 84-132	86-157 94-149	94-176 104-166	103-194 114-183
28	35-49 36-48	44-68 46-66	54-86 56-84	63-105 67-101	72-124 77-119	81-143 88-136	90-162 98-185	99-181 108-172	108-200 119-189
29	37-50 37-50	46-70 48-68	56-89 59-86	65-109 69-105	75-128 80-123	84-148 91-141	94-167 102-159	103-187 113-177	112-207 124-195
30	38-52 39-51	48-72 50-70	58-92 61-89	68-112 72-108	78-132 83-127	88-152 95-145	97-173 106-164	107-193 117-183	117-213 129-201
31	39-54 40-53	50-74 51-73	60-95 63-92	71-115 75-111	81-136 86-131	91-157 98-150	101-175 110-169	112-198 122-188	122-219 133-208
32	41-55 41-55	52-76 53-75	62-98 65-95	73-119 77-115	84-140 90-134	95-161 102-154	105-183 114-174	116-204 126-194	126-226 138-214
33	42-57 43-56	53-79 55-77	65-100 68-97	76-122 80-118	87-144 93-138	98-166 105-159	109-188 118-179	120-210 131-199	131-232 143-220
34	44-58 44-58	55-81 57-79	67-103 70-100	78-126 83-121	90-148 96-142	102-170 109-163	113-193 122-184	124-216 135-205	136-238 148-226
35	45-60 46-59	57-83 59-81	69-106 72-103	81-129 86-124	93-152 99-146	105-175 113-167	117-198 126-189	129-221 140-210	141-244 153-232
36	46-62 47-61	59-82 61-83	74-109 74-106	84-132 88-128	96-156 102-150	109-176 116-172	121-203 130-194	133-227 144-216	145-251 158-238
37	48-63 48-63	61-87 63-85	74-111 77-108	86-136 91-131	99-160 105-154	112-184 120-176	125-208 134-199	137-233 149-221	150-257 163-244
38	49-65 50-64	62-90 64-88	76-114 79-111	89-139 94-134	102-64 109-157	116-188 123-181	129-213 138-204	142-238 153-227	155-263 168-250
39	51-66 51-66	64-92 66-90	78-117 81-114	92-142 97-137	105-168 112-161	119-193 127-185	133-218 142-209	146-244 158-232	160-269 173-256
40	52-68 53-67	66-94 68-92	80-120 84-16	94-146 99-141	109-171 115-165	123-197 131-189	137-223 146-214	150-250 162-238	164-276 178-262

표 C-2 순위법 유의성 검정표(1%)-계속

반복수	처 리 수								
	2	3	4	5	6	7	8	9	10
41	53-70 65-69	68-96 70-94	83-122 86-119	97-149 102-144	112-175 118-169	126-202 134-194	140-29 150-19	155-255 167-243	169-282 183-268
42	55-71 56-70	70-98 72-96	85-125 88-122	100-152 105-147	115-179 121-173	130-206 138-198	144-234 155-223	159-261 171-249	174-288 188-274
43	56-73 57-72	72-100 74-98	87-128 91-124	103-155 108-150	118-183 125-176	133-211 142-202	148-239 159-228	164-266 176-264	179-294 193-280
44	58-74 58-74	73-103 75-101	89-131 93-127	105-159 110-154	121-187 128-180	137-215 145-207	152-244 163-233	168-272 180-260	184-300 198-286
45	59-76 60-75	75-105 77-103	92-133 95-130	108-162 113-157	124-191 131-184	140-220 149-211	156-249 167-238	172-278 185-265	188-307 203-292
46	60-78 61-77	77-07 79-105	94-136 97-133	111-165 116-160	127-195 134-188	144-224 153-215	160-254 171-243	177-283 189-271	193-313 208-298
47	62-79 63-78	79-109 81-107	96-139 100-135	113-169 119-163	130-199 137-192	148-229 156-220	164-259 175-248	181-289 194-276	198-319 213-304
48	63-81 64-80	81-111 83-109	98-142 102-138	116-172 121-167	133-203 141-195	151-233 160-224	168-264 179-253	186-294 198-282	203-325 218-310
49	65-82 65-82	83-113 85-111	101-144 104-141	119-175 124-170	137-206 144-199	155-237 164-228	172-269 183-258	190-300 203-287	208-331 223-316
50	66-84 67-83	84-116 87-113	103-147 107-143	121-179 127-173	140-210 149-203	158-242 167-233	176-274 187-263	195-305 208-292	213-337 228-322
51	67-86 68-65	86-118 88-116	105-150 109-146	124-182 130-176	143-214 150-207	162-246 171-237	180-279 192-267	199-311 212-298	218-343 233-328
52	69-87 70-86	88-120 90-118	108-152 111-149	127-185 132-180	146-218 153-211	165-251 175-241	184-284 196-272	203-317 217-303	222-350 238-334
53	70-89 71-88	90-122 92-120	110-155 114-151	130-188 135-183	149-222 157-214	169-255 178-246	188-289 200-277	208-322 221-309	227-345 243-340
54	72-90 73-89	92-124 94-122	112-158 116-154	132-192 138-186	152-226 160-218	172-260 182-250	192-294 204-282	212-328 226-314	232-362 248-346
55	73-92 74-91	94-126 96-124	114-161 118-157	135-195 141-189	156-229 163-222	176-264 186-254	196-299 208-287	217-333 231-319	237-368 253-352
56	74-94 95-93	96-128 98-126	117-163 121-159	138-198 143-193	159-233 166-226	180-268 189-259	200-304 212-292	221-339 235-325	242-374 258-358
57	76-95 77-94	97-131 100-128	119-166 123-162	140-202 146-196	162-237 170-229	183-273 193-263	205-308 216-297	226-344 240-330	247-380 263-364
58	77-97 78-96	99-133 102-130	121-169 125-165	143-205 149-199	165-241 173-233	187-277 197-267	209-313 220-302	230-350 244-336	252-386 268-370
59	79-98 80-97	101-135 103-133	124-171 128-167	146-208 152-202	168-245 176-237	190-282 200-272	213-318 225-306	235-355 249-341	257-392 273-376
60	80-100 81-99	103-137 105-135	126-174 130-170	149-211 155-205	171-249 179-241	191-286 204-276	217-323 229-311	239-361 254-346	262-398 278-382

표 C-2 순위법 유의성 검정표(1%)-계속

반복수	처리 수- 2	3	4	5	6	7	8	9	10
61	82-101	105-139	128-177	151-215	175-252	198-280	221-328	244-366	267-404
	82-101	107-137	132-173	157-09	183-244	208-280	233-316	258-358	283-388
62	83-103	107-41	130-180	154-218	178-256	201-295	225-333	248-372	271-411
	84-102	109-139	135-175	160-12	186-248	211-285	237-321	263-357	288-394
63	84-105	109-143	133-182	157-221	181-260	205-299	229-338	253-377	276-417
	85-104	111-141	137-178	163-215	189-252	215-289	241-326	267-363	294-399
64	86-106	110-146	135-175	160-24	184-264	209-303	233-343	257-383	281-423
	87-105	113-143	139-181	166-18	192-256	219-293	245-331	272-368	299-05
65	87-108	112-148	137-188	162-228	187-268	212-308	237-348	262-388	286-429
	88-107	115-148	142-183	169-221	196-259	223-297	250-335	277-373	304-411
66	89-109	114-150	140-190	165-231	190-272	216-312	241-353	266-394	291-435
	90-108	117-147	144-186	171-225	199-263	226-302	254-340	281-379	309-417
67	90-111	116-152	142-193	168-234	194-275	219-317	245-358	271-399	296-441
	91-110	119-149	146-189	174-228	202-267	230-306	258-345	286-384	314-423
68	91-113	118-154	144-196	171-237	197-279	223-321	249-363	275-405	301-447
	92-112	120-152	149-191	177-231	205-271	234-310	262-350	291-389	319-429
69	93-114	120-156	147-198	173-241	200-283	227-325	253-368	280-410	306-453
	94-113	122-154	151-194	180-234	209-274	237-315	266-355	295-395	324-435
70	94-116	122-158	149-201	176-244	203-287	230-330	257-373	284-416	311-459
	95-115	124-156	153-197	183-237	212-278	241-319	270-360	300-400	329-441
71	96-117	123-161	151-204	179-247	206-291	234-334	261-378	289-421	316-465
	97-116	126-158	156-199	185-241	215-282	245-323	275-364	304-406	334-447
72	97-119	125-163	153-207	182-250	210-294	238-338	265-383	293-427	321-471
	98-118	128-160	158-202	188-244	218-286	249-327	279-369	309-411	339-453
73	99-120	127-165	156-209	184-254	213-298	241-343	270-387	298-432	326-477
	100-119	130-162	160-205	191-247	222-289	252-332	283-374	314-416	345-458
74	100-122	129-167	158-212	187-257	216-302	245-347	274-392	302-438	331-483
	101-121	132-164	163-207	194-250	225-283	256-336	287-379	318-422	350-464
75	101-124	131-169	160-215	190-260	219-306	249-351	278-397	307-443	336-489
	102-123	134-166	165-210	197-253	228-297	260-340	291-384	323-427	355-470

표 D-1 Basker(1988)에 의한 순위법 유의성 검정표(5%)

아래의 표는 유의성을 표명하는 순위합의 차이값을 나타낸다.

패널 요원수	제 품 수							
	3	4	5	6	7	8	9	10
2	–	–	8	10	12	14	16	18
3	6	8	11	13	15	18	20	23
4	7	10	13	15	18	21	24	27
5	8	11	14	17	21	24	27	30
6	9	12	15	19	22	26	30	34
7	10	13	17	20	24	28	32	36
8	10	14	18	22	26	30	34	40
9	10	15	19	23	27	32	36	41
10	11	15	20	24	29	34	38	43
11	11	16	21	26	30	35	40	45
12	12	17	22	27	32	37	42	48
13	12	18	23	28	33	39	44	50
14	13	18	24	29	34	40	46	52
15	13	19	24	30	36	42	47	53
16	13.3	18.8	24.4	30.2	36.0	42.0	48.1	54.2
17	13.7	19.3	25.2	31.1	37.1	43.3	49.5	55.9
18	14.1	19.9	25.9	32.0	38.2	44.5	51.0	57.5
19	14.4	20.4	26.6	32.9	39.3	45.8	52.4	59.0
20	14.8	21.0	27.3	33.7	40.3	47.0	53.7	60.6
21	15.2	21.5	28.0	34.6	41.3	48.1	55.1	62.1
22	15.5	22.0	28.6	35.4	42.3	49.2	56.4	63.5
23	15.9	22.5	29.3	36.2	43.2	50.3	57.6	65.0
24	16.2	23.0	29.9	36.9	44.1	51.4	58.9	66.4
25	16.6	23.5	30.5	37.7	45.0	52.5	60.1	67.7
26	16.9	23.9	31.1	38.4	45.9	53.5	61.3	69.1
27	17.2	24.4	31.7	39.2	46.8	54.6	62.4	70.4
28	17.5	24.8	32.3	39.9	47.7	55.6	63.6	71.7
29	17.8	25.3	32.8	40.6	48.5	56.5	64.7	72.9
30	18.2	25.7	33.4	41.3	49.3	57.5	65.8	74.2
31	18.5	26.1	34.0	42.0	50.2	58.5	66.9	75.4
32	18.7	26.5	34.5	42.6	51.0	59.4	68.0	76.6
33	19.0	26.9	35.0	43.3	51.7	60.3	69.0	77.8
34	19.3	27.3	35.6	44.0	52.5	61.2	70.1	79.0
35	19.6	27.7	36.1	44.6	53.3	62.1	71.1	80.1

표 D-1 Basker(1988)에 의한 순위법 유의성 검정표(5%)-계속

패널 요원수	제 품 수							
	3	4	5	6	7	8	9	10
36	19.9	28.1	36.6	45.2	54.0	63.0	72.1	81.3
37	20.2	28.5	37.1	45.9	54.8	63.9	73.1	82.4
38	20.4	28.9	37.6	46.5	55.5	64.7	74.1	83.5
39	20.7	29.3	38.1	47.1	56.3	65.6	75.0	84.6
40	21.0	29.7	38.6	47.7	57.0	66.4	76.0	85.7
41	21.2	30.0	39.1	48.3	57.7	67.2	76.9	86.7
42	21.5	30.4	39.5	48.9	58.4	68.0	77.9	87.8
43	21.7	30.8	40.0	49.4	59.1	68.8	78.8	88.8
44	22.0	31.1	40.5	50.0	59.8	69.6	79.7	89.9
45	22.2	31.5	40.9	50.6	60.4	70.4	80.6	90.9
46	22.5	31.8	41.4	51.1	61.1	71.2	81.5	91.9
47	22.7	32.2	41.8	51.7	61.8	72.0	82.4	92.9
48	23.0	32.5	42.3	52.2	62.4	72.7	83.2	93.8
49	23.2	32.8	42.7	52.8	63.1	73.5	84.1	94.8
50	23.4	33.2	43.1	53.3	63.7	74.2	85.0	95.8
51	23.7	33.5	43.6	53.8	64.3	75.0	85.8	96.7
52	23.9	33.8	44.0	54.4	65.0	75.7	86.6	97.7
53	24.1	34.1	44.4	54.9	65.6	76.4	87.5	98.6
54	24.4	34.5	44.8	55.4	66.2	77.1	88.3	99.5
55	24.6	34.8	45.2	55.9	66.8	77.9	89.1	100.5
56	24.8	35.1	45.6	56.4	67.4	78.6	89.9	101.4
57	25.0	35.4	46.1	56.9	68.0	79.3	90.7	102.3
58	25.2	35.7	46.5	57.4	68.6	80.0	91.5	103.2
59	25.5	36.0	46.9	57.9	69.2	80.6	92.3	104.0
60	25.7	36.3	47.3	58.4	69.8	81.3	93.1	104.9
61	25.9	36.6	47.6	58.9	70.4	82.0	93.8	105.8
62	26.1	36.9	48.0	59.4	70.9	82.7	94.6	106.7
63	26.3	37.2	48.4	59.8	71.5	83.3	95.4	107.5
64	26.5	37.5	48.8	60.3	72.1	84.0	96.1	108.4
65	26.7	37.8	49.2	60.8	72.6	84.6	96.9	109.2
66	26.9	38.1	49.6	61.3	73.2	85.3	97.6	110.0
67	27.1	38.4	49.9	61.7	73.7	85.9	98.3	110.9
68	27.3	38.7	50.3	62.2	74.3	86.6	99.1	111.7
69	27.5	39.0	50.7	62.6	74.8	87.2	99.8	112.5
70	27.7	39.2	51.0	63.1	75.4	87.8	100.5	113.3
71	27.9	39.5	51.4	63.5	75.9	88.5	101.2	114.1
72	28.1	39.8	51.8	64.0	76.4	89.1	101.9	114.9
73	28.3	40.1	52.1	64.4	77.0	89.7	102.7	115.7
74	28.5	40.3	52.5	64.9	77.5	90.3	103.4	116.5
75	28.7	40.6	52.8	65.3	78.0	90.9	104.0	117.3

표 D-1 Basker(1988)에 의한 순위법 유의성 검정표(5%)-계속

패널 요원수	제 품 수								
	2	3	4	5	6	7	8	9	10
76	17.1	28.9	40.9	53.2	65.7	78.5	91.5	104.7	118.1
77	17.2	29.1	41.2	53.5	66.2	79.0	92.1	105.4	118.9
78	17.3	29.3	41.4	53.9	66.6	79.6	92.7	106.1	119.6
79	17.4	29.5	41.7	54.2	67.0	80.1	93.3	106.8	120.4
80	17.5	29.6	42.0	54.6	67.4	80.6	93.9	107.5	121.2
81	17.6	29.8	42.2	54.9	67.9	81.1	94.5	108.1	121.9
82	17.7	30.0	42.5	55.2	68.3	81.6	95.1	108.8	122.7
83	17.9	30.2	42.7	55.6	68.7	82.1	95.6	109.5	123.4
84	18.0	30.4	43.0	55.9	69.1	82.6	96.2	110.1	124.1
85	18.1	30.6	43.2	56.2	69.5	83.1	96.8	110.8	124.9
86	18.2	30.7	43.5	56.6	69.9	83.5	97.4	111.4	125.6
87	18.3	30.9	43.7	56.9	70.3	84.0	97.9	112.1	126.3
88	18.4	31.1	44.0	57.2	70.7	84.5	98.5	112.7	127.1
89	18.5	31.3	44.2	57.5	71.1	85.0	99.0	113.3	127.8
90	18.6	31.4	44.5	57.9	71.5	85.5	99.6	114.0	128.5
91	18.7	31.6	44.7	58.2	71.9	85.9	100.1	114.6	129.2
92	18.8	31.8	45.0	58.5	72.3	86.4	100.7	115.2	129.9
93	18.9	32.0	45.2	58.8	72.7	86.9	101.2	115.9	130.6
94	19.0	32.1	45.5	59.1	73.1	87.3	101.8	116.5	131.3
95	19.1	32.3	45.7	59.5	73.5	87.8	102.3	117.1	132.0
96	19.2	32.5	46.0	59.8	73.9	88.3	102.9	117.7	132.7
97	19.3	32.6	46.2	60.1	74.3	88.7	103.4	118.3	133.4
98	19.4	32.8	46.4	60.4	74.6	89.2	103.9	118.9	134.1
99	19.5	33.0	46.7	60.7	75.0	89.6	104.5	119.5	134.8
100	19.6	33.1	46.9	61.0	75.4	90.1	105.0	120.1	135.5
101	19.7	33.3	47.1	61.3	75.8	90.5	105.5	120.7	136.1
102	19.8	33.5	47.4	61.6	76.1	91.0	106.0	121.3	136.8
103	19.9	33.6	47.6	61.9	76.5	91.4	106.85	121.9	137.5
104	20.0	33.8	47.8	62.2	76.9	91.9	107.1	122.5	138.1
105	20.1	34.0	48.1	62.5	77.3	92.3	107.6	123.1	138.8
106	20.2	34.1	48.3	62.8	77.6	92.7	108.1	123.7	139.5
107	20.3	34.3	48.5	63.1	78.0	93.2	108.6	124.3	140.1
108	20.4	34.4	48.7	63.4	78.4	93.6	109.1	124.9	140.8
109	20.5	34.6	49.0	63.7	78.7	94.0	109.6	125.4	141.4
110	20.6	34.8	49.2	64.0	79.1	94.5	110.1	126.0	142.1
111	20.7	34.9	49.4	64.3	79.4	94.9	110.6	126.6	142.7
112	20.7	35.1	49.6	64.6	79.8	95.3	111.1	127.1	143.4
113	20.8	35.2	49.9	64.8	80.1	95.8	111.6	127.7	144.0
114	20.9	35.4	50.1	65.1	80.5	96.2	112.1	128.3	144.6
115	21.0	35.5	50.3	65.4	80.9	96.6	112.6	128.8	145.3
116	21.1	35.7	50.5	65.7	81.2	97.0	113.1	129.4	145.9
117	21.2	35.8	50.7	66.0	81.6	97.4	113.6	130.0	146.5
118	21.3	36.0	50.9	66.3	81.9	97.9	114.0	130.5	147.1
119	21.4	36.2	51.2	66.5	82.2	98.3	114.5	131.1	147.8
120	21.5	36.3	51.4	66.8	82.6	98.7	115.0	131.6	148.4

표 D-2 Basker(1988)에 의한 순위법 유의성 검정표(1%)

패널 요원수	제 품 수							
	3	4	5	6	7	8	9	10
2	-	-	-	-	-	-	-	19
3	-	9	12	14	17	19	22	24
4	8	11	14	17	20	23	26	29
5	9	13	16	19	23	26	30	33
6	10	14	18	21	25	29	33	37
7	11	15	19	23	28	32	36	40
8	12	16	21	25	30	34	39	43
9	13	17	22	27	32	36	41	46
10	13	18	23	28	33	38	44	49
11	14	19	24	30	35	40	46	51
12	15	20	26	31	37	42	48	54
13	15	21	27	32	38	44	50	56
14	16	22	28	34	40	46	52	58
15	16	22	28	35	41	48	54	60
16	16.5	22.7	29.1	35.6	42.2	48.9	55.6	62.5
17	17.0	23.4	30.0	36.7	43.5	50.4	57.3	64.4
18	17.5	24.1	30.9	37.8	44.7	51.8	59.0	66.2
19	18.0	24.8	31.7	38.8	46.0	53.2	60.6	68.1
20	18.4	25.4	32.5	39.8	47.2	54.6	62.2	69.8
21	18.9	26.0	33.4	40.8	48.3	56.0	63.7	71.6
22	19.3	26.7	34.1	41.7	49.5	57.3	65.2	73.2
23	19.8	27.3	34.9	42.7	50.6	58.6	66.7	74.9
24	20.2	27.8	35.7	43.6	51.7	59.8	68.1	76.5
25	20.6	28.4	36.4	44.5	52.7	61.1	69.5	78.1
26	21.0	29.0	37.1	45.4	53.8	62.3	70.9	79.6
27	21.4	29.5	37.8	46.2	54.8	63.5	72.3	81.1
28	21.8	30.1	38.5	47.1	55.8	64.6	73.6	82.6
29	22.2	30.6	39.2	47.9	56.8	65.8	74.9	84.1
30	22.6	31.1	39.9	48.7	57.8	66.9	76.2	85.5
31	22.9	31.6	40.5	49.6	58.7	68.0	77.4	86.9
32	23.3	32.2	41.2	50.3	59.7	69.1	78.7	88.3
33	23.7	32.7	41.8	51.1	60.6	70.2	79.9	89.7
34	24.0	33.1	42.4	51.9	61.5	71.2	81.1	91.0
35	24.4	33.6	43.1	52.7	62.4	72.3	82.3	92.4
36	24.7	34.1	43.7	53.4	63.3	73.3	83.4	93.7
37	25.1	34.6	44.3	54.1	64.2	74.3	84.6	95.0
38	25.4	35.0	44.9	54.9	65.0	75.3	85.7	96.2
39	25.7	35.5	45.5	55.6	65.9	76.3	86.8	97.5
40	26.1	36.0	46.0	56.3	66.7	77.3	88.0	98.7

표 D-2 Basker(1988)에 의한 순위법 유의성 검정표(1%)-계속

패널 요원수	제 품 수							
	3	4	5	6	7	8	9	10
41	26.4	36.4	46.6	57.0	67.5	78.2	89.0	100.0
42	26.7	36.8	47.2	57.7	68.3	79.2	90.1	101.2
43	27.0	37.3	47.7	58.4	69.2	80.1	91.2	102.4
44	27.3	37.7	48.3	59.0	70.0	81.1	92.2	103.6
45	27.6	38.1	48.8	59.7	70.7	81.9	93.3	104.7
46	27.9	38.6	49.4	60.4	71.5	82.9	94.3	105.9
47	28.2	39.0	49.9	61.0	72.3	83.7	95.3	107.0
48	28.5	39.4	50.4	61.7	73.1	84.6	96.3	108.2
49	28.8	39.8	50.9	62.3	73.8	85.5	97.3	109.3
50	29.1	40.2	51.5	62.9	74.6	86.4	98.3	110.4
51	29.4	40.6	52.0	63.6	75.3	87.2	99.3	111.5
52	29.7	41.0	52.5	64.2	76.1	88.1	100.3	112.6
53	30.0	41.4	53.0	64.8	76.8	88.9	101.2	113.7
54	30.3	41.8	53.5	65.4	77.5	89.8	102.2	114.7
55	30.6	42.2	54.0	66.0	78.2	90.6	103.1	115.8
56	30.8	42.5	54.5	66.6	78.9	91.4	104.1	116.8
57	31.1	42.9	54.9	67.2	79.6	92.2	105.0	117.9
58	31.4	43.3	55.4	67.8	80.3	93.0	105.9	118.9
59	31.6	43.7	55.9	68.4	81.0	93.8	106.8	119.9
60	31.9	44.0	56.4	68.9	81.7	94.6	107.7	120.9
61	32.2	44.4	56.8	69.5	82.4	95.4	108.6	121.9
62	32.4	44.8	57.3	70.1	83.0	96.2	109.5	122.9
63	32.7	45.1	57.8	70.6	83.7	97.0	110.4	123.9
64	33.0	45.5	58.2	71.2	84.4	97.7	111.3	124.9
65	33.2	45.8	58.7	71.8	85.0	98.5	112.1	125.9
66	33.5	46.2	59.1	72.3	85.7	99.2	113.0	126.8
67	33.7	46.5	59.6	72.8	86.3	100.0	113.8	127.8
68	34.0	46.9	60.0	73.4	87.0	100.7	114.7	128.8
69	34.2	47.2	60.5	73.9	87.6	101.5	115.5	129.7
70	34.5	47.6	60.9	74.5	88.2	102.2	116.4	130.6
71	34.7	47.9	61.3	75.0	88.9	102.9	117.2	131.6
72	35.0	48.2	61.8	75.5	89.5	103.7	118.0	132.5
73	35.2	48.6	62.2	76.0	90.1	104.4	118.8	133.4
74	35.4	48.9	62.6	76.6	90.7	105.1	119.6	134.3
75	35.7	49.2	63.0	77.1	91.3	105.8	120.4	135.2
76	35.9	49.6	63.4	77.6	91.9	106.5	121.2	136.1
77	36.2	49.9	63.9	78.1	92.5	107.2	122.0	137.0
78	36.4	50.2	64.3	78.6	93.1	107.9	122.8	137.9
79	36.6	50.5	64.7	79.1	93.7	108.6	123.6	138.8
80	36.9	50.8	65.1	79.6	94.3	109.3	124.4	139.7

표 D-2 Basker(1988)에 의한 순위법 유의성 검정표(1%)-계속

패널 요원수	제품수							
	3	4	5	6	7	8	9	10
81	37.1	51.2	65.5	80.1	94.9	109.9	125.2	140.5
82	37.3	51.5	65.9	80.6	95.5	110.6	125.9	141.4
83	37.5	51.8	66.3	81.1	96.1	111.3	126.7	142.2
84	37.8	52.1	66.7	81.6	96.7	112.0	127.5	143.1
85	38.0	52.4	67.1	82.0	97.2	112.6	128.2	144.0
86	38.2	52.7	67.5	82.5	97.8	113.3	129.0	144.8
87	38.4	53.0	67.9	83.0	98.4	113.9	129.7	145.6
88	38.6	53.3	68.3	83.5	98.9	114.6	130.5	146.5
89	38.9	53.6	68.7	84.0	99.5	115.2	131.2	147.3
90	39.1	53.9	69.0	84.4	100.1	115.9	131.9	148.1
91	39.3	54.2	69.4	84.9	100.6	116.5	132.7	148.9
92	39.5	54.5	69.8	85.4	101.2.	117.2	133.45	149.8
93	39.7	54.8	70.2	85.8	101.7.	117.8	134.1	150.6
94	39.9	55.1	70.6	86.3	102.3	118.4	134.8	151.4
95	40.2	55.4	70.9	86.7	102.8	119.1	135.5	152.2
96	40.4	55.7	71.3	87.2	103.3	119.7	136.3	153.0
97	40.6	56.0	71.7	87.7	103.9	120.3	137.0	153.8
98	40.8	56.3	72.0	88.1	104.4	120.9	137.7	154.6
99	41.0	56.6	72.4	88.5	104.9	121.5	138.4	155.4
100	41.2	56.8	72.8	89.0	105.5	122.2	139.1	156.1
101	41.4	57.1	73.1	89.4	106.0	122.8	139.8	156.9
102	41.6	57.4	73.5	89.9	106.5	123.4	140.5	157.7
103	41.8	57.7	73.9	90.3	107.0	124.0	141.1	158.5
104	42.0	58.0	74.2	90.8	107.6	124.6	141.8	159.2
105	42.2	58.2	74.6	91.2	108.1	125.2	142.5	160.0
106	42.4	58.5	74.9	91.6	108.6	125.8	143.2	160.8
107	42.6	58.8	75.3	92.1	109.1	126.4	143.9	161.5
108	42.8	59.1	75.6	92.5	109.6	126.9	144.5	162.3
109	43.0	59.3	76.0	92.9	110.1	127.5	145.2	163.0
110	43.2	59.6	76.3	93.3	110.6	128.1	145.9	163.8
111	43.4	59.9	76.7	93.8	111.1	128.7	146.5	164.5
112	43.6	60.2	77.0	94.2	111.6	129.3	147.2	165.2
113	43.8	60.4	77.4	94.6	112.1	129.9	147.8	166.0
114	44.0	60.7	77.7	95.0	112.6	130.4	148.5	166.7
115	44.2	61.0	78.0	95.4	113.1	131.0	149.1	167.4
116	44.4	61.2	78.4	95.9	113.6	131.6	149.8	168.2
117	44.6	61.5	78.7	96.3	114.1	132.1	150.4	168.9
118	44.8	61.7	79.1	96.7	114.6	132.7	151.1	169.6
119	44.9	62.0	79.4	97.1	115.0	133.3	151.7	170.3
120	45.1	62.3	79.7	97.5	115.5	133.8	152.3	171.1

표 E 이점검사의 유의성 검정표(p=1/2)

검사자 수	단측 검정			양측 검정		
	최소 정답수			최소 정답수		
	a=0.05 (*)	a=0.01 (**)	a=0.001 (***)	a=0.05 (*)	a=0.01 (**)	a=0.001 (***)
7	7	7	-	7	-	-
8	7	8	-	8	8	-
9	8	9	-	8	9	-
10	9	10	10	9	10	-
11	9	10	11	10	11	11
12	10	11	12	10	11	12
13	10	12	13	11	12	13
14	11	12	13	12	13	14
15	12	13	14	12	13	14
16	12	14	15	13	14	15
17	13	14	16	13	15	16
18	13	15	16	14	15	17
19	14	15	17	15	16	17
20	15	16	18	15	17	18
21	15	17	18	16	17	19
22	16	17	19	17	18	19
23	16	18	20	17	19	20
24	17	19	20	18	19	21
25	18	19	21	18	20	21
26	18	20	22	19	20	22
27	19	20	22	20	21	23
28	19	21	23	20	22	23
29	20	22	24	21	22	24
30	20	22	24	21	23	25
31	21	23	25	22	24	25
32	22	24	26	23	24	26
33	22	24	26	23	25	27
34	23	25	27	24	25	27
35	23	25	27	24	26	28
36	24	26	28	25	27	29
37	24	27	29	25	27	29
38	25	27	29	26	28	30
39	26	28	30	27	28	31
40	26	28	31	27	29	31
41	27	29	31	28	30	32
42	27	29	32	28	30	32
43	28	30	32	29	31	33
44	28	31	33	29	31	34
45	29	31	34	30	32	34
46	30	32	34	31	33	35
47	30	32	35	31	33	36
48	31	33	36	32	34	36
49	31	34	36	32	34	37
50	32	34	37	33	35	37
51	32	35	37	33	36	38
52	33	35	38	34	36	39
53	33	36	39	35	37	39

표 E 이점검사의 유의성 검정표(계속)

검사자 수	단측 검정			양측 검정		
	최소 정답수			최소 정답수		
	a=0.05 (*)	a=0.01 (**)	a=0.001 (***)	a=0.05 (*)	a=0.01 (**)	a=0.001 (***)
54	34	36	39	35	37	40
55	35	37	40	36	38	41
56	35	38	40	36	39	41
57	36	38	41	37	39	42
58	36	39	42	37	40	42
59	37	39	42	38	40	43
60	37	40	43	39	41	44
61	38	41	43	39	41	44
62	38	41	44	40	42	45
63	39	42	45	40	43	45
64	40	42	45	41	43	46
65	40	43	46	41	44	47
66	41	43	46	42	44	47
67	41	44	47	42	45	48
68	42	45	48	43	46	48
69	42	45	48	44	46	49
70	43	46	49	44	47	50
71	43	46	49	45	47	50
72	44	47	50	45	48	51
73	45	47	51	46	48	51
74	45	48	51	46	49	52
75	46	49	52	47	50	53
76	46	49	52	48	50	53
77	47	50	53	48	51	54
78	47	50	54	49	51	54
79	48	51	54	49	52	55
80	48	51	55	50	52	56
81	49	52	55	50	53	56
82	49	52	56	51	54	57
83	50	53	56	51	54	57
84	51	54	57	52	55	58
85	51	54	58	53	55	59
86	52	55	58	53	56	59
87	52	55	59	54	56	60
88	53	56	59	54	57	60
89	53	56	60	55	58	61
90	54	57	61	55	58	61
91	54	58	61	56	59	62
92	55	58	62	56	59	63
93	55	59	62	57	60	63
94	56	59	63	57	60	64
95	57	60	63	58	61	64
96	57	60	64	59	62	65
97	58	61	65	59	62	66
98	58	61	65	60	63	66
99	59	62	66	60	63	67
100	59	63	66	61	64	67

표 F 삼점검사의 유의성 검정표($p=1/3$)

검사자수	유의적 차이를 표명할 수 있는 최소 정답수			검사자수	유의적 차이를 표명할 수 있는 최소 정답수		
	a=0.05 (*)	a=0.01 (**)	a=0.001 (***)		a=0.05 (*)	a=0.01 (**)	a=0.001 (***)
5	4	5	-	53	24	27	29
6	5	6	-	54	25	72	30
7	5	6	7	55	25	27	30
8	6	7	8	56	25	28	31
9	6	7	8	57	26	28	31
10	7	8	9	58	26	29	31
11	7	8	9	59	27	29	32
12	8	9	10	60	27	29	32
13	8	9	11	61	27	30	33
14	9	10	11	62	28	30	33
15	9	10	12	63	28	31	34
16	9	11	12	64	29	31	34
17	10	11	13	65	29	32	34
18	10	12	13	66	29	32	35
19	11	12	14	67	30	32	35
20	11	13	14	68	30	33	35
21	12	13	15	69	30	33	36
22	12	13	15	70	31	34	37
23	12	14	16	71	31	34	37
24	13	14	16	72	32	34	37
25	13	15	17	73	32	35	38
26	14	15	17	74	32	35	38
27	14	16	18	75	33	35	39
28	14	16	18	76	33	36	39
29	15	17	19	77	33	36	39
30	15	17	19	78	34	37	40
31	16	17	19	79	34	37	40
32	16	18	20	80	35	37	41
33	16	18	20	81	35	38	41
34	17	19	21	82	35	38	42
35	17	19	21	83	36	39	42
36	18	20	22	84	36	39	42
37	18	20	22	85	36	39	43
38	18	20	23	86	37	40	43
39	19	21	23	87	37	40	44
40	19	21	24	88	38	41	44
41	20	22	24	89	38	41	44
42	20	22	24	90	38	41	45
43	20	23	25	91	39	42	45
44	21	23	25	92	39	42	46
45	21	23	26	93	39	43	46
46	22	24	26	94	40	43	46
47	22	24	27	95	40	43	47
48	22	25	27	96	41	44	47
49	23	25	28	97	41	44	48
50	23	25	28	98	41	45	48
51	24	26	28	99	42	45	48
52	24	26	29	100	42	45	49

표 G Student's t-분포표

Values of required for significance at various levels for two-tailed and one-tailed for hypotheses.[a]

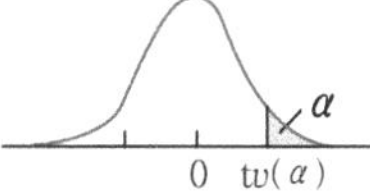

	Level of significance					
		10%	5%	2%	1%	0.1%
Degrees of Freedom	10%	5%	2.5%	1%	0.5%	0.05%
1	3.08	6.31	12.71	31.82	63.66	636.62
2	1.89	2.92	4.3	6.96	9.92	31.6
3	1.64	2.35	3.18	4.54	5.84	12.94
4	1.53	2.13	2.78	3.75	4.6	8.61
5	1.48	2.02	2.57	3.36	4.03	6.86
6	1.44	1.94	2.45	3.14	3.71	5.96
7	1.41	1.9	2.36	3.0	3.5	5.4
8	1.4	1.86	2.31	2.9	3.36	5.04
9	1.38	1.83	2.26	2.82	3.25	4.78
10	1.37	1.81	2.23	2.76	3.17	4.59
11	1.36	1.8	2.2	2.72	3.11	4.44
12	1.36	1.78	2.18	2.68	3.06	4.32
13	1.35	1.77	2.16	2.65	3.01	4.22
14	1.34	1.76	2.14	2.62	2.98	4.14
15	1.34	1.75	2.13	2.6	2.95	4.07
16	1.34	1.75	2.12	2.58	2.92	4.02
17	1.33	1.74	2.11	2.57	2.9	3.96
18	1.33	1.73	2.1	2.55	2.88	3.92
19	1.33	1.73	2.09	2.54	2.86	3.88
20	1.33	1.72	2.09	2.53	2.84	3.85
21	1.32	1.72	2.08	2.52	2.83	3.82
22	1.32	1.72	2.07	2.51	2.82	3.79
23	1.32	1.71	2.07	2.5	2.81	3.77
24	1.32	1.71	2.06	2.49	2.8	3.74
25	1.32	1.71	2.06	2.48	2.79	3.72
26	1.32	1.71	2.06	2.48	2.78	3.71
27	1.31	1.7	2.05	2.47	2.77	3.69
28	1.31	1.7	2.05	2.46	2.76	3.67
29	1.31	1.7	2.04	2.46	2.76	3.66
30	1.31	1.7	2.04	2.46	2.75	3.65
40	1.3	1.68	2.02	2.42	2.7	3.55
60	1.3	1.67	2.0	2.39	2.66	3.46
120	1.29	1.66	1.98	2.36	2.62	3.37
∞ (infinity)	1.28	1.64	1.96	2.33	2.58	3.29

[a]This table is abridged from Table Ⅲ of Fisher and Yates. Statistical Tables for Biological, Agricultural and Medical Research, 6th ed., Oliver and Boyd, Edinburg, 1863, by permission of the authors and publishers.

[b]Two tailed hypothesis.

[c]One-tailed hypothesis.

참고문헌

공업진흥청/한국방송공사 : 한국 표준 색표집, KBS 색채연구소(1991)

권오훈, 이철호 : 전분, 식염 및 알칼리 첨가제가 냉면의 기계적 성질에 미치는 영향, 한국식품과학회지, 16(2), 175(1984)

김동훈 : 식품화학, 탐구당(1992)

김동훈 : 제3장 식품의 맛, 식품화학, 탐구당(1992)

명승운 : 기체크로마토그라피의 기본원리, (주)영인과학 GC 아카데미 세미나 자료집(2003)

박승국 : 향 연구란 무엇이며 어떻게 하는 것인가? - 제2부. 정밀분석적인 향 연구 방법-식품과학과 산업, 25(1), 48-64(1992)

박승국 : 향 연구란 무엇이며 어떻게 하는 것인가?- 제1부. 식품 향 연구란 무엇이며 어떻게 하는 것인가? - 식품 과학과 산업, 24(1), 85~94(1991)

박은주 : 색채 조형의 기초, 미진사(1995)

법제처 : 농산물검사법, 대한민국 현행법령집 제27권. 농업, 1063 ~ 1739(1995)

법제처 : 수산물검사법, 대한민국 현행법령집 제29권. 수산, 505 ~ 630(1995)

보건복지부 : codex국제식품규격위원회 활동사항, 대한민국 보건복지부(1995)

보건복지부 : 식품공전, 대한민국 보건복지부(1995)

보건복지부 : 식품첨가물공전, 대한민국 보건복지부(1995)

윤의정, 이철호 : 탐침의 형태에 EK른 배추잎의 힘-거리 곡선의 변화와 조직감과의 상관관계, 유변학, 2(1), 46(1990)

이철호 : 식품의 품질향상을 위한 지원방안, 농팡7(3) 10~15(1985)

이철호, 박상희 : 한국인의 조직감 표현용어에 관한 연구, 한국식품과학회지, 14(1), 21(1982)

이철호, 박장열, 정경식 : 자기소화 시간에 따른 효모의 성분과 품미의 변화에 관한 연구, 한국식품과학회지, 13(3), 181(1981)

이철호, 홍성희, 황성연, 신애자 : 국산차의 관능적 품질 특성에 관한 연구, 한국식생활문화학회지, 2(2), 133(1987)

이현덕, 김미희, 이철호 : 한국산 고추의 맛 성분함량과 관능적 선호도와의 상관관계, 한국식품과학회지, 24(3) 266~271(1992).

이현덕, 이철호 : 색소측정에 의한 고추의 품질평가에 관한 연구, 한국식생활문화학회지, 7(2), 105~

112(1992)

이현수 : 전분 및 전분 가공품의 품질관리, 식품과학, 19(1), 48~53(1985)

인성크로마텍(주): 전자코시스템을 이용한 식품분야의 분석과 이용세미나 자료

장희진 : 공업품질 관리의 이론, 식품과학, 19(1), 33-38(1986)

중앙일보 : 5월 16일자 37면 달콤한 맛 대뇌의 섬이 감지한다(1996)

최원석, 이철호 : 압착시험조건이 게맛살의 조직감 치표에 미치는 영향, 한국식품과학회지, 30(5), 1077(1998)

한국식품개발연구원, 식품표준화정보 10(1), 51~56(1997)

한국식품과학회편 : 식품공학, 형설출판사(1984)

한국표준협회 : 물체색의 색 이름, KS A0011(1992)

한국표준협회 : 색에 관한 용어, KS A0064(1990)

한국표준협회 : 우리산업의 ISO 9000, 14000대응전략, 한국표준협회(1996)

한희영 : 상품학 총론, 삼영사, 321~326(1984)

홍혜경, 이현덕 : Monosodium Gutamate의 맛 표현 용어와 기본맛 성분과 상호작용에 관한 연구, 한국식생활문화학회지, 5(4), 430(1990).

홍혜경, 이현덕, 이철호, 홍승길 : Monosodium glutamate가 고양이 고색신경의 미각반응에 미치는 영향, 한국식품학회지, 23(1), 37~43(1991)

Abbott, J.A., Watada, A.E. and Massie, D.R : Sensory and instrument measurement of apple texture, Journal of american society forhorticultural science,109(2), 221~228 (1984)

Amerine, M.A, Pangborn, R.M. and Roessler. E.B : Principles of Sensory Evaluation of Food. Academic Press, New York, 5, 245~275 (1965)

Amoore, J.E. and Hautala, E : Odor as an aid to chemical saftyu:Odor thresholds compared with threshold limit values and volatilities for 214 industrial chemicals in air and water dilution. Journal of applied toxicology Vol.3(6), 272~290 (1993)

Anderson, N.H : Algevraic Rules in psychological measurement. American scientist. Vol.67, 555~563 (1979)

Anon., A matter of taste, Investor news & Report, Abbott Laboratories, Abbott Park, Ⅲ (1984)

Arocha, P. M. and Toledo, R. T., Descriptors for texture profile analyses of frankfurter-type products from minced fish, J. Food Sci.: 3(47), 695(1982)

ASTM Committe E-18, Guidelines for the Selection and Training of Sensory Panel Members. STP 758. American Society for Testing and Materials, Philadelphia(1981)

Bartels, J. H. M., Burlingame, g. A., and Suffet, I. H., Flavor profile analysis : taste and odor control of the future, J. Am. Water works Assoc., P. 50, March(1986)

Basker, D : Comparison of discrimination ability between taste panel assessors. Chemical senses and flavor, 2, 207~209 (1976)

Basker, D : The number of assessors required for taste panels. Chemical senses and fpavor, 2, 493~496 (1977)

Beidler, L. M : Chmical excitation of taste and odor receptors. In Flavor Chemistry, I. Hornstein(Ed). Amer. Chem. Soc. Advances in Chemistry series 56. Washington, D. c(1996)

Bennett, D. R., Spahr, M. and Dods, M. L : The value of traininf a sensory test panel, Food technology, 10, 205 (1956)

Bourne, M. C., Sandoval, A. M. R., Villabolos, M., and Buckle, T. s., Training a sensory texture profile panel and development of standard rating scales in Colombia, J. Texture Stud., 1(6), 43(1975)

Bramesco, N.P. and Setser, C.S : Application of sensory texture profiling to baked products : Some considerations for evaluation, definition of parameters, and reference products, Journal of textural studies, 21, 235~251 (1990)

Brandt, M. A., Skinner, E. A. and Coleman, J. A : Texture Profile Method. J. Food Sci. 28 : 404(1963)

Bressan, L.P. and Behling, R.W : The selection and Traininf of judfes for discrimination tesiing, Food technology, 31, 62~67 (1977)

Brud, W : Simple methods of odor quality evaluation of essential oils and other fragrant substances. perfume flavorist Vol.8, 47~52 (1983)

Cairncross, S. E. and Sjostrom, L. B., Flavor profiles - a new approach to flavor problems, Food Technol., 4(8), 308(1950)

Caplen R : A Practical Approach to Quality Control, Business Books LTD, England(1996)

Cardello, A. V., Maller, Kapsalis, J. G., Segars, r. A., Sawyer, F. M., Murphy, C., and Moskowitz, H. R., Perception of texture by trained and consumer panelists, J. Food Sci., 47, 1186(1982)

Caul, J. F : The profile method for flavors analysis, Adv. Food Res. 7:1

Caul, J. F : The profile method of flavor analyses. Adv. Food Res.,7:91)(1957)

Caul, J. F : The profile method of flavor analysis, in Advances in Food Research, Academic Press, New York(1956)

Caul, J. F., Cairncross, S. E., and Sjostrom, L. B., The flavor profile in review, Perfum. Essent. Oil Rec., 49, 130(1958)

Caul, J. F., the nature of flavor, Cereal Sci. Today, 12(7), 273, July(1967)

Chaefer E. E : 1981. Sensory discovery, sensory scale-up and sensory cycles. food technol., 35(11), 65(1957)

Chambers, E.IV. Bowers, J. A. and dayton, A, D : Statistical desifns and panel traininf Cxperience for sensory analysis ,Journal of Food science, Vol. 46, 1902-1906 (1981)

Chang, C. and Chambers, E.I.V : Flavor Characterization of Breads Made From Hard Red Winter Wheat and Hard White Winter Wheat, Cereal Chamistry, 69(5), 556~559(1992)

Chapman, L.D. and Wigfield, R : Rating scales in consumer research. Food manufacture. 59-62 (1970)

Cindhoven, J. and Peryam. D.R : Measurement of preferences for food combinations. Food Technology, Vol.13(7), 379-382(1959)

Civille, G. V and Liska, I. H : Modification and applications to food of the General Food Sensory texture profile technique. J. Tecxture Stud., 6:19(1975)

Civille, G. v and Szczesniak, A. S : Guidelines to training texture profile panel, J . Texture Studies, Vol 4, 204(1973)

Cliff, M. and Heymann, H : Descriptive analyses of oral pungency, J. Sensory Studies 7(4) : 279~290(1992)

Clinton Yeh: HPLC Technology, ThermoFinnigan HPLC 세미나 자료집

Coleman, J, A. and Wingfield, R : Measuring Consumer acceptance of foods and veberages, Food technology, Vol.18(11) 53~54(1964)

Colwill, J .S : Sensory analysis by consumer : Pary 2, food manufacture, Vol. 62(2) 53~54(1987)

Conner, M. T., Land, D.G. and Booth, D.A : Cffect of stimulus range on judgments of sweetness intensity in a lime drink, British journal fof psychology, Vol.78, 357~364(1978)

Crocker and Henderson : Amer Perfumer 22. 325~326(1927)

Cross, H. R. Moen, R, and Stanfield, M. S : Training and testing of judges for sensory analysis of meat quality. Food Technol. 48~54(1978)

Davis R. S and Gould W. A : Food Technol, 9, 536~540(1955)

Dawson, E.H., Brogdon, J,L. and McManus, S : Sensory testing of difference in taste : II Sejlection of panel member, Food technology, Vol.17(10), 39~44(1963)

Dean, M.L : Presentation order cffects in product taste tests, journal of psychology, Vol.105, 107~110(1980)

DeMan, J. M : Principles of food chemistry, second edition, D. c.(1990)

Eggert, J. and Zook, K : Physical requirement guidelines for sensory evaluation laboratories, ASRM STP 913, American society for testing and materials, philadelphia(1986).

FAO/WHO 합동식품규격작업단 : CODEX국제식품규격위원회 규정집, 9차 개정보, 보건복지부(1996)

Francois, P. and Sauvageor, F : Comparison of th efficiency of pair. Duo-Trio and triangle tests. Journal of sensory studies, Vol.3(2), 81~94(1988)

Frijiters, J.E.R., Blauw, Y.H. and Bermaat. S.H : Jincidental training in the triangular method. Chemical senses. Vol.7(1), 63~69(1982).

Frijters, J.E.R : Variations of the tringular method and the Relationship of its Unidimensional probabilistic Models to three-Alternative Forced choice signal detection theory models. British journal of mathematical and statistical psycholohy. Vol.32, 229~241(1979)

Frijters, J.E.R: The effect of duration of intervals between olfactory stimuli in the triangular method. Chemical senses. Vol.2, 301~311(1977)

Gacula, M, C., Jr., parker, L. and kubala, J.J : Data analysis: a variable sequential test for selection of sensory panels, Food technology, Vol.6, 140~143(1952)

Gala, A.A., Varricano-marston, E. and Johnson, J.A : Rheological dough properties as affected by organic acids and salt, cereal chem. 55(5)683 (1978)

Gillette, M : Flavor effects of sodium chloride. food Technol Technol. 39(6) 47~52, 56(1985)

Giovanne, M.E. and Pangborn. R.M : Measurement of taste intensity and degree of liking of beverages by graphic scales and magnitude estimation. Journal of Food scienec

Vol.48(4), 1175~1182 (1983)

Glenn J. J and Killan J. T : Trichromatic analysis of the Mumsell book of color. J. opr,AN, 30, 600~616(1940)

Govindarajan V S : Capsicum-production, technology, chemietry and quality, part IV, Evaluation of quality, CRC, Crit, Rev, Food Sci, Nutr. 25,202(1988)

Gridgeman, N.T : Group size in taste sorting trails. : Food research. Vol.21, 534~539(1956)

Hall, B.A., Tarverm N.G. and Ncdonald, J, G: A method for screening flavor panel members and its application to a two sample difference test. Food technology, 13(12) 669~703(1959)

Hanson, J. E., Kendall, D. A., Smith, N. F., and Hess, A. P., Tje missing link, Beverage World, 102, 108(1983)

Hanson. H.L., Davis. J.G. and Campbell, A.A., Anderson, J.H. and Lineweaver, H : Sensory Test methods. II. effect of previous tests on consumer response to foods, Food technology. Vol.9(2), 56~59(1955)

Hong, S. H and lee C. H : Measure ment of viscoelastic properties of heat denatured gluten network, korean j. food sci. technol., 20(2),148(1988)

Hootman, R.C : Manual on Descriptive Analysis Tesing for Sensory Evaluation , American Society for Testing and Materials, Philadelphia(1992)

Hunter R. S : The Measurement of appearance, John Wiley and Sons, New York(1950)

Ingate, M. R. and Christensen, C. M., Perceived textural dimensions of fruit-based beverages, J. Texture Stud., 2(12), 1221(1981).

ISO, International Standard, Quality Systems-Model for Quality Assurance in Production, Installation and Servicing ISO 9002(1994)

ISO, International Standard, Sensory Analysis-Vocabulary, ISO 5492(1992)

Jelinek, G : Sensory Evaluation of Foods Theory and Practice, Ellis Horwood Ltd., Deerfield Beach.FL.(1985)

Jeltema, M. A. and SouthWick, EW. Evaluation and application of odor profilling. j. sensory Studies. 2 : 123~136(1986)

Johnsen, P.B., Civille, G.V. and Vercellotti, J.R : A lexicon of pond-raised catfish falvor descriptors. Journal of sensory studies, 2, 85~91(1987)

Jose, E. M.. and Thomas C.Y.H : Anaysis of crabmeat volatile compounds, J. Food Sci.,

55(4), 962~966(1990)

Judd D. B. and Millon M. G,. Analytical Absorption Spectroscopy, John wiley and Sons, Inc,.New york(1950)

Keane, P : The flavor profile, In : Deseriptive analyses testing for sensory evaluation, ASTM manul seriesL MNL 13 R. C. Hootman(ed), Amerian society for Testing and Materials, Philadelphia(1992)

Kendall, D. A., Thrun, K. E., and Smith, N. F., Product Dimensions-Chemical and Sensory Correlation, paper presented at Institute of Food Technologists Annu. Meet., Anaheim, Calif., June(1984)

Kim, K. and Setser, C.S : Presentation order bias in consumer preference studies on sponge Cakes, : Journal of food science, Vol. 45(4), 1073~1074(1980)

Kramer A : Definition of texture and its measurement in vegetable products, food Technology, 13(4):46(1964)

Kramer A, and Twigg B. A : Quality Control for the food Industry, vol 1,.. AVI,,.Westport, Connecticut(1970)

Kramer A. and Szczesniak A. S : Texture measurments of food, d, reidel publishing co. boston(1973)

Kramer A. and Twigg B. A : Quality Control of Physical Properties of Food Materials, D Reidel Publishing Co,. Boston(1979)

Kramer, A., Cooler, F.W., Cooler, J., Modery, M. and twiff, B, A : Munbers of tasters required to determine consumer preferences for fruit drinks, Food technology, Vol.17(3), 86~91(1963)

Krasner, S. W., McGuire, M. J., and Ferguson, V. B., Tasted and odors : the flavor profile method, J. Am Water Works Assoc., p. 34, March(1985)

Krik-smith, M.d., Van Toller, C. and Dodd, G. H : Unconscious odour conditioning in Human Subjects:biological psychology. Vol.17(2), 221~231(1983)

Kroll, B.J. and Pilgrin, F.J : Sensory cvaluation of accessory foods with and without crriers, Journal of food science. Vol.26, 122~124(1961)

Kushman, L. J. and Ballinger, W. E : acid and sugar changes during ripening in wolcott bouberries. proc. amer. soc. hort. Sci. 92, 290~295(1968)

Kwans, p : The flavors profile, In : Deseriptive analyses testing for sensory evaluation, ASTM manul series : MNL 13, R. C. Hootman(ed), Amerian Society for Testing and

Materials, Philadelphia(1992).

Lamond, E : LAboratory methods for sensory evaluation of food, Catalogue No. A73~1637, Agriculture Canada. Ottawa(1977)

Land, D. G. and Shepherd, R : Scaling and ranking methods. Sensory analysis of foods. J.R.Piggott/.Ed Elsevier. New York. 141~177(1984)

Larmond, E : Physical requirements for sensory testing, Food technology. 27(11) : 28~32(1973)

Larmond, E: Better reports of sensory evaluation. Tech. Q. master Brew. Assoc. Am., 18, 7, (1981)

Laue, E.A., Ishler, N.H. and bullman. G.A : Reliability of taste testing and consumer testing methods : Fatigue in taste testin, Food technology. Vol.8, 389(1954)

Lawless and EN, B.P : Sensory Science Theory and Applications in Foods. Marcel Dekker, New York(1991)

Lawless. H.T. and Malone. G.J : Comparison of rating scales : Sensitivity. Replicates. and relative measurement. Journal of sensory studies. Vol.1(2), 151~174(1986)

Lee, C, H and kim. c. w : studies on the rheological properties of korian noodles, correlation between mechanical model parameters and sensory quality of noodles, korean j food sci. technol., 15(3), 302(1983)

Lee, C. H., Imoto, E. M., C. K : Evaluation of Cheese texture, J. Food Sci., 43(5), 1600(1978)

Lee, C.H., Imoto, E. M and Rha, C. K : Evaluation of Cheese tecture, J. Food Sci., 43(5), 1600(1978)

Levin K., Lippitt, R, and White, R. K ., Patterns of aggressive behavior in weperimentally created : social climes", J. Soc psychol., 10, 271(1939)

Lynch, J.G., Jr.chakravarit, D. and Mitra. A : Contrast cffects in consumer judgments: Changes in mental representations or in the anchoring of rating scales, Journal consumer research. Vol. 18(3), 284~297(1991)

Lyon, D.H., Francombe, M.A., Hasdell, T.A. and Lawson, K : Guidelines for Sensory Analyses in Food Product Development and Qualiry Control. Chapman & Hall, London(1992).

Mark, S. and Cmpden food and drink resarch assoiation.. Current trends in flavor analysis, Food manufacture, July. 32~34(1991)

Mcbride, R.L : Stimulus range influences intensity and hedonic ratings of flavor Appetite. Vol.6, 125~131(1985)

Mcdermott, B.J : Identifying consumers and consumer test subjects, : Food technology, Vol.44(11), 154~158(1990)

McNair, H. M. and Bonelle, E. J : Basic Gas Chromatography, carian aerograph(1996)

Mecredy, J. M., Sonnemann J. C and Lehmann S. J : Sensory profilling of beer by a modified QDA method. food Technol., 28(11) 36(1974)

Meilgaard, M. C., Dalgiesh C. E. and Clapperton J. F : Beer Flavor Terminology, T. Inst Brew., 85(1), 38(1979)

Meilgaard, M., Civille, G. V and Carr B. T : Descroptive analysis techniques, In : Sensory Evaluation Techniques(2nd ed) P.119 CRC Press Ine, Boca Raton, Florida(1991)

Meilgaard, M., Civille, G.V. and Carr, B.T : Sensory evaluation techniques, 2nd ed., CRC press, boca raton, FL, Chaprer 4, 37~42(1991)

Meligaard, M. C. Clville, G. V and Carr, B. T : Chap. 2. Sensory attributes and the way we perceive them in sensory evaluation techniques CRC Press, Inc. Boca Raton, FL(1987)

Melson, A.J., Ferguson V. B., and Kendall, D. A : Flavor profile and Profile attribute analysis. In : Applied Sensory Analysis of Foods. vol. 1. ed Moskowitz, H. CRC Press, Inc Baca Raton, FL(1988)

MHK Trading Company: Introduction to the texture profile analysis, Stable Micro Systems Ltd.,

Miller, I., Statistical treatment of flavors datam in Flavor : its Chemical, Behavioral and commerical Aspects, Apt, C. M. Ed, Westview press, Boulder, Colo(1983)

Miller, I., Statistical treatment of flavors datam in Flavor : its Chemical, Behavioral and commerical Aspects, Apt, C. M. Ed, Westview press, Boulder, Colo(1983)

Mokowitz, H. R. and Kapaslis, J. G. The texture profile its foundation and outlook, J. Texture Stud., 1(6) 157(1975)

Moncrieff, R. W : Gustation, Chap 9 Classification of odours in the Chemical Senses(1967)

Mortimore, S, and Wallace, C , HACCP, A Practical Approach, Campman & Hall, LONDON(1996)

Moskowitz, H. R : Intensity scaling for product testing, Product Testing and Sensory Evluation of Foods, Foods and Nutrition Press, Westport, Conn(1983)

Moskowitz, H. R. and Kapsalis, J. G., Cardello, A. v., Fishken, D., Maller, O., and Segars, R. A., Determining relationships among objective expert and consumer measures of texture, food Technol., 10(33), 84(1979)

Moskowitz, H.R (ed.): Applied Sensory Andlyses of Foods, Vols, I and II, CRC Press, Boca Raton, FL, (1988)

Motarjemi, y., kAFTERSTEIN, f., Moy, G., Miyagishima K., Miyagawa, S. and Reilly, A., Food Technologies and Public health, WHO/FUN/FOS / 95.12. Geneva(1995)

Munoz, A. M : Development and application of texture reference scales, J Sensory Stud 1, 55~83(1986)

Munoz, A. M., Civille, G, V. and Carr, B ,T : Sensory Evaluation in Quality Control, Van Nostrand Reinhold, New York (1992)

Munoz, A. M., Szczesniak, A. S., Einstein, M. A : The texture profile, In : Deseriptive analyses testing for sensory evaluation. ASTM manul series : MNL 13. R.. C. Hootman(ed) Ameriamn Society for Testing and Materials, philadelphia(1992)

ohnsen, P.B. and Civille, G.V : A standardization lexicon of meat WOF descriptors, Journal of sensory studies, 1, 99~104(1986)

Orth, B. and Wegener, B : Scaling occupational prestige. by magnitude estimation and calegory rating methods : Acomparison with the sensory domain. European journal of social psychology. Vol.13, 417~431(1983)

Ough, C. S : Sensory examination of four organic acids addedto wine, J. Food Sci. 28, 101~106(1963)

Pangborn, R. M: Sensory Techniques of food analysis p. 37. In : Food Analysis, principles and TEchniques. Vol 1. Physical Characterization, ED D. W. Greenwedel and J. R Whitaker. Marcel Dekker. Inc., N. Y(1984)

Pangborn, R.M and Koyasako. A., Tome-course of viscisity, sweetness and flavors in chocolate desserts. J. Texture Stud,2(12), 14(1981)

Peryam, D.R. and Pilgrim, F.M.J : Hedonic scale method of measuring food preferences. Food Technology. Vol.11(9), 9~14(1957)

Peryam, D.R. and Swartz. V.M : Measurement of sensory differences, Food technology. Vol.5, 207~210(1950)

Peryam, D.R.: Sensory difference tests. Food Technolohy. Vol.12(5), 231~236(1958)

Piggott, J. R : Sensory Analysis of Foods, 2nd ed., Clsevier, New York(1988)

Poste, L.M., Mackie, D.A., Butler, G. and Larmond, E : Laboratory methods for sensory analysis of Food, Canada Commynication Group-Publishing Centre, Ottawa, Canada, (1991)

Powers, J. J., Using grneral statistical programs to evaluate seneory data, Food Technol., 6(38), 74(1984)

Prell, P. A : Preparation of reports and manuscripts which include sensory evaluation data, Fod Technol, 30(11) 40(1976)

Reynolds, A. J : Sensory Analysis by Consumer:part 1, Food manufacture, Vol. 62(1), 37 ~38(1987)

Rha C. K : Theory, determination and control of physical properties of food materials, d. reidel publishing co., boston

Rita, M. L,, Leonard, M. L Baney, T. W., and Mina, R. H : Odor analyses of pinot noir wines from grapes of different maturties by a Gas Chromatograph-olfactometry technque(Osme), J. Food Sci., Vol. 57, No4, 985~1019(1992)

Roessler, E.B., Pangborn, R.M., Sidel, J.L. and Stone. H : Expanded statistical tables for cstimating significance in paired preference, paired difference duo trio and trianglc tests. Journal of Food science, Vol.43, 940~947(1978)

Rosenthal, R., Experinernter Effects in Behavioral Research, Invington, New York(1977)

Sather, L.A. and Calvin, L.D : The effect of munber of judgments in a test on flavor cvaluations for preference, Food technology. Vol.14(12), 613~615(1960)

Schreyen, L. Dirnck, P., Van Wassenhove, F . and Schamp, N : Analyses of look volatiles by headspace condensation. J. Agric, Food Chem, 24. 1147~1152(1976)

Schwartz, N. O., Adaptation of the sensory texture profile method to skin care products. j. Texture Stud, 1(6) 33(1975)

Sczesniak, A. S : Classification of texture characteristics, J. Food Sci. 28:235 (1963)

Sczesniak, A. S., Brandt M. T. and Friedman H. H : Development of standard rating scales for mechanical of texture and correlation between the objective and the sensory metjods of texture evaluation. J. Food Sci., 28:397(1963)

Sensory Evaluation Division of the Institute of Food Technolgists : Sensory evaluation guide for testing food and beverage producta, Food Technol. 35(11) 65(1981).

Shallenberger R. S,, and Acree, T. E : MOlecular structure and sweet taste. J., Vuatag L., and Egli, Experientia 21, 692-694(1969)

Shepherd, R., Farleigh, C.A. and Land D.G : Effects of stimulus context on preference judgments for salt perception. Vol.13, 739~742(1984)

Sherman P : A texture profile of foodstuffs based upon well defined rheological properties, j food sci., 34, 458(1975)

Sjostrom, L. B. Cairincross, S. E. and Caul J,F., Methodology of the flavors profile food Technol., 11(9), 20(1957)

Skinner, E.Z : The texture profile method, In : Applied sensory analysis of foods, vol. 176. Moskowitz, H(ed), CRC Press, Inc, Boca Raton, FL(1988)

Sokolow, H : Qualitative methods for language development, In: Applied Sensory Analysis of Foods, vol. 1. ed. Moskowiz, H. CRC Press, Inc. Boca Raton FL(1988)

Solms, J : Nonvolatile compounds and the flavor of foods. In Gustation and olfacition, G Ohloff, and A. A Thomas(Eds).

Solms, J : Nonvolatile compounds and the flavor of foods. In Gustation and olfaction, Gustation A. F Thomas(Eds). Academic Press, New York(1971)

Solms, J : The taste of amino acids, peptides and proteins, J. Agr. Food Che 17 686~688(1969)

Stone, H : Quantitative descriptive analyses(QDA) In : Deseriptive analyses testing for sensory evaluation, ASTM manual series : MNL 13, R. C Hootman(ed). American Society for Testing and Materials, Philadelpfia(1992)

Stone, H. and sidel, J. L : Descriptive Analysis Sensory Evalution Practices, Academen press, Orlandom Fla(1985)

Stone, H. and Sidel, J. L : Deseriptive analysis In Sensory evaluation practices(2nd ed)P . zoz. Academie Press, Ins. San Diego. CA(1992)

Stone, H. and sidel, J.L : Descriptive of measurment, Sensory Evaluation Practices, Acadsemic Press Orlando, Fla(1985)

Stone, H. and sidel, J.L : Sensory evaluation practices, 2nd ed., Academic press, san diego, CA, (1993)

Stone, H. Sidel J. Oliver S., Woolsey, A. and Singleton, R. C : Sensory evaluation by quantiative descriptive analysis, food Technol., 28(1)24(1974)

Syarief, H., Hanaan, E.D Giesbrecht. F.G young, C. t., and Monroe, R. J.

Interdepedency and underlying dimensions od sensory flavors characteristics of selected foods, J Food Sci., 50, 631(1985)

Szczesniak A. S : Psychorheology and texture as factors controlling the consumer acceptance of food, Cereal Foods World, 35, (12):120(1990)

Szczesniak, A. S and Skinner, E. Z. Meaning of texture words to the Consumer, J. Texture Stud., 3(4), 378(1973)

Szczesniak, A. S Brandt, M A., and Friedman, H. H., Development of standard rating scales for mechanical parameters of texture and correlation between the objective and sensory methods of tecture evaluation, J. Food Sci., 4(28), 297(1963)

Szczesniak, A. S., General Foods Texture profile revisited- ten years perspective, J. Texture Stud., 1(6) 43(1975)

Szczesniak, A. S., Love B., J and Skiner E. Z., "Consumer Texture profile Techniques" Journal of Food science VOL. 40, pp1253~1256(1975)

Szczesniak, breene W. M : Application of texture profile analysis to instrumental food texture evaluation, J, Texture studies, 6, 53(1975)

Tajfel , J., Social and cultural factors in perception inthe Handbook of social Psychology, Lindzey. g. and . Aroson, E. Eds., Vol 3m Addison-Wesley, Reading, Mass, 315(1969)

Teranishi R., Hornstein, I., Issenberg, P. and Wick, E. L : Flavor Research-Principles and Techniques. Marcel Dekker, Inc., New York(1971)

Terry, E. A. and Roy, T : Flavor Science-sensible principles and techniqu-, ACS Professional reference book, American chemical society, Washington, DC(1993)

Thieme, U. and O'mahony, M: Modifications to sensory difference test protocols : The Warmed up paired comparison. the single standard duo trio and the a not a test modified for response vias. journal of sensory studies. Vol.5(3), 159~176(1990)

Thomson, D.M.H: Food acceptability, Clsevier applied science, new York, (1988)

Walsh, D. H. Social psychological considerations in flavors measurement on flavors : its Chemical, Behavioral and Commercial Aspects, Westvies press, Boulder, Colo., 144(1978)

Watts, B.M. Ylimake, G.L. Jeffery, L.E. and Elias, L,G: Basic sensory methods for Food yantis, J,E.(ed),Therole of sensory analysis in Quality Control, manual 14, American society for testing and materials, philadelphia(1992)

Wesely, T. Y, and David B. H : Dynamic headspace analyses of volatile mompounds of

cheddar cheese during ripening, J. Food Sci. 58(6) 1309~1312(1994)

White, F.D., Resurreccion, A.V.A. and Lillard, D.A : Effect of warmed over flavor on consumer acceptance and purchase of precooked top round steaks, Journal of food science, 53(5), 1251~1257(1988)

WHO, Hazard Analysis Critical Control Point SYstem, Concept and Application, WHO/FNU/FOS/95.7(1995)

Wogan, G.N and Marletta, M.A: Undesirable or potentially undesirable constituents of Foods, in food Chemistry, ed O. R. Fennema, Marcel Dekker Inc,. New york, 689~723(1985)

Wu, L. S. and Gelinas, A. D : Product Testing with consumers for research guidance: special consumer groups, second volume, ASTM STP 1155, American Society for testing and materials. philadelphia(1989)

Wucherfening, K: Acids-Aquality determining factor in wine. Dtsch Wein Ztg. 30, 8236~840(1969)

Zook, K. and Wessman, C : The selection and Use of judges for descriptive panels, Food Technology, Vol.31(11), 56~61(1977)

ㄱ

ㅅ

ㅇ

ㅈ

ㅊ

➡ 저자소개

김혜영 : 용인대학교 식품영양학과 교수

김미리 : 충남대학교 식품영양학과 교수

고봉경 : 계명대학교 식품영양학과 교수

식품품질평가

2004년 8월 20일 초 판 발행
2006년 8월 25일 개정판 발행
2009년 1월 25일 개정2쇄 발행
2014년 7월 21일 개정3쇄 발행

저 자	김혜영·김미리·고봉경
발행인	김홍용
펴낸곳	**도서출판 효 일**
주 소	서울 동대문구 용두2동 102-201
T E L	(02) 928-6644
F A X	(02) 927-7703
홈페이지	www.hyoilbooks.com
e-mail	hyoilbooks@hyoilbooks.com
등 록	1987년 11월 18일 제5-90호

값 18,000원

ISBN 978-89-8489-122-7